研究生教材

纸页结构与性能

(第二版)

Paper Structure and Properties (Second Edition)

刘洪斌　刘　忠　主编

陆赵情　吉兴香　周小凡　王　兴　安兴业　参编

中国轻工业出版社

图书在版编目（CIP）数据

纸页结构与性能 = Paper Structure and Properties（Second Edition）/ 刘洪斌，刘忠主编. 2版. --北京：中国轻工业出版社，2025. 8. --（研究生教材）. --ISBN 978-7-5184-5527-0

Ⅰ．TS76

中国国家版本馆CIP数据核字第20251F0V03号

责任编辑：林　媛
策划编辑：林　媛　　责任终审：滕炎福　　封面设计：锋尚设计
版式设计：致诚图文　责任校对：刘小透　晋　洁　责任监印：张　可

出版发行：中国轻工业出版社（北京鲁谷东街5号，邮编：100040）
印　　刷：北京君升印刷有限公司
经　　销：各地新华书店
版　　次：2025年8月第2版第1次印刷
开　　本：787×1092　1/16　印张：12.25
字　　数：298千字
书　　号：ISBN 978-7-5184-5527-0　定价：45.00元
邮购电话：010-85119873
发行电话：010-85119832　010-85119912
网　　址：http://www.chlip.com.cn
Email：club@chlip.com.cn
版权所有　侵权必究
如发现图书残缺请与我社邮购联系调换
210404J1X201ZBW

前　言

纸张从诞生之日起，就作为材料使用在不同的领域。纸张作为材料最重要的是其使用性能。众所周知，材料的使用性能与其结构密切相关。同时，纸页的结构和性能与生产纸张的原材料、生产工艺、添加的助剂和生产设备等密切相关。我国纸张产品的生产量和消耗量早已是世界第一，是名副其实的造纸大国，近年来，随着国民经济的发展和科学技术的进步，我国制浆造纸设备、技术、产品和产量都获得了高速发展，纸页的质量也得到大幅提高。尤其是近年来受造纸原料、造纸工艺、设备等因素的影响，纸张的结构和性能也会随着发生变化，纸页性能越来越多地受到制浆造纸企业生产人员的重视。

关于纸页结构与性能方面的知识，苏联曾出版了一本《纸页性能》的专著。该书已由原天津轻工业学院（现天津科技大学）的陈有庆先生翻译出版。由于该书出版于几十年前，因此内容已经多显陈旧。美国 J. P. 凯西在他的第三版《制浆造纸化学工艺学》的专著中，以第三卷的容量介绍了纸页性能的相关知识。由于该书已经出版 37 年，内容也已显陈旧，同时该书的许多内容与国内的需求还有相当的差异。另外，芬兰的出版公司在 20 年前组织国际上有关专家（主要是西欧和北欧）编写出版了 19 本涉及制浆造纸全过程和相关领域的著作。应该说，这套书集中了国际上许多知名专家的智慧，其内容是很有参考价值的。其中《纸页物理》一书系统介绍了有关纸页物理特性的知识，但在纸页结构与性能领域的介绍上内容还是偏窄、容量也偏不足。由刘金刚等编译的《纸张物理性能》（2017 年 6 月第 1 版）来源于芬兰专家 Kaarlo Niskanen 等人的"造纸科学与技术系列丛书"，该书主要介绍了纸张各方面的物理性能，包括：纸张结构，纤维与结合，纸张表面与热、电和摩擦性能，纸张光学性能，面内抗张性能，纸和纸板的结构力学性能，水分和液体传输，流变性能，以及尺寸稳定性等。该书对本教材的撰写有很大的指导和参考意义。本教材主要是在胡开堂教授主编的《纸页的结构与性能》（2006 年第 1 版）一书的基础上进行修订编写的，为第二版。该书为教育部高等学校轻化工程教学指导委员会推荐特色教材，并为一些工厂企业选作后续教育的教材，为我国造纸工程学科的发展和建设做出了积极贡献，并取得了很好的教学成效和社会效益。

近年来，本书作者们一直从事对制浆造纸学科的本科生、硕士研究生和博士研究生的教学和大量的科学研究工作。在工作实践中，作者也充分感觉到需要有一本结合最新科技发展、国内制浆造纸行业技术进步、系统介绍纸页结构与性能的著作，尤其需要有一本能用于研究生教学、研究生们能读懂的经典学位课教材。事实上，近年来，国内外在纸页的结构和性能领域发表了大量的研究论文，我国的研究人员也做了大量创造性的工作，甚至有许多前沿或原创性的研究成果。为此，我们组织国内部分高校的专家分章编写了本书。

为了保证本书的科学性、系统性和新颖性，编撰时，本书在内容上力求既有经典理论，如涉及的概念、形成原理、影响因素（包括工艺因素的影响）、经典测试方法、重要实验方法和在线检测技术，同时还尽可能将国内外的最新研究成果介绍给读者。每章节最后附有关于本章节知识点的思考题，从理论和影响因素等维度对本教材进行重新编撰，尽最大努力让读者能够读懂，并活学活用，同时每章节附有主要参考文献。

参加本专著编写的专家分别来自天津科技大学、陕西科技大学、大连工业大学、齐鲁工业大学、南京林业大学等高校。其中第一章纸的结构由天津科技大学刘忠教授编写，本章节将从纸页结构原理、纸页的二维和三维网状几何结构、匀度与纤维的定向排列以及影响纸页结构的因素等方面进行系统阐述；第二章纤维结合与纸页的力学性能由陕西科技大学陆赵情教授编写，本章节将从纤维的结合理论、纸页的强度性质、影响纸页强度的因素等方面进行系统阐述；第三章纸张的光学性能由大连工业大学王兴副教授编写，本章节将从纸张光学理论、纸张的基本特性及光学理论、纸张的光学性能与影响因素等方面进行系统阐述；第四章纸张的吸收和憎液性能由齐鲁工业大学吉兴香教授编写，本章节将从纸页组分的亲液性和憎液性、纸页的吸收性能、纸页的憎液性能等方面进行系统阐述；第五章纸和纸板的印刷性能由南京林业大学周小凡教授编写，本章节将从纸页的平滑度和粗糙度、纸张的油墨吸收性能、纸张的表面强度等方面进行系统阐述；第六章纸板的结构与性能由天津科技大学安兴业副教授编写，本章节将从纸板的结构、纸板的挺度、纸板的环压强度、纸板的层间结合强度等方面进行系统阐释；第七章生活用纸的性能与结构由天津科技大学刘洪斌研究员编写，主要从生活用纸的性能、生活用纸的柔软度、生活用纸的吸收性等方面进行系统阐述。全书由天津科技大学刘洪斌研究员主编。

本书是为研究生教学提供一本经典的学位课教材，亦可作为各类院校教师参考用书。本书也可作为生产一线工程技术人员指导生产的工具书和实用手册。

尽管许多参加本书编撰的专家一直从事相关领域的教学和科研工作，但鉴于《纸页结构与性能》这本书所涉及的学科颇多且交叉广泛，编者深知知识水平不足，且由于各位专家的学术视野和专业领域所限，加上时间较短，虽然尽心努力，但无论在理论阐述上还是性质的研讨上，都可能存在各种不同的疏漏和谬误。为了尊重不同编者的学术观点，主编对本书各章涉及的许多问题也没有作彻底订正。不当之处，谨此先致歉意并诚恳希望专家和读者批评指正，以便修正和不断完善。

编者

2025 年 3 月

目 录

第一章 纸的结构 … 1
第一节 纸页结构原理 … 2
一、纸页的固化作用 … 2
二、纸页结构的特征表述 … 6
三、物理性能 … 10
第二节 纸的二维网状几何结构 … 12
一、覆盖层 … 12
二、Corte-Kallmes 理论 … 14
三、二维结构中纤维网状结构的连接性 … 15
第三节 纸的三维网状几何结构 … 16
一、统计多孔几何学 … 17
二、相对结合面积 … 19
三、层状和交织纸页结构 … 21
第四节 匀度 … 22
一、特征 … 23
二、随机纤维网状结构的匀度 … 24
三、实际成形机理 … 25
四、纸的性能与匀度 … 26
第五节 纤维的定向排列 … 28
一、网部的层流剪切 … 29
二、其他流体力学影响 … 31
三、定向排列角 … 33
四、纤维在 Z 向上的定向排列分布 … 34
五、测量技术 … 36
第六节 影响纸页结构的因素 … 37
一、原料材种和制浆方法 … 37
二、打浆 … 39
三、浆料流送 … 40
四、压榨 … 42
五、牵引力 … 43
六、干燥 … 45
思考题 … 48
参考文献 … 48

第二章 纤维结合与纸页的力学性能 … 50
第一节 纤维的结合理论 … 50
一、分子结合 … 50

二、纤维间结合的产生与结构 ……………………………………………… 52
　　三、纤维间结合的强度 …………………………………………………… 54
第二节　纸页的强度性质 ……………………………………………………… 55
　　一、抗张强度 ……………………………………………………………… 55
　　二、耐破强度 ……………………………………………………………… 61
　　三、撕裂强度 ……………………………………………………………… 62
　　四、耐折强度 ……………………………………………………………… 63
第三节　影响纸页强度的因素 ………………………………………………… 64
　　一、纤维超微结构对纸页强度的影响 …………………………………… 64
　　二、纤维表面化学组分对纸页强度的影响 ……………………………… 64
　　三、纤维电荷性质对纸页强度的影响 …………………………………… 66
　　四、纤维结构形态参数及形变对纸页强度的影响 ……………………… 68
　　五、浆料抄造工艺以及成纸匀度与纤维排列对纸页强度的影响 ……… 70
思考题 …………………………………………………………………………… 71
参考文献 ………………………………………………………………………… 71

第三章　纸张的光学性能 …………………………………………………… 73
第一节　纸张光学理论 ………………………………………………………… 73
　　一、光和色 ………………………………………………………………… 73
　　二、光吸收和光散射 ……………………………………………………… 74
第二节　纸张的基本特性及光学理论 ………………………………………… 76
　　一、光吸收和光散射 ……………………………………………………… 76
　　二、纸页结构与光学常数 ………………………………………………… 78
第三节　纸张的光学性能与影响因素 ………………………………………… 82
　　一、纸张的光泽度及影响因素 …………………………………………… 82
　　二、纸张的不透明度及影响因素 ………………………………………… 84
　　三、纸张的白度及影响因素 ……………………………………………… 91
思考题 …………………………………………………………………………… 93
参考文献 ………………………………………………………………………… 93

第四章　纸张的吸收和憎液性能 …………………………………………… 95
第一节　纸页组分的亲液性和憎液性 ………………………………………… 96
　　一、木质纤维本身亲液和憎液性特性 …………………………………… 96
　　二、纸浆类型和配比对纸张吸液和憎液性能的影响 …………………… 98
　　三、造纸助剂对纸页吸液和憎液性的影响 …………………………… 102
第二节　纸页的吸收性能 …………………………………………………… 106
　　一、纸页结构对吸收性能的影响 ……………………………………… 106
　　二、纸页的吸液机理 …………………………………………………… 111
第三节　纸页的憎液性能 …………………………………………………… 113
　　一、纸页的憎液性机理 ………………………………………………… 113
　　二、纸页憎液性能的影响因素 ………………………………………… 117
思考题 ………………………………………………………………………… 120
参考文献 ……………………………………………………………………… 121

第五章 纸和纸板的印刷性能 ... 122
第一节 概述 ... 122
一、纸张印刷适性的概述 ... 122
二、纸张印刷性能的评价 ... 123
第二节 纸页的平滑度和粗糙度 ... 123
一、纸张平滑度的定义 ... 123
二、表面可压缩性能与纸页平滑的关系 ... 124
三、纸张印刷平滑度的测量 ... 125
四、印刷平滑度对印刷品质量的影响 ... 127
五、影响纸张平滑度的主要因素 ... 128
第三节 纸张的油墨吸收性能 ... 131
一、油墨接受性能与油墨吸收性能 ... 131
二、纸张油墨吸收性能的检测方法 ... 131
三、不同印刷方法对纸张的油墨吸收性能的要求 ... 132
四、印刷过程中纸张对油墨的吸收及对印刷的影响 ... 133
第四节 纸张的表面强度 ... 135
一、纸张的表面强度与拉毛 ... 135
二、拉毛对印刷的影响 ... 135
三、纸张的干拉毛与湿拉毛 ... 136
四、掉粉掉毛 ... 136
五、纸张表面强度的测量 ... 136
六、纸张表面强度分布及其影响因素 ... 137
思考题 ... 138
参考文献 ... 139

第六章 纸板的结构与性能 ... 140
第一节 纸板的结构 ... 140
一、纸板的多层结构 ... 141
二、多层纸板的种类 ... 143
三、纸板包装材料的特点 ... 145
第二节 纸板的挺度 ... 146
一、抗张挺度和抗弯挺度 ... 146
二、多层结构纸张 ... 147
三、影响挺度的因素 ... 148
第三节 纸板的环压强度 ... 151
一、环压强度的定义 ... 151
二、压缩强度的重要性 ... 152
三、制浆造纸工艺对纸板环压强度的影响 ... 153
四、增强剂对纸板环压强度的影响 ... 155
第四节 纸板的层间结合强度 ... 156
一、层间结合的重要性 ... 156
二、黏合剂对纸板层间结合强度的影响 ... 157
三、造纸工艺对纸板层间结合强度的影响 ... 159

思考题 160
   参考文献 161
第七章　生活用纸的性能与结构 163
　第一节　生活用纸的性能 163
　　一、生活用纸的定义和分类 163
　　二、生活用纸的性质 163
　　三、生活用纸的结构表征 166
　第二节　生活用纸的柔软度 168
　　一、柔软度的定义和表征 168
　　二、影响柔软度的因素 170
　第三节　生活用纸的吸收性 180
　　一、生活用纸吸收性的定义 180
　　二、影响生活用纸吸收性能的因素 180
　思考题 184
　参考文献 185

第一章 纸的结构

纸是人类生活中不可缺少的一种基础材料,自从人类发明了纸,人们就一直在研究纸的结构、性能和生产。纸的结构与纸的各种性能有着十分密切的关系,因此研究和了解纸的结构是十分必要的。本章就纸的结构及与结构相关的一些问题进行讨论。主要内容包括:纸页结构原理、纸的二维几何结构、纸的三维几何结构、纸张匀度、纤维定向排列和影响纸页结构的因素等。

纸是纤维随机网状结构材料,如图 1-1 所示。由于纤维的长度比纸页的厚度大得多,所以纸页网状结构是平面的,几乎是二维的。这种二维结构决定了纸的许多性能,但是对具有三维多孔结构的纸张来说也是十分重要的。在二维结构中忽视了纸张的孔隙,但其使纸页具有一定的不透明度、松厚度和挺度。孔隙的通道决定了液体如何通过纸页。

图 1-1 1mm^2 纸张表面的显微图像

本章没有涉及太多的数学细节,只是阐述了平面随机的纤维网状结构的主要几何特征。在最简单的二维网状结构中,假设纤维是定长的线段,纤维的其他特性和它们的分布对几何学不太重要。相反,三维多孔结构主要取决于纸页的厚度和纤维形态(一致性)。同时,也描述了实际的纸页之所以不同于随机的网状结构是由于匀度不同。匀度是关于纸的三维定量分布是相关的还是随机的术语。另外,还描述了影响纸页结构的一些因素。

在造纸过程中,纤维形成了某些特征尺度的絮聚物。网部成形过程中的流体动力学滤波和纤维絮聚趋势导致了纸的局部定量的相关性。如果考虑定量高或者低,就是指在短距离内有很大可能发现相似的定量值。所以定量并不是完全随机分布的。

即使纤维不是完全地随机排列,为了不同的用途,纸的结构具有不均一性,是无序和随机的。二维纤维网状结构在短距离内,即小于纤维长度范围内是纸的结构的很好的代表。而匀度代表了在较大长度范围内结构的不一致性。

纤维的定向排列是纸的另一特征。手抄片没有纤维定向排列。它是均向排列的。造纸机生产的纸通常具有各向异性的结构。其中沿造纸机方向排列的纤维多于垂直于纸机方向排列的纤维。纸的强度、尺寸稳定性和流变学等性质反映了纸的各向异性。

纸的结构受纤维原料种类、制浆方法、打浆、浆料流送、湿压榨、干燥及抄造过程的牵引力等因素的影响。下面对上述内容作进一步的论述。

第一节　纸页结构原理

由流体悬浮液在网上交织成交织的一切纤维结构，不论原料、流体悬浮液或网络的性质是什么，都被认为是属于纸或纸板的范畴。虽然这个定义规定的是任何类型的悬浮流体，包括空气以及任何类型（有机或无机的）纤维状材料，但大多数的纸是由纤维素纤维悬浮在水中制成的，因此这里也主要讨论这种类型的纸。但是，应当注意到，所谓纸，它的原料必须是纤维状的，而且它必须是以交织成交织的方法形成的。纸通常是一种三维结构，而且连续生产时，它的性质在长度、宽度、厚度三个方向上呈现出明显的不同。

在纤维交织成纸的过程中，纤维相互交织程度，取决于纤维的长短、纤维的形态和它们的柔软性。为使纸张具有强度，操作过程必须不只是交织成毡，而必须包含有纤维在纸胎中的结合。这种结合可借助机械方法在水中处理纤维素纤维而得到，水能增加纤维的柔软性，而当纸页干燥时纤维间产生结合力。

本节主要论述纸张在抄造过程中，纸页的形成过程。

一、纸页的固化作用

纸张是一种非常独特的材料，由于植物纤维存在许多羟基，在干燥过程中能显著地形成氢键结合，使纸张中的纤维在没有黏合剂的情况下，也能互相结合而使纸具有一定的强度。所谓氢键是指在羟基中的氢原子的电子被"分配"在带两个负电荷的氧原子之间。氢键的形成要求两根纤维的表面能紧密靠在一起以便于结合。表面张力将湿纤维聚集在一起，从而可能形成结合键。根据 Lyne 和 Gallay 的研究，表面张力在固形物含量为 10%～25%时，愈益显示出重要性，此时可开始形成氢键。根据试验，湿纸页强度与固形物含量的关系曲线，在固形物含量在 25%左右时，可见到一个转折点，图 1-2 是亚硫酸盐浆和磨木浆纸页的情况。但在纸的干度小于 40%时，纤维结合并不明显，一旦干度达到某一临界值，纸中纤维收缩开始迅速产生氢键结合。当纸的干度达到 55%左右时，随着水分含量的减少，或者说随着干度的增加，纸的强度迅速增长。随着空气开始进入低固形物纸页，形成了一个不连续的液体（水）膜。这使表面张力增加，其增加程

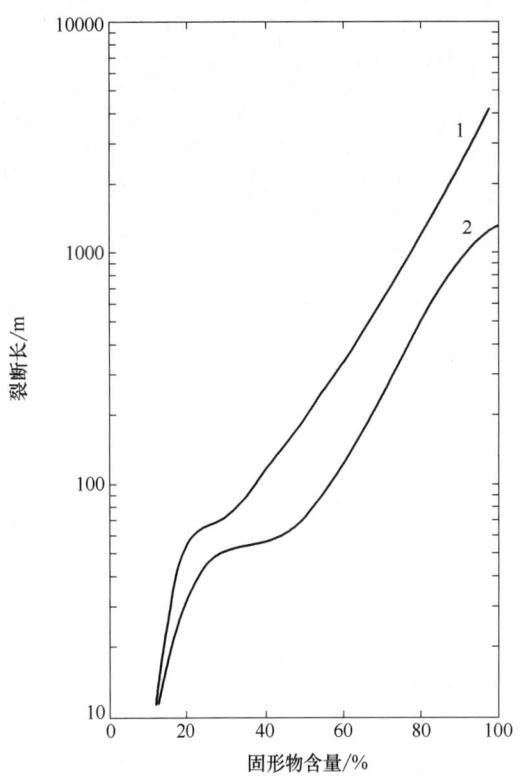

图 1-2　随着亚硫酸盐浆和磨木浆纸幅固形物含量的增加其强度增长的情况
1—亚硫酸盐浆　2—磨木浆

度与空气-纤维-水的接触面有关。在约25%固形物含量时，表面张力逐渐改变且与水膜厚度呈负相关性。在两个表面（被厚度为d的水膜所隔开）之间的压差为$p=2\sigma/d$，式中σ为水的表面张力。纤维间水膜厚度的逐渐减小，使纤维表面越来越靠近，从而形成氢键。

图1-3显示出湿纸页强度是如何随固形物含量的增加而发生变化。最初的纸页强度可能是纤维机械地缠绕在一起并随着空气的进入而引发表面张力的结果。当表面张力随着水膜厚度的减小而逐渐增加时，湿纸页的强度也增加了，并可能开始形成氢键。随着越来越多的水分被脱去，湿纸页强度迅速增加，有更多的氢键形成。

形成氢键的程度显然取决于两个表面彼此的适应能力。例如，互相交叉的刚性圆柱形纤维，只有很小的接触面积可结合，而"柔软的"或"可塑的"纤维则可借表面张力大面积地接触，从而在很大范围内形成了氢键。

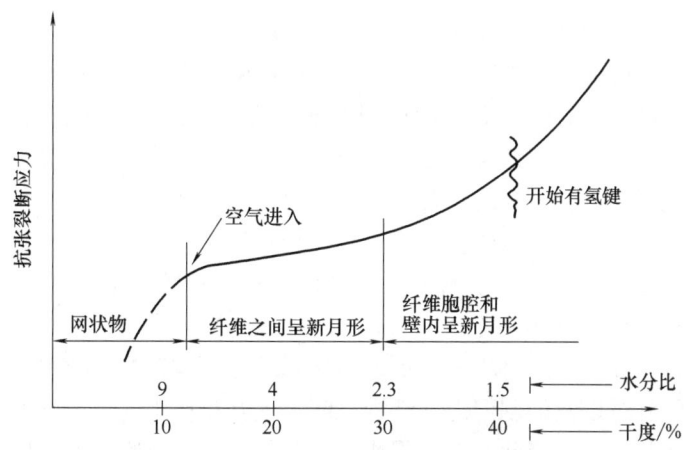

图1-3 类似于图1-2所示的从表面张力过渡到化学键的简况

"可塑的"这个词是指纤维沿其轴向及垂直于轴向均是柔软的。显然，纤维的柔软性或适应能力取决于材种（如阔叶木、针叶木）、厚壁与薄壁细胞（纤维压溃的容易程度）、生长地区和条件（北方与南方、早材与晚材、压缩木与受拉木、成熟材与幼龄材、心材与边材等）、制浆方法（化学法与机械法等）以及打浆方法和打浆程度。如前所述，所有这些变数都是互为依存的。例如，形成特定"湿纤维柔软性"所需的打浆程度是因制浆方法、生长条件而异的。

(一) 纤维细胞壁

这种相互依存性部分地取决于纤维细胞壁的结构特征，如图1-4所示。自然状态的木材纤维是多层结构卷绕而成的中空细丝，由四周包着木质素和半纤维素填充层的纤维素细纤维（cellulosic fibrils）所组成。半纤维素被认为是纤维素细纤维和木质素之间的"桥梁"。木质素-半纤维素填充层分布于细纤维整个长度上，并使纤维具有抗水性。在次生壁内细纤维的排列分布提供纤维所需要的必需的结构属性。简要地说，最里面的S_3层提供对内部压力的阻抗，S_2层（即其方向与纤维轴心成一定小角度的固着的纤维素细纤维）使纤维具有高的轴向挺度，而最外面的S_1层则提供对内部应力的辅助阻抗，并保持完整的总体组合。

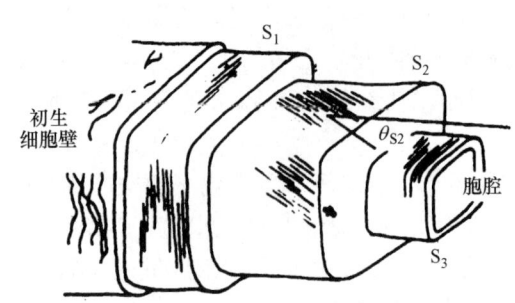

图1-4 显示在S_1、S_2和S_3层中纤丝排列分布的细胞壁简况

上述描述是加固纤维复合体（诸如玻璃纤维-环氧树脂或玻璃纤维-聚酯复合体）的典型描述。在纤维中，细纤维就是以特殊的定向围绕着纤维的轴心，使纤维具有径向和轴向强度。在玻璃钢压力容器中，人们是出于同样理由以同样方法排列分布玻璃纤维的。

制浆过程改变了细胞壁的结构。机械浆的纤维虽然分离了，但多数木质素并没有从细胞壁中除去，即木质素仍包围着构成细胞壁主体的细纤维。因此，这类纤维就显得较硬，而且在抄造过程中不易被压溃，因其细纤维被填充物坚硬地支撑在原位。而在化学制浆过程中，化学品不仅脱除了纤维之间夹层区域的木质素，还脱除了细胞壁内的木质素。实际上还很可能是细胞壁内木质素首先被脱除，因为制浆化学品可以很迅速地穿过纤维的胞腔。从细胞壁脱除木质素，意味着细纤维（在湿纤维中）此时可以容易地彼此作相对位移了，特别是当细纤维之间的区域内存在大量水分作为润滑剂时。所以化学浆纤维在湿润状态就显得十分柔软或具有可塑性，而且如果细胞壁不是太厚，很可能会容易地被压溃，这一切都源于细纤维能自由地彼此作相对位移所致。

制浆"打开"了细胞壁，产生出了更大的表面积。打浆对纸浆纤维的机械作用也有类似效应。打浆把细纤维彼此分开，让水进入所形成的空间中。这使表面积逐渐增加，细纤维更为柔软。在压榨或干燥过程中，从这些区域将水脱除，就会产生很高的表面张力，使纤维、纤维与细纤维以及细胞壁内细纤维之间彼此互相作用，于是就形成了具有许多氢键和结合良好的网状结构。因此，在制浆或漂白和打浆以后细胞壁的结构，在很大程度上决定了纤维的柔软性和干燥时的结合特性。

总的来说，在纸张抄造过程中纤维的固化，与纤维和/或细纤维因表面张力而彼此靠得很近（一般不超过1nm）而产生的氢键有关。制浆和打浆的方法以及它们之间的相互关系，决定了所形成的表面积和可利用的结合键的多少。对可塑性好的化学浆纤维，形成较多的纤维-纤维氢键，氢键的平均横截面大于较硬的机械浆纤维。化学浆纤维中的胞腔会比机械浆纤维中的胞腔更易被表面张力所挤扁。而且，在干燥过程中，化学浆纤维细胞壁中的纤维素细纤维和半纤维素也可能键接起来。由于经过打浆的化学浆纤维润胀程度更高，它们在干燥时也就收缩得更大。与第二根纤维相结合的某根纤维的横向收缩，将造成第二根纤维的"微量压缩"；反之亦然。

（二）纸页干燥

上面，我们已经讨论了纤维如何聚拢形成网状结构，以及又如何形成氢键。下面再考察在固形物含量增加时，润胀化学浆纤维的情形，以及它们之间结合键形成的情况。与此同时，还发生了其他情况。当水从细胞壁脱除时，一般在15%~20%水分含量时，纤维截面开始收缩。但由于构成细胞壁松厚性的S_2层细纤维不同程度地沿纤维轴向排列，所以沿纤维轴向也有少许收缩。于是，细纤维之间的脱水就主要使纤维在垂直于其轴向的横向受到挤压。当然，横向收缩的程度取决于纤维的润胀程度，润胀程度又与制浆方法及打浆程度有关。

Page 及其同事发现，纤维间结合键是在横向收缩以前形成的。这就在纤维与纤维的界面产生十分复杂的情况。图 1-5 中，显示出两个润胀纤维结合在一起的情况。当上面纤维的截面收缩时，应力被传递到下面的水平纤维，使它也沿着其轴向收缩。如果我们现在想象有许多交叉的纤维结合到水平纤维上，我们可推断出，水平纤维的轴向收缩将是所有结合到它上面的各单根纤维贡献的总和。如果平均横向收缩率是 15%，以及所有沿其长度均发生纤维-纤维的结合，我们就可预计水平纤维将有 15% 的收缩率。沿水平纤维的压缩区域被称为"微量压缩"。

纸页的收缩应力可以非常大。但其收缩的程度取决于纸机操作条件。纸页的收缩率在以后纸张深加工或最终用途中有重要意义。例如，纸页断裂时的伸长率直接与干燥时的收缩率有关。由于网状结构本身的伸长率，前者一般比后者大 1%~2%。

图 1-5 不是全面状况，它只描述了一个方向发生的情况。事实上这两根纤维同时在两个方向受到纸页横向收缩的共同作用。当然，还有一个 Z 向收缩，这是脱水时纤维细胞壁收缩的直接结果。

收缩应力假设纤维间的接触或结合区不在同一平面，而是具有三维特性。如果是这样，几何学结合面积将不是纤维-纤维结合面积的一个合适度量标准。我们也可以认为，纤维-纤维结合的强度还将取决于纸页干燥时收缩的状况。例如，S_1 层结合到 S_1 层的情况很可能不同于 S_1 层与 S_2 层或 S_2 层与 S_2 层的结合情况。在第一种情况下，一根纤维的横向收缩在压缩第二根纤维的 S_1 层时可造成第二根纤维的 S_1-S_2 界面的层间细胞壁的破裂，因为 S_2 层对轴向压缩负荷的承受能力远远大于 S_1 层。图 1-6 试图表示出这种情况。S_1-S_2 界面的这类分离情况，在文献上也有报道。

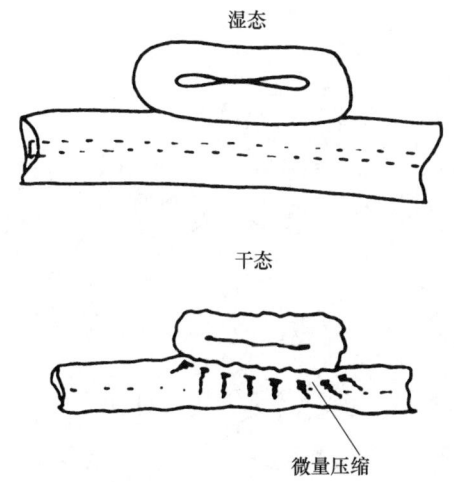

图 1-5　两根被水润胀的（上）以及干燥后的（下）键接纤维简况（上面纤维的横向收缩造成下面纤维的微量压缩）

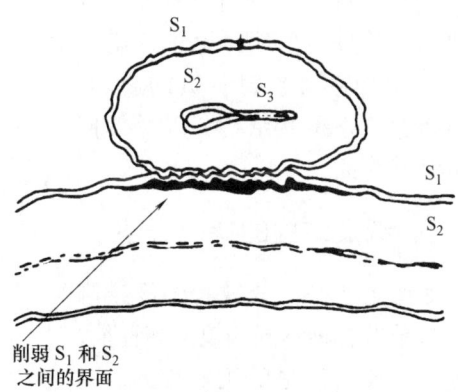

图 1-6　表示键接纤维的轴向压缩如何引起 S_1-S_2 界面的削弱（沿纤维轴向，S_1 层要远比 S_2 层更容易被压缩）

当网状结构脱水时，使纤维产生聚拢，在纸中形成结合键，这是毫无疑问的。如果又将水加入纸页中，纸张就会润胀，结合键被破坏。当从润胀状态到干燥状态的过程逆向进

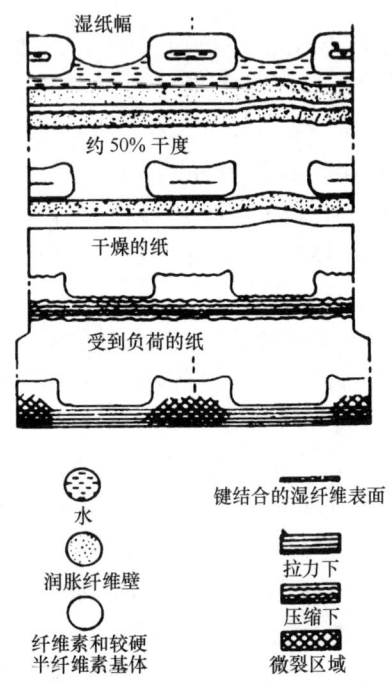

图 1-7 湿纸幅固化和干燥时纤维发生收缩而造成的现象

行时,将发生连续的尺寸改变,虽然并不能完全恢复到最初的状态。在许多纸种中,尺寸稳定性是非常重要的。如果水分只从一面进入网状结构,该侧将开始润胀,而另一面则不变,造成了一种我们不希望的所谓"翘曲"现象。纸页显现这类行为的程度不仅取决于制浆和打浆条件,而且还与造纸机抄造条件,特别是与决定纤维定向排列情况的浆-网速差、牵引比和干燥参数有关。

Giertz 归纳了纤维网状结构的固化和干燥,如图 1-7 所示。图的最上部代表表面张力刚开始作用时的湿润状况。其次是当水从网状结构中脱除时的结合形式和纤维被压溃的状况。在干燥时的横向收缩造成"微量压缩",引起"网状结构"的总体收缩。最后,如果在网状结构端部施加单一轴向负荷时,"微量压缩"状就首先被"拉平",然后,纤维材料在应力作用下发生开裂。

图 1-8 所示概述了从木材纤维制成纤维网状结构时,我们必须考虑的组织状况。最右面的圆圈表示纤维素链组成细纤维的情况。这些细纤维可排列成一个很紧凑的组合体(结晶状)或无定形组合体(非结晶)。当我们顺着圆圈向左面看去时,我们可看到细胞壁内细纤维、细胞壁次生层以及最后组成纸张的网状结构自身的简图。至此,我们已简要地考察了与制浆和打浆有关的图右面的各个部分,并且简单地讨论了细胞壁结构(上面部分)对纸页的影响。现在考察一下网状结构,以及如何来表述其特征。

二、纸页结构的特征表述

纸张主要是由分散状的纤维制成,纤维有各种不同的规格和性能,而且以一定程度呈随机的排列。对后面这一点的明显例外是,纤维一般平置于纸张的平面内,很少或没有厚度或 Z-方向(ZD)的排列,

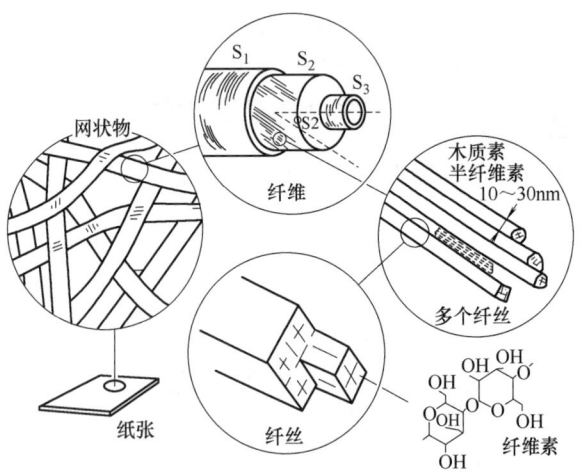

图 1-8 表示多相纸张中"组织状况"的简况

在纸机上的条件使得沿纸机方向(纵向)排列的纤维更多于垂直纸机方向或横向(CD)排列的纤维。许多纸张含有阔叶木浆、针叶木浆、无机填料和配料或其他非木材纤维组分。总的来说,纸张可以说是一种多相的、非均质的组合材料。各种不同的成分以及不均

一性使得纸页的结构特性很难表述。虽然如此，我们将试图根据网状结构参数或宏观物理性能来加以表述。

纤维网状结构参数试图根据纤维的规格、物理性能和几何学定向以及纤维间结合键的性质来表示纸页结构的特征。这类特征的表述非常困难，因为纤维性能的范围很广，而且抄造条件又会显著地影响纸的性能。这又依次影响到纤维间的结合以及纤维对抄造条件（如打浆、压榨等）的响应。

除用以描述纤维自身的术语之外，一些属于网状结构参数的例子有：纤维定向、结合面积、单位纤维长度的结合键数量、键间距离和单位面积的结合强度。这些参数不一定独立存在。例如，一个简单的两根纤维间的几何学结合面积，可从最小（当两根纤维成直角时）一直到最大（当某根纤维正好排列在另一根纤维上面时）。因此，结合面积和纤维定向是有密切关系的。一个似乎有用的网状结构参数，它综合了若干个上面提到的概念，这就是相对结合面积（relative bonded area，简称 RBA），其定义为总结合面积对可用于结合的总（表面）面积之比。以百分率表示的相对结合面积（RBA）随键或结合面积的数量的增加而增加（如，由于打浆或压榨的作用），但与键的质量或强度无关。RBA 绝不可能是 100%，因为最外层的纤维是不能形成结合的。

虽然纤维-纤维结合强度是一个明确的概念，但这个性能很难测量。主要困难是因为植物纤维太细，而且也由于它很难在实验室中重新产生出那种在纸张中纤维所受到的应力。在实验室中所做的简单的纤维-纤维结合试验，很可能无法代表纸张中纤维所受到的应力状况。而且常常还有单根纤维在单独状况时或在纸张中干燥时性质不同的问题，因为如果允许的话，化学浆纤维可以在垂直于轴的方向收缩 15%~20%。而在纸张中某根纤维，因以许多键与其他纤维相联结着，在干燥时的性能将明显地不同于独立于网状结构之外的干燥。因此我们不能保证实验室的测量结果能代表实际纸页结构的情况。

当以质量为基准进行比较时，木材纤维的强度比许多常见的工程材料要大，如图 1-9 所示。植物纤维的裂断长［抗张强度/（定量×重力加速度）］要大于钢或铝，虽然，140km 裂断长是作者在文献中所能找到的最大强度值，但即使平均值是报告值的 1/3 或 1/2，这个强度也是很可观的。但从这样的纤维制得的纸张的强度却通常要弱得多，见图 1-9。

就结合面积或纤维-纤维结合强度而言，纤维本身的强度比纤维之间的结合强度要大得多。也许不都是这样的，如我们在图 1-4 和图 1-8 所看到的，木材纤维本身是"加固纤维型复合体"的例子，此时构成细胞壁的细纤维是骨干材料，而木质素-半纤维素则是加固材料。在化学浆纤维中，若干加固材料被脱除，此时如果两根纤维间的分离发生在某个细胞壁内，如图 1-6 所示，则结合面积或结

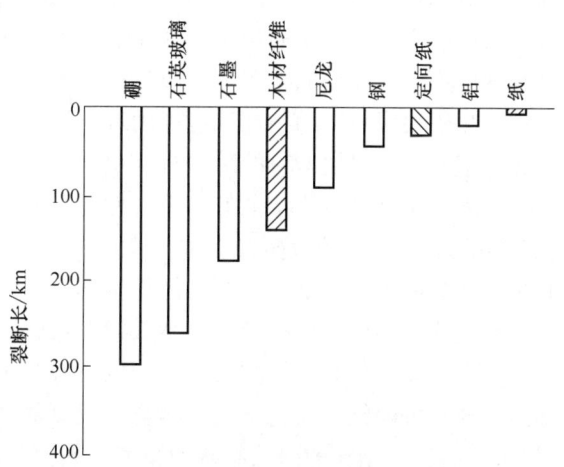

图 1-9 若干常见工程材料的裂断长比较
注：以质量为基准，木材纤维可强于若干金属

合强度的意义就含糊不清了。

在机械浆中，细胞壁中的木质素加固材料仍然存在，结合面积的概念仍有意义。这类纸浆的纤维都不柔软，而且由表面张力形成的接触面积（不一定是结合面积）要小于化学浆。较硬的机械浆也很可能使它的单位纤维长度的实际结合键减少。富含木质素的机械浆与那些化学浆比较，除了结合键较少和结合面积较小外，单位面积的结合强度也可能较小。

纸页紧度是单位体积的质量或定量除以厚度。紧度（或松厚度）常作为网状结构的基本性能。通常，当我们通过增加打浆或压榨的压力，增加相对结合面积时，紧度也随之增加，因为有更多的材料被压缩进同样的体积中了。但根据经验，在压光时情况不是这样，那时可增加紧度，但却不能增加相对结合面积。显然，压光操作使若干纤维压溃，但在压缩材料到最高紧度的同时却降低了结合力。

纸页的湿态伸长可降低紧度和相对结合面积（RBA），这将在下面讨论。干燥收缩则具有逆效应，即可增加紧度和RBA。

利用紧度作为网状结构的测量手段或纸页性能的标志，存在一个问题是紧度值的获得，这是由于厚度的测量所致。厚度的定义则是在标准压板和压力条件下所测得的纸页薄厚。这对于监控生产来说是完全可以的，但对于计算纸页紧度来说，至少有两点理由是很不合适的。第一，纸张是一个可压缩材料，而厚度则取决于在测量时所施加的负荷大小。第二，纸张的表面粗糙度对厚度的测量有影响，从而使紧度值有一定误差。如果我们想用紧度作为网状结构的基本性能来推知其他性能，就很不合适。

为了力图解决表面粗糙度对厚度影响的问题，造纸工作者已做了许多研究工作。此类报道见参考文献[11]。这里包含有一个根据用水银压力计和"软压板"方法测量厚度所计算出来的"有效厚度"的概念。每个方法都有其优点和缺点，这里就不多加评论了。总之，所有的测量方法对各类纸种大体都可给出相当类似的数据。对任何方法，用软压板法计算出来的紧度将大于或等于用标准硬压板方法计算出来的紧度。纸张表面越光滑，前者就越接近后者。

也许概念最简单，也最便于使用的是软压板法。在这个测量方法中，以软橡胶板接触纸页，很适应于粗糙纸面的特点，因而消除了表面粗糙度对厚度（从而对紧度）的影响。这种装置可用已知厚度的精密金属薄片进行校准。

在文献中很多纸页的物理性能都用紧度来度量和校准。但因许多紧度都是根据硬压板法计算出来的，所以使所得的结果有一定争议。

常用来表示纸页结构特征的另一个性能是光散射系数 s。光散射系数直接与每1g纤维可散射（反射）光线的表面积有关。光谱的可见光部分光线的散射，是由于纤维和空气之间折射指数的不同。因此，在两根纤维结合（或用术语"光学接触"）得很好时，就不会散射出光线。结合的面积越大，光散射系数就越小。

事实上，光散射系数的测量值常用以计算"相对结合面积"。为了做到这点，我们需要知道结合较好的纸页与完全没有结合的纸页的光散射系数 s。因为后者较难做到（虽然要尽力去做），未结合的网状结构的 s 值一般是借 s 与抗张强度关系曲线中的零距抗张强度推算出来的。如果 s_0 为推算值，s 为结合较好的纸页的光散射系数值，则：

$$RBA = (s_0 - s)/s_0 \tag{1-1}$$

关于 RBA 将在后面作进一步的论述。

Rennel 研究了打浆和压榨如何影响磨木浆和漂白硫酸盐浆的裂断长和光散射系数，如图 1-10 所示。

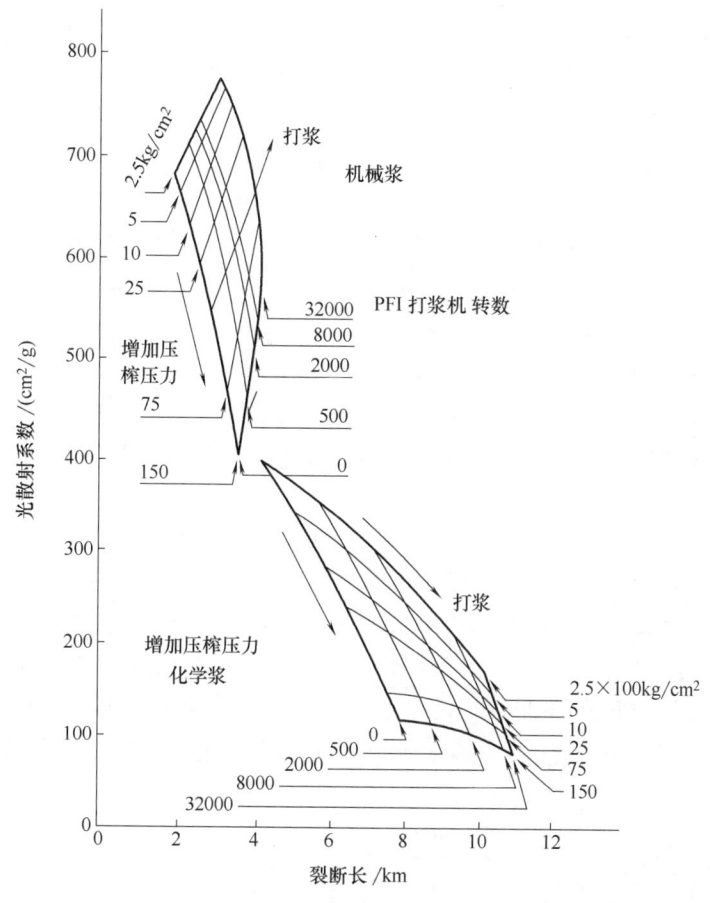

图 1-10　化学浆和机械浆的光散射系数与裂断长的关系曲线

注：1kg=9.8N

图 1-10 表示了机械浆和化学浆在发展强度和增加光散射系数上的差别。机械法制浆产生许多纤维碎片，使光散射系数较高，而由于平均纤维长度短和含木质素多则使结合力和强度较差。但是化学浆比较柔软，而且更有可能不受损伤，如切断，导致有更大的结合力，从而有更大的强度，而所产生的可散射光线的未结合点却比较少。这两种浆对压榨和打浆（在 PFI 打浆机中）的表现也不相同。

对化学浆来说，如图 1-10 的下面部分，固定压榨压力不变，增加打浆度使裂断长增加，而光散射系数下降。压榨压力越低，打浆对增加裂断长和降低光散射系数的效应越大。打浆对化学浆在增加强度方面效应较大，而对降低光散射系数则比压榨要小。

但对机械浆来说，如图 1-10 的上部，情况略有不同。增加压榨压力，仍然增加裂断长和降低光散射系数，与化学浆一样。另外，打浆却使裂断长和光散射系数都有增加。我们可以设想，较挺硬的机械浆纤维，打浆时由于切断而产生出更多的纤维碎片，使光散射系数增加。这是与磨木浆尽可能少打浆以防止撕裂因子损失的正常做法相一致的。

三、物 理 性 能

在研究纸张的过程中，对我们有意义的物理性能往往是那些普遍用于描述任何工程材料的性能，包括抗张强度、抗张挺度、断裂伸长率、粗糙度、撕裂强度、抗弯曲挺度等。这些性能及其测定方法在后面的章节中要详尽讨论。虽然在其他领域也常发现有类似的检验，但有许多测试是纸张检验所独有的。耐破强度和各种施胶度测试就是这类例子。纸张测试常常针对特定的最终应用需求和纸张加工需求，或两者都有。例如，纸张平滑度对印刷和满足最终消费者需要都很重要。有时，一定的物理性能对加工需求和最终应用需求来说可以截然不同。例如，瓦楞原纸的 Z-向抗剪挺度对于起瓦楞的作业来说应该低些，而在最终用途上，为了有更好的平压和纸箱压缩性能，就应该尽量高些。

在实际应用中，纸张是一种三维材料，常遭忽视的厚度方向性能，对了解纸张在加工过程以及有时最终应用特性方面有重要的意义。"传统的"纸张物理性能，甚至都加在一起，对纸张在加工过程中可能遇到的机械外力的响应，其描述往往都不是很有成效的。这不是测试方法本身的缺陷，而更主要的是，必须描述材料在三维方向对应力-应变作用的响应。

有一组基本参数，即比弹性挺度，它描述纸张三维方向的应力-应变响应。技术的发展已可在薄膜状材料中无损测定这些性能参数，使我们能利用它们表述纸页的结构性能。材料的弹性性能描述是指材料在受到应力作用时的变形，可有 3 个弹性性能，即：杨氏模量 E，相关的轴向应力和应变；剪切模量 G，相关的剪切应力和剪切应变；泊松比 ν，即单一受轴向应力时横向收缩与轴向伸长之比。对一个没有方向性的各向性的材料而言，3 个弹性性能中只有两个是独立的。如果知道了任何两个，第三个就可以根据式（1-2）计算出来。

$$G = E/2(1+\nu) \tag{1-2}$$

式中　G——剪切模量

　　　E——杨氏模量

　　　ν——泊松比

至于纸张，制造过程形成的对称状态要求有 9 个弹性性能。包括 3 个杨氏模量（每个基本方向 1 个）、3 个剪切模量（每个平面 1 个）和 3 个泊松比（每个平面 1 个）。这些参数有 6 个表示在图 1-11 和图 1-12 上。3 个泊松比也可由 3 个轴向应力测试中的每个测试的"横向收缩与轴向拉伸之比"所决定，如图 1-11 所示。如果知道纸张的 9 个弹性性能，知道纸张对施加作用力在三维方向的响应，则这类资料对表述纸张最终应用的行为并利用它模拟容器或其他结构，都是很有价值的。

美国造纸科学技术学院已经开发了测量纸张或其他薄膜材料的 9 个弹性性能的方法。其中 7 个是在实验室日常测定用的。基本上已对各种纸和纸板、无纺布、木材和某些塑料进行了测定。但它具有一定的局限性。最小限度的试样规格应在 15cm×15cm，虽然，在厚度方向（Z）测定弹性性能的试样规格可更小些。Z 向测定的试样最小限度厚度规格为 0.1~0.2mm 左右，取决于表面粗糙度。在纸张 MD-CD 平面测定弹性性能没有最小厚度的限制。由于试样规格的这类物理性限制，多数三维方向的测定已用纸板试样进行。虽然

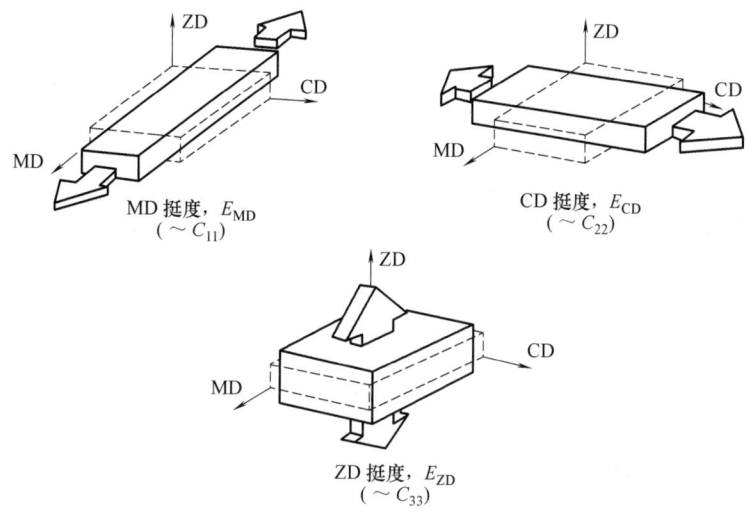

图 1-11 单一轴向拉伸的 3 种模式

注：弹性挺度（E 或 C）是在应力很小（接近于零）时施加应力与所产生应变之比。每种情况的泊松比可借横向应变与轴向应变之比计算出来。

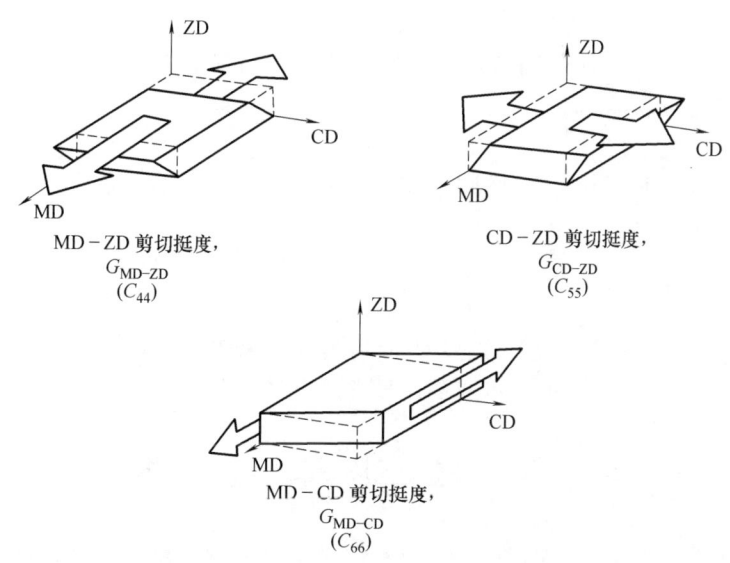

图 1-12 剪切变形的 3 种模式

注：剪切弹性挺度（G 或 C）是在剪切应变很小（接近于零）时剪切应力与剪切应变之比。对诸如纸张那样各向异性的材料，要确定 3 个平面的每个平面的剪切应力。

如此，用薄试样测定平面的弹性性能对了解在这些性能上工艺变数的影响，也是很有用处的，而且对表述最终用途的性能特性提供了改进手段。

弹性性能是借测定在纸张中超声波的速度而确定的。其理论在一些文献上已有详细介绍。这里只作简要介绍。应用于三维材料的综合性胡克定律为：

$$\sigma_i = \sum_{j=1}^{b} C_{ij} t_j \qquad (1-3)$$

式中 σ_i——应力

t_j——应变

C_{ij}——弹性挺度

i 和 j——1，2，…，6

9个弹性挺度与"工程弹性系数"即杨氏模量、剪切模量和泊松比有关。

通过测定 Z 向超声波速度很容易确定3个挺度：

$$C_{33} = \rho v_{LZ}^2 \qquad (1-4)$$

$$C_{44} = \rho v_{SY-Z}^2 \qquad (1-5)$$

$$C_{55} = \rho v_{SX-Z}^2 \qquad (1-6)$$

式中 v_{LZ}——Z 向的纵向波速度

v_{SY-Z}——在 Y 向中极化的剪切波速度

v_{SX-Z}——在 X 向中极化的剪切波速度

ρ——表观密度

系数 C_{11} 和 C_{22} 可分别通过纸机方向和横向传播的纵向波速度确定。利用该速度 v_{LX} 和 v_{LY}，即可借式（1-7）和式（1-8）计算出 C_{11} 和 C_{22}：

$$C_{11} = \rho v_{LX}^2 \qquad (1-7)$$

$$C_{22} = \rho v_{LY}^2 \qquad (1-8)$$

通过测定在 X 或 Y 向（分别在 Y 或 X 向极化）中传播的剪切波速度，可以很容易地确定系数 C_{66}，其公式为：

$$C_{66} = \rho v_{SX-Y}^2 \qquad (1-9)$$

该剪切速度可在平面或松厚材料上测定。

系数 C_{12} 通过在45°方向传播剪切波（在 X-Y 平面中极化）到 X 和 Y 轴线。此时 C_{12} 可表示为：

$$C_{12} = \{[2v_S^2(45°)1/2(C_{11}+C_{22})-C_{66}]^2-[(C_{11}-C_{22})/2]^2\}^{1/2} - C_{66} \qquad (1-10)$$

式中 $v_S^2(45°)$——平面内剪切波在45°方向传播到 X 和 Y 向的速度

挺度 C_{13} 和 C_{23} 最不易获得，目前不作日常测定之用。

第二节 纸的二维网状几何结构

纸张最简单的近似结构是如图1-13所示的完全随机的二维网状结构，假设其由等长零宽度的直线段组成。Kalimes 等人的研究表明，普通手抄片的平面内力学性能与许多薄纸页的复合纸相同。因此，二维网状结构应能解释纸张的面内性能。

这里假设网状结构的随机性是很显著的。在随机的网状结构中纤维之间的所有相互关系是不存在的，每根纤维都是独立于其他纤维，这是因为二维随机的纤维网状结构服从很多的数学分析规律。

一、覆盖层

覆盖层是描述完全随机二维网状结构的一个有用的概念。一定面积 A 上的纤维根数

为 N，平均覆盖层 c 就是指在纸平面上任意一点的纤维平均层数，或：

$$c = Nl_f b_f / A = q/q_f \quad (1-11)$$

式中 l_f——纤维的长度，mm

b_f——纤维的宽度，μm

q——纸的定量，g/m²

q_f——纤维的定量，指将纤维单根排列所形成的纸页的定量，即一层纤维形成的纸的定量，g/m²

当纤维性质一定时，覆盖层充分说明了二维随机的网状结构，覆盖层能够从纸的横截面通过确定与纸页所作的基准线交叉的纤维数来测量。覆盖层对于纸页的有效纤维层

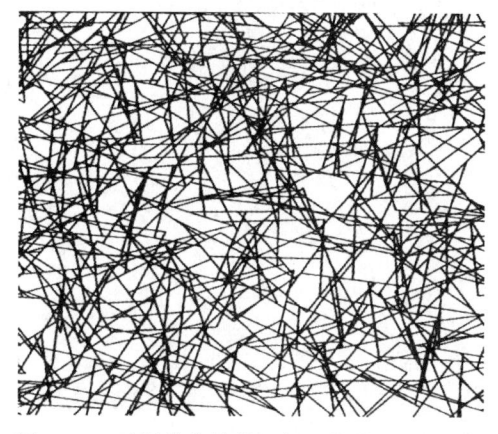

图 1-13 无纤维末端的近似二维随机网状结构

数给予了精确的评价。对于造纸纤维，$q_f = 5 \sim 10 \text{g/m}^2$，那么，普通印刷或书写纸 $c = 5 \sim 20$ 层纤维。

覆盖层所给的层数是感觉上的"有效"，实际上纸页中并不存在明显的纤维层，纸的厚度和平均纤维厚度之比不能很好地定义纤维层数。例如，纸的厚度在湿部压榨和压光时会减小，但是这并不能改变纤维层数。

局部覆盖层 c'，当在一点或足够小的面积时服从泊松分布，定义如下：

$$P(c') = c^{c'} \frac{e^{-c}}{c'!} \quad \text{当 } c' > 0; \text{否则 } P = 0 \quad (1-12)$$

当平均覆盖层为 c，$P(c')$ 为 c' 纤维覆盖某一点的概率，或者局部覆盖层为覆盖一个小的基准面积的纤维数。小尺度的基准面积避免了纤维仅覆盖基准面积的一部分的问题。

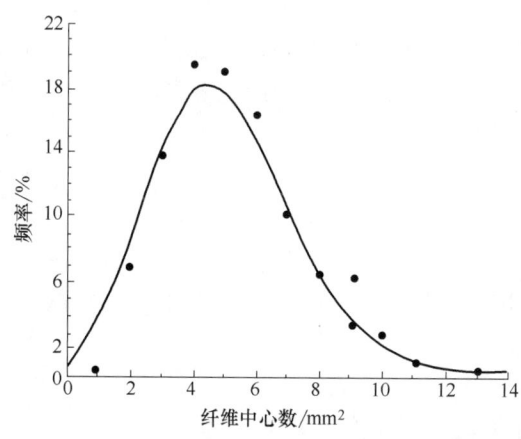

图 1-14 在 2.5g/m² 手抄片中单位面积的纤维中心数及由定量算出的泊松分布

当 c' 乘以 q_f 时，覆盖层的分布 $P(c')$ 给出了局部定量的分布。

纤维空间分布的另一种定义方法为在单位面积内纤维中心数。从图 1-14 可以看出，纤维中心数的分布也符合泊松分布。

从式（1-12）知，在纸页中发现完全空的基准面积的概念为 $P(0) = e^{-c}$，在其他的各项中，这意味着纸中的针眼出现的频率随着定量的增加按 $\exp(-q/q_f)$ 比例减少。比例系数取决于发现针眼的最小面积。另外，这个结论仅适合于不存在流体动力学滤波的条件下，它违背随机性的假设。

在通常使用的词语中，覆盖层也可以指被纤维覆盖的那一部分面积，例如，在多层纸板中，白色的面层覆盖本色的芯层。那一部分面积它被至少一根纤维覆盖，它不是指面层

的覆盖层 c 而是 $1-e^{-c}$。

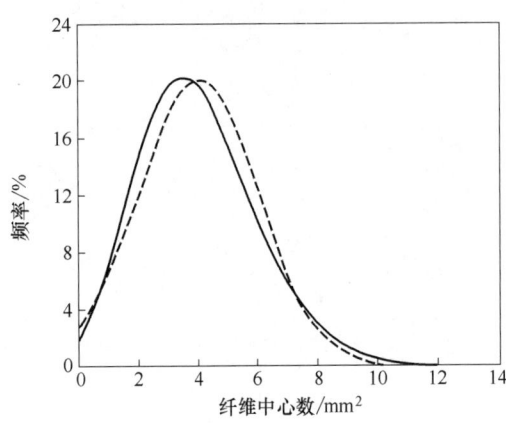

图 1-15 在相同方法和标准偏差下泊松分布（实线）和高斯分布（虚线）的比较

在高平均值 c 的时候，泊松分布变得与高斯分布相似，如图 1-15 所示。仅有的本质区别是后者包括负值（$c'<0$），而这在泊松分布里是没有的。

覆盖层或定量的点态分布忽略了所有的空间相关性。因此它不取决于纤维形状和尺寸大小。这种点态分布对于短圆的和细长的纤维应该是一样的。如果基准面积的大小与纤维宽度是可比的，纤维的形状就变得重要了，就像发生在纸的定量分布或匀度测量中一样。

二、Corte-Kallmes 理论

Corte 和 Kallmes 从数学的角度分析了二维随机纤维网状结构的统计几何形状，从而发现与薄纸页的直接微观测量有较好的一致性。Corte-Kallmes 理论描述了在一平面内恒定尺寸的纤维随机和各向同性的分布情况。真正的纤维没有固定的长度、宽度或厚度，但是其平均尺寸对于确定各个应用领域的几何形状来说应该足够了。

为了说明 Corte-Kallmes 理论，我们考虑纤维段长度的分布。纤维段是纤维交叉点间的部分。我们可以定义段的长度为相邻纤维交叉点的中心间的距离，或者是不包括纤维交叉面积的纤维的游离长度。当考虑纤维宽度时，上述两种定义是不同的。

为了便于理解，首先在纤维网状结构中确定一根纤维，作为一根"测试"纤维，把它分成段长为宽度的正方形。这些正方形的数量是 l_f/b_f。如果纤维的宽度 b_f 比较小，纤维覆盖任何一个正方形部分的数目服从泊松分布。找到游离于其他纤维的相邻部分 k 的概率为 $P(c=0)^k=\exp(-kc)$，这一表达式与式（1-12）类似，一个给定游离段长度的频率，$l'_{\text{free}}=kb_f$，因此：

$$P(l'_{\text{free}}) = \exp(-l'_{\text{free}}c/b_f) \tag{1-13}$$

这只是一个近似值，因为隐含地假定了纤维垂直交叉并且仅仅处在离散的位置上。

对于处于连续（非离散）随机位置和方向的纤维，Corte 和 Kallmes 推导出了精确的方程。在这种情况下，在面积 A 内的一根纤维会与另一根纤维交叉，如果前者的中心位于如图 1-16 所定义的面积内。相应地，概率为 $P_c = l_f^2 |\sin\varphi|/A$。所有夹角的平均值给出 $P_c = 2l_f^2/\pi A$。如果此体系有 N 根纤维，每根纤维交叉的平均数量是：

$$n_c = 2Nl_f^2/\pi A = 2cl_f/\pi b_f \tag{1-14}$$

由于交叉是在随机位置上发生，它们间的平

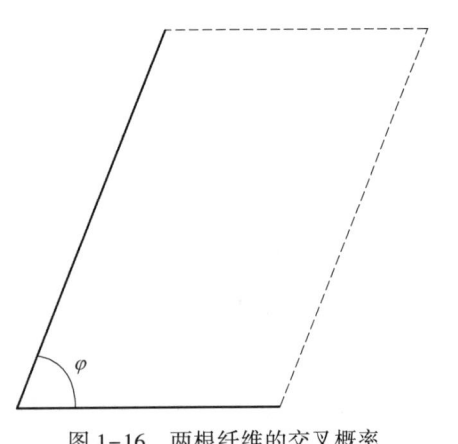

图 1-16 两根纤维的交叉概率

均距离 l_s 为：

$$l_s = \pi b_f / 2c \tag{1-15}$$

式（1-15）忽略了由纤维末端的部分引起的复杂性或者说等价地认为纤维非常长。

两根相邻纤维交叉点间的距离 l'_s，准确地说是它们的中心间的距离，就是纤维段的长度。因为它的泊松分布的实质，l'_s 的概率分布成指数衰减，由式（1-15）给出的平均值，概率分布为：

$$P(l'_s) = (2c/\pi b_f) \exp(-2cl'_s/\pi b_f) \tag{1-16}$$

比较此结论和式（1-13）的简化结论，可以看出 $l'_s > l'_{free}$，因为后者不包括纤维交叉部分的面积。

三、二维结构中纤维网状结构的连接性

纤维网状结构的连结或结合度决定着纸张的力学性能。如果纤维间只有很少的键，那么网状结构将没有黏结力。如前所述，相对结合面积 RBA，通常用来描述纸页的结合度。在厚度方向，纤维的表面（即纤维在纸中厚度对应的面积）有一点不定性。在讨论时，可以考虑也可以不考虑。在下面的讨论中我们不予考虑。

在二维结构中，由于在厚度方向上纤维间没有空隙，在每一个纤维交叉的地方形成键。然后我们可以很容易地通过覆盖层 c 来计算相对结合面积。纤维表面总面积为 $2cA$，A 是纸页的面积，每根纤维都有两个表面，顶面和底面。同样的，纸页本身除了在覆盖的点上总有两个自由的表面积。因此，未结合的表面积的总量为 $2A \times (1-e^{-c})$，而相对结合面积为：

$$RBA = [2cA - 2A(1-e^{-c})]/2cA = 1 - (1-e^{-c})/c \tag{1-17}$$

这是纤维顶面和底面的平均结合度。

一个相似的计算给出分数，$B_1 = (1-e^{-c})/c - e^{-c}$ 和 $B_2 = (1-2/c) + (1+2/c)e^{-c}$ 分别表示一面和两面结合的 RBA，如图 1-17 所示。

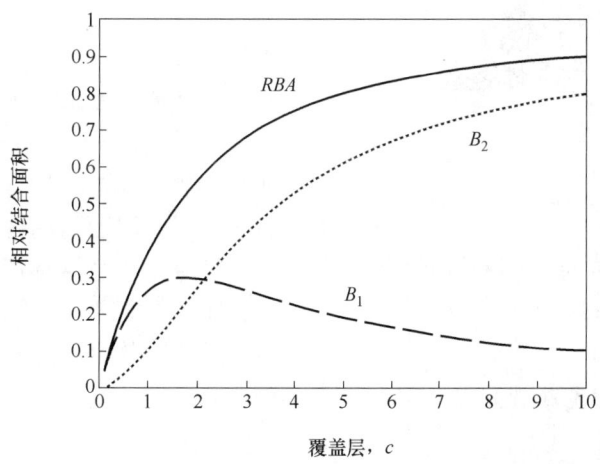

图 1-17　在二维网状结构中相对结合面积和覆盖层的关系

真正的纸页是三维的，具有一定的厚度和 Z 方向的空隙。孔隙降低了由式（1-17）估算的二维结构的结合度。只有在较低的覆盖层或纤维有相当好的柔韧性时，如此少的空

隙的存在才会使二维结构的近似值有效。对于二维结构的纸页的最大极限定量没有准确值。一个合理的估计是单根纤维平均定量的两倍或 $2q_f=10\sim20g/m^2$。

这里我们引入一个新的概念——渗透（percolation），它是这样定义的：在极低的覆盖层的条件下，只有每根纤维有足够数量的键存在时，才会形成一个相互连结的纤维网状结构，这个极限就是渗透点。在渗透点之下，纤维网状结构就会形成几个分散的部分。

我们发现渗透的概念用于强化纤维行为的评估中，是可以解释这一现象的，尽管可能不完全合适。根据论证，当在一种"较弱"的纸料中加入强化纤维，纸页的机械性质只有在强化纤维达到渗透点后才开始提高，再与其他的纸料组分间形成一个连接的子网状结构。

对于只有一种纤维类型的二维随机网状结构，计算机模拟系统已经确定了渗透点：

$$c_{crit}=5.7b_f/l_f \tag{1-18}$$

如果覆盖层低于临界极限 c_{crit}，纤维网状结构是不连接的。在 $c\equiv c_{crit}$ 点上存在一根关键的纤维，它的去除将使网状结构分离成两部分，这将是一个特殊的状态。任何真正的纸页必须远远高于渗透极限。根据式（1-18），对于大部分造纸纤维来说 $c_{crit}<0.1$。通常，覆盖层的值大得多，$c=5\sim20$，但是制备定量为 $2.5g/m^2$ 或 $c=0.5$ 的纸页也是可能的。在这种情况下，必须远远高于渗透极限。式（1-18）的预测似乎是合理的。

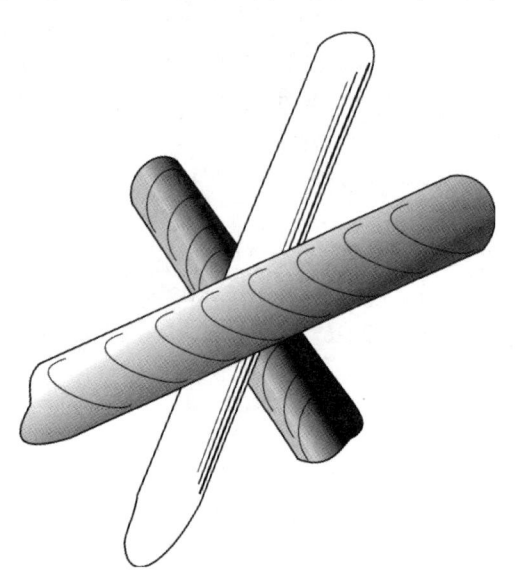

图1-18 机械浆纤维（白）阻碍两加固纤维（黑）键合的效应示例

从式（1-14）我们可以看出，在渗透点，每根纤维的临界结合数是 $n_{c,crit}=11.4/\pi=3.6$。换句话说，即使每根纤维存在多于两个键，这也是连接所需的绝对最小值。该值较高的原因是，靠近渗透点的许多键对连接性没有贡献，而只是在网状结构中导致"死"端或"悬"端。

由于 $c_{crit}<0.1$，式（1-17）意味着在渗透点：

$$RBA_{crit}=c_{crit}/2\approx2.8b_f/l_f \tag{1-19}$$

所以对普通的造纸纤维 $RBA_{crit}\ll1$。有人认为式（1-19）也能应用于机械浆的三维网状结构内的强化纤维的子网状结构中。剩下的唯一问题是确定增强纤维的结合程度如何随强化纤维浓度而增长。除了三维孔隙外，机械浆纤维会通过图1-18所阐述的"屏蔽"效应降低强化纤维间的结合力。强化纤维的渗透浓度必须比式（1-18）所预测的要高。

第三节 纸的三维网状几何结构

纸页的三维多孔结构直接决定了纸张的紧度和光学性质，通过 RBA 间接决定了力学性能和尺寸稳定性。孔隙的几何形状必然是复杂的，我们用粒子合并的计算机模拟这样的想法对它进行讨论。我们用间接测量的真实尺寸大小分布的事实解释了这一方法，但这种测量的解释是不明确的。

我们也解释了三维网状结构的结合度和其内部纤维的空间结构。三维纤维网状结构不是层状的就是交织的。后者纤维的相互交织对于纸页 Z 方向上的性质很重要。

一、统计多孔几何学

在纸的定量比较小时，纸页实际上就是一个二维平面，这是因为当纸页平面内的两根纤维发生交叉时，在两根纤维间形成了机械接触。在纸页的某些区域会因为没有纤维而形成空穴。这些空穴区域出现的频率用 v 表示，v 随着纸的定量的增加而减少，可用方程 $v=e^{-c}$ 表示，这里 c 表示平均覆盖层（即纸页定量/纤维定量）。一般来说，只有 $c \leqslant 2$ 时才有可能在纸页中出现空穴。

如果纸页的定量增加，那么纸页的局部厚度所出现的标准偏差也随着覆盖层的平方根的增大而增大，服从泊松分布定律。

形成纸页的纤维不断地被弯曲，从而与其他纤维接触得更好。从某些方面来讲，当非常充分的弯曲不再可能，在 Z 向的纤维间会形成空洞的区域。在图1-19中显示了手抄片中在 Z 向上形成孔洞的两个例子。当纸的局部定量低于平均定量时，孔洞出现的频率会比较高。

网状结构中的孔隙率取决于定量增加时孔隙的形成率。在图1-20中表示了模拟研究结果，这个结果也证明了我们由直觉得到的这种显而易见的事实，即单位面积的平均孔隙数 p 与定量或覆盖层呈线性关系。在通式中，p 可表示如下：

$$p=p_{\infty}(c-c_0) \text{ 当 } c>c_0 \text{；在其他情况下 } p \approx 0 \qquad (1-20)$$

式中　p_{∞} 和 c_0——定值

　　　c_0——在 Z 方向形成空隙之前的纤维的最少层数

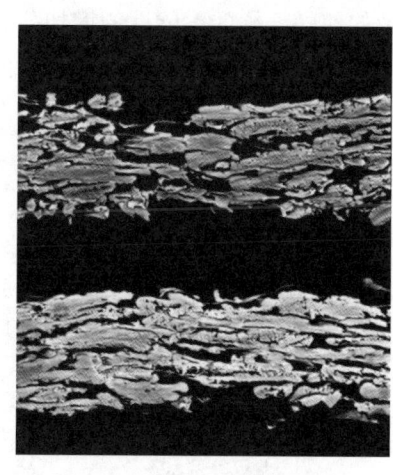

图1-19　低定量和高定量区域横截面的对比

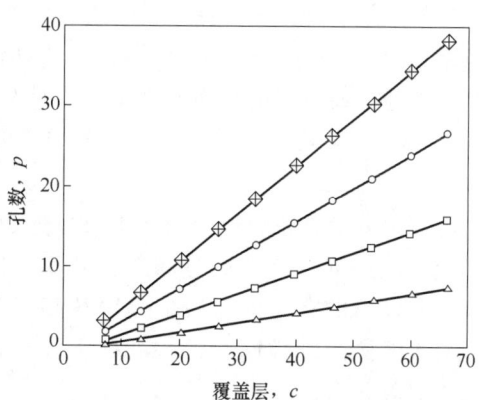

图1-20　不同挺度纤维在不同覆盖层下的孔数
△—低挺度　✛—高挺度　□—较低挺度　○—较高挺度

除与纤维的性质有关外，p_{∞} 和 c_0 的值还取决于许多可变的过程因素，如湿部压榨和压光。

对于实际造纸纤维，c_0 的极限范围为 2~10，且其值依赖于纤维的柔软性和厚宽比值。对于柔软性较好的纤维，其 c_0 值比挺硬纤维的值要高。图 1-21 定性地解释了纤维横截面尺寸对孔隙数的影响。例如，在一给定的纸页的单位面积内，当纤维的厚度较小时，孔穴出现的概率就较

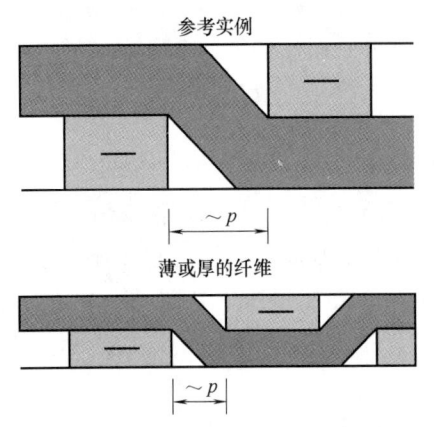

图 1-21 在纤维柔韧性恒定的情况下，纤维横截面尺寸对孔隙数的影响

小。而纤维的宽度则有相反的影响。这样假设纤维的其他的性质固定不变，纤维越宽，则孔数越少。纤维的长度比纤维的厚度和宽度大得多，它与网状结构中孔隙的形成无关。

测定纸页中三维孔隙的大小是困难的，这是因为这些相互连接的孔洞是极不规则的。这种情况要比二维平面中的复杂得多，在二维结构中，孔隙被认为是纤维段连接而成的多边形，见图 1-13。

可以将三维孔隙结构看作为用狭窄的"狭道"相连的椭圆孔隙的集合体。通过在纸页主要的三个方向上的光的衍射测量可以显现出椭圆孔隙的一般形状。当平面内纤维排列（MD/CD）的报告值为 1.1~1.6 时，Z 向的纤维排列（MD/ZD）的报告值在 2.2~2.6 范围内。

将椭圆形的孔隙系统模型同液体渗透的测量实例比较可以得到一个比较明显的孔隙的大小分布。一种最常见的测量方法就是汞渗透法。渗透入纸页的汞的量取决于毛细管的表面张力。测定结果表征了在纸页中的开口或狭道的有效半径的基本特征，这与椭圆孔隙的无偏差尺度分布是不同的。例如，在纸页内部深处的大的孔隙可能会被在纸页表面的小的开孔挡在后面。如果相关的话，这一结构会使真实的尺寸分布向着小的孔隙尺寸变化。

图 1-22 说明了典型的孔径尺度和它们分布的宽度是如何随纤维的柔软性的增加而减少的。打浆是一种常见的提高化学浆纤维柔软性的方法。逐渐增加的打浆度（°SR）表明了打浆作用的积累。从图 1-22 可以看出即使在一些小的地方所测量的分布函数形状有些出入，但是提高纤维柔软性的总体影响是符合一般规律的。

除双组分混合浆料以外，图 1-22 中其他组分的分布规律同标准对数分布规律相似。换句话说，测量出的孔径的对数值是服从高斯分布的。二维随机的纤维网状结构的孔隙大小也服从标准对数分布。

纤维之间的自由间距长度也可以表述孔隙尺度的特征。自由间距有非常精确的数值，它不像有效孔径一样间接地依靠测量技术而获得。在平滑的纸页上，自由间距与自由段长度 l_{free} 是相等的，并服从指数分布规律。在厚度方向，

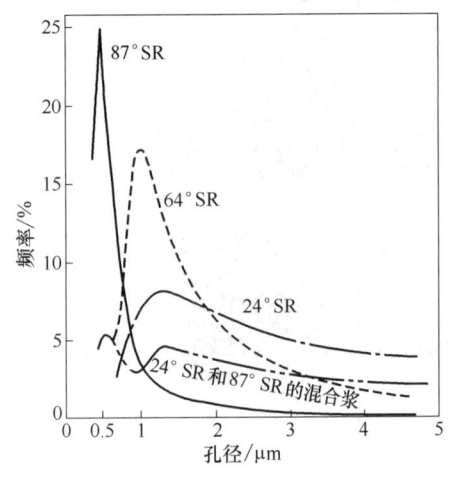

图 1-22 三种不同打浆度的未漂硫酸盐浆的孔径分布

自由间距可以从纸页的横截面测量出来。同时这也给出了一个孔隙本身空间的局部高度分布规律。这个分布规律与全部的孔隙大小分布也不尽相同。这里孔隙的局部高度不包括关于三维孔隙形状的假设。

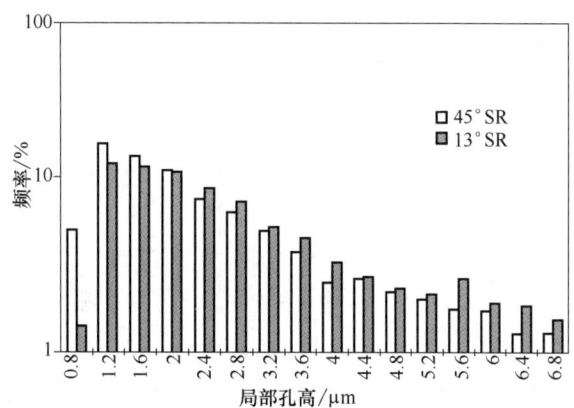

图 1-23　打浆度为 13°SR 和 45°SR 的松木硫酸盐浆抄成的纸片中局部孔高分布

图 1-23 的测量结果表明了像平面自由间距一样，孔隙局部高度也服从指数分布。在浅的孔隙空间的极限产生偏差。纤维的横截面形状和未压溃的细胞腔决定了后者。局部孔隙高度分布似乎可能是如图 1-23 所示的指数形状或者可能是标准对数形状。在造纸过程中，只有长度范围的改变取决于纤维的性质和造纸过程中纸页的压缩。图 1-22 中的混合浆料的双峰分布仍然不能给出清楚的解释，但可能是由于同一组分纤维间形成的孔所呈现的两个峰。

二、相对结合面积

前面我们已经谈到了相对结合面积这一概念。在二维网状结构中，纸页的顶面和底面决定了结合度。在高定量的纸页中，其表面的影响降低，二维网状结构中的相对结合面积 RBA 随着定量的增加而增加。

在三维网状结构中，当定量增大时，孔隙限制了 RBA 的增大，二维结构中 RBA 表达式 (1-17)，修正为下式：

$$RBA = 1 - (p-1)(1+v)/c \tag{1-21}$$

式中　p——孔隙数

　　　v——$\exp(-c)$，空穴数

　　　c——覆盖层

式 (1-21) 再次忽略了纤维表面的 Z 向的面积部分。换句话说，用来结合的最大纤维表面是 $2l_f b_f$，l_f 是纤维长度，b_f 是纤维宽度。

当纸的定量增加，孔隙数 p 根据式 (1-21) 开始增加，RBA 趋于恒定，渐近等于 $1-p_\infty$。典型的印刷用纸和类似的纸在高覆盖层范畴或接近高覆盖层范畴，$c > c_0$。这样 RBA 与定量的关系很小。在近似二维结构中，$RBA = 1 - (1-v)/c$ 与定量完全无关。在定量不变时，RBA 取决于纤维的横截面积大小和柔软性。纸页在湿部压榨和干燥也有利于 RBA 的提高，在实际生产中，RBA 的控制参数有浆的种类，打浆度和湿部压榨。这些因素的变化导致了 RBA 的变化，也导致孔隙大小分布的变化。大的孔隙意味着低的 RBA。

RBA 的测定。图 1-24 的数据直接来自横截面图像（cross-sectional images）。横截面图像试样的准备和测量是非常繁琐的。所以，测量 RBA 通常采用间接方法。例如，我们可以以分子级的气体吸收的等温线得到纸的自由表面。这种方法可以测得不考虑纤维方向的总纤维表面的结合度。

测定 RBA 的一种途径是前面谈到的测量纸的 Kubelka-Munk 光散射系数，s（m²/kg），这给出了每单位质量的光学自由表面，并对单位质量的未结合纤维的表面

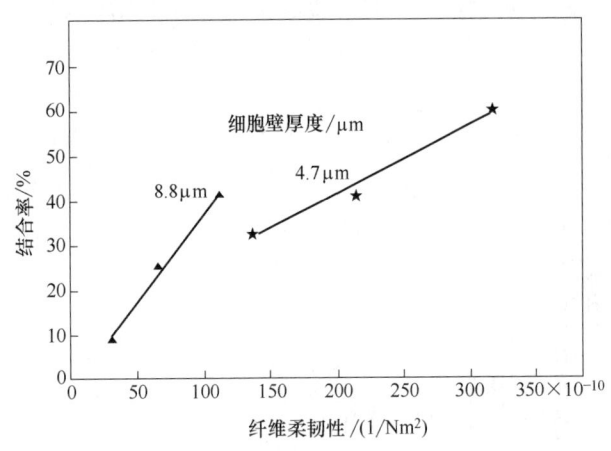

图 1-24　在两种不同细胞壁厚下，结合率与纤维柔韧性的关系

标准化。我们常常错误地理解了标准化步骤的重要性，所以普遍认为 RBA 不可信。

光散射系数的利用基于这样一个事实，如果在小于光的波长的一半的距离内存在另一纤维表面，一根纤维表面组成要素看起来是结合的，这并不能保证两根纤维能机械的结合，因为结合距离可能更小。

当应用于不同打浆度的纸页时，气体吸收面积和光散射系数 s，如图 1-25 所示应为直线关系。因此 s 代表了纸的结合面积的改变，在计算 RBA 前的主要问题是确定完全未结合纤维的光散射值 s_0。然后用公式（1-22）计算 RBA。

$$RBA = (s_0 - s)/s_0 = 1 - s/s_0 \quad (1-22)$$

在打浆试验中，当抗张强度对 s 线性地外推至零时，常用 s_0 代表 s 的值。但是，这种估计值因为种种原因是不可信的。没有结合的纤维的表面积 s_0 值可能在打浆过程中发生改变。都知道机械浆和高得率化学浆会发生这种变化，这是由于细小纤维的出现。抗张强度在打浆过程中也会由于不同于 RBA 以外的原因发生变化。最后，一个其次的因素，随着 RBA 的下降，在 RBA 达到 0 之前，抗张强度已完全消失，由于 RBA = 0，纤维完全分

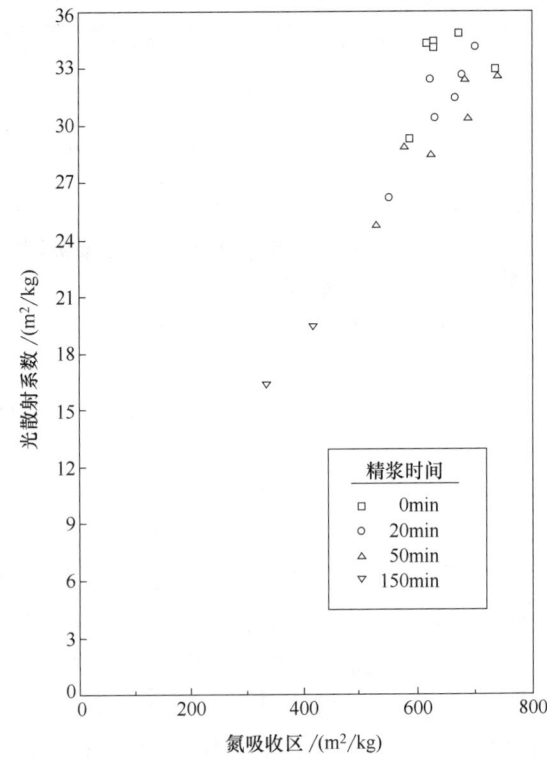

图 1-25　不同打浆度下，光散射系数与氮吸收区的关系

离了。

总而言之，抗张强度的外推值通常不能给出一个可信的 s_0 值。用光散射测量未结合纤维，横断面图像或者其他一些与真实网状几何学相关的参数，对 RBA 适当的标准化是非常必要的。在大多数实验中这是不可能的，而且通过纸的光散射系数测量的 RBA 是不可信的。

纸的紧度为 RBA 提供了另一种间接的定性度量。后面将会用到这种方法。考虑到孔隙高度分布的变化直接影响 RBA，可以使用以下公式假设 RBA 与密度 ρ 线性相关，用式（1-23）表示：

$$\mathrm{RBA} = (\rho - \rho_0)/\rho_\infty \qquad (1-23)$$

式中 ρ_0 和 ρ_∞ ——正的常数

没有证据证明等式（1-23）的有效性，也没有已知的常数值。该方程确实发现了这样一个事实，即当对紧度画线时，由不同纸料制成的纸张的力学性能通常在相当窄的线上集中。紧度随纸浆类型的变化远小于光散射系数。

三、层状和交织纸页结构

造纸用纤维的长度是普通纸页的厚度的 1~2 个数量级。在纸页平面内，大多数的纤维在纸张平面内排列。纤维在 Z 向分布成层状或者交织。如果纤维一根接一根沉积在网上的话就形成层状结构，因此，纤维在垂直方向形成一个有序的排列。在交织的结构中，纤维不以明显的顺序沉积。

为了描述纸页成层状结构的特性，必须认为在纸页连续横截面上纤维在垂直位置。依据它在 Z 向的位置在每一横截面上的位置的纤维会得到一个序号 S。这些数值 S 被每一个横截面中的总纤维数去除。垂直顺序 h 是 S 在纤维长度上的平均值。

$$h = \frac{1}{l_\mathrm{f}} \int_0^{l_\mathrm{f}} S \, dl \qquad (1-24)$$

小数值 $h \approx 0$ 意味着这些纤维中心接近纸页的顶面，大的数值 $h \approx 1$ 意味着这些纤维中心接近纸页的背面。这样所有纤维的 h 分布性能表述了纸页中分层程度的特征。在层状结构中，h 值有一个从 0~1 的均一分布，但是在交织结构中，一些 h 值出现频率更高，如图 1-26 所示。

当用低浓度浆料抄造手抄片时，会形成层状结构。当用高浓度浆料或脉动脱水时所形成的纸页为交织结构。在后者的情况中，压力脉动使纤维前后摇动，以至于它们不能自由地沉积在网上，一根一根保持独立。在高浓度的时候，三维结构的纤维在悬浮液中形成聚集物或絮聚物，然后在平面纸页中沉积。长网纸机和混合成形器能形成不同交织状程度的纸页，夹网成形器使纸页形成更多的交织状结构。

具有交织结构的纸页要比层状结构有更好的面外弯曲强度或 Z 向强度，因为纤维的强度要比结合强度大。事实上，高浓成形能改善纸页的面外弯曲强度。在图 1-27 中纤维交织类型是常见的，在图 1-27（b）所有的三根纤维有相同的 h 值。按照纤维形成的环路总会遇到纤维交织，一个结束又回到下一个起点。这种回路在有交织的纸页中是很常见的。把一张有交织结构的纸分成两层，不破坏纤维是不可能的，破坏纤维又消耗大量能。一张完全层状结构的纸分层是无需破坏纤维的。

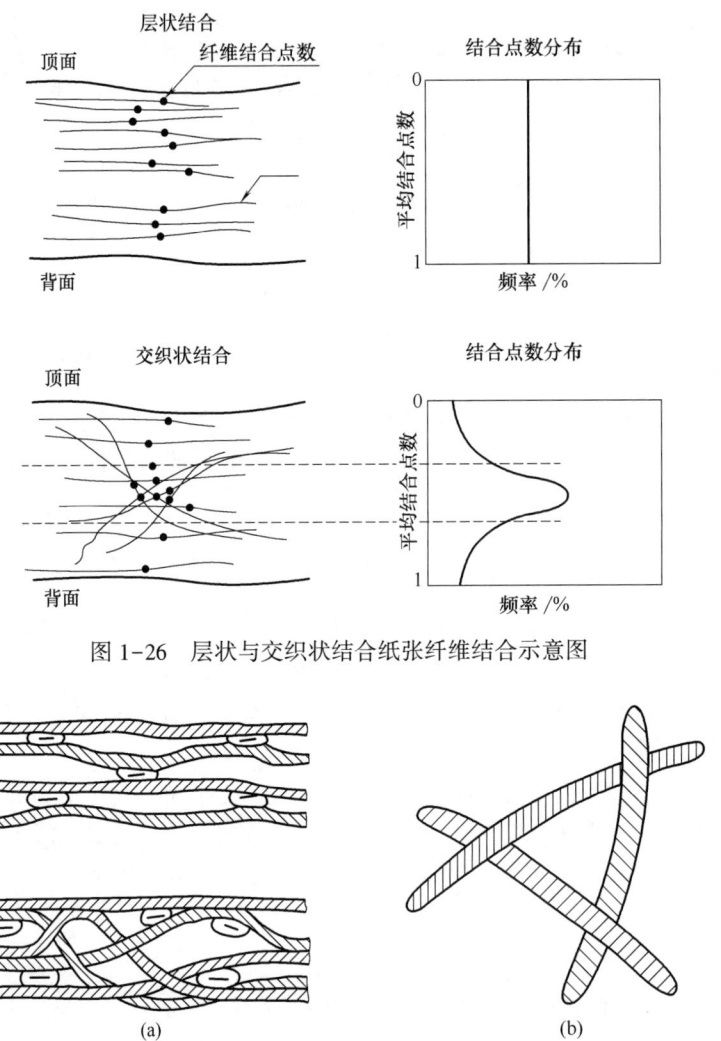

图 1-26　层状与交织状结合纸张纤维结合示意图

图 1-27　(a) 横截面上层状结合（上）与交织状结合（下）纤维比较　(b) 交织状纤维结合简图

第四节　匀　　度

除纤维外，纸的组成还有纤维碎片、矿物填料、化学添加剂。在纸页成形过程中，它们在纸页中都是随机沉积的。纸页匀度是颗粒不均匀分布的结果。匀度的一个更准确的定义是纸页定量的波动。通常我们可以非常容易地用裸眼在长度范围从不到一毫米到几厘米看到纸页的不均匀结构。视觉上明显的非均一性与定量的波动有关，但它们之间不是一种简单的关系。

定量的波动部分地取决于单根纤维沉积内在的随机性，也部分地取决于纤维的相互作用，这将在下面讨论。絮聚能增大定量的波动。湍流通过破坏絮聚可减小定量波动。"流体动力学滤波"也能改善纸页的均匀性。Norman 已经提出了一个好的纸页成形过程的物理学观点。

定量的不均匀分布影响纸页许多功能性质。我们在本节第四部分中讨论纸页匀度与印刷粗糙度之间的关系。匀度对纸页其他性质的影响有抗张强度和起皱等,我们将在后面谈及。在印刷粗糙度中,匀度对纸页的显著影响表现在局部孔隙率。就强度和起皱而言,局部定量波动与局部纤维的定向和干燥应变是分不开的。尽管这些相关性质用一定的测量方法可以测定,但许多性质如颜色、白度是与匀度无关的。

一、特 征

从实际出发,一个有效的匀度定义是在纸页平面内小规模定量的波动。这一定义提供了一种简单的测量方法并与纸页结构间建立了清晰的联系。这种性质的其他一些术语有质量匀度、质量分布,或者是质量密度分布,同时,必须记住纸页其他结构特征可能以某种方式波动,这种方式与匀度有关。这种相关的波动可能会影响匀度对纸页性能明显的作用。

由于传统上判断纸页匀度好坏是通过在均匀的光线照射下,利用眼力透视纸页来确定的,许多人称其为可见视觉印象匀度,尽管"透视"是一种更好的名称。许多光学匀度测试仪对眼睛观察到的结果进行了校准。这种测试仪在一些情况下会给出误导性的结果,因为视觉的外观不等同纸张结构不均匀性。纸页的功能特性取决于后者而不是前者。例如,压光可局部减少孔隙率,因此改变纸的不透明度和光透射率。重压光的纸外观上看上去比未压光的纸更均匀。

实际上,对纸张匀度的测量通常是间接的,例如,通过测量电离辐射或光的透射率。基本要求是测量值可以校准为定量值。最好的选择是使用 β 射线,由于其发射的强度随定量成指数衰减。倘若 β 射线源不释放 γ 射线,例如 ^{14}C、^{147}Pr 或 ^{85}Kr 是这样纯的 β 射线源,而吸收系数几乎与纸料无关。用 X 射线也可以,但填料或涂层颗粒的衰减比植物纤维的衰减大得多。

用可见光对纸张匀度测量进行适当的校准是困难的。因为表面反射会影响透光率。不使用校准的常见做法使得结果不可靠,并且仅依赖于仪器。

最简便描述匀度的参数是定量的标准偏差 σ_q 和比匀度 f_N,后者的另一个术语是定量归一化标准偏差。它的值等于:

$$f_N = \sigma_q / \sqrt{q_{平均}} \tag{1-25}$$

式中 $q_{平均}$——平均定量

定义基于在随机纤维网状中,定量的波动与平均值成正比。这是泊松分布的一般特性。另一个有用的参数是定量的变异系数:

$$COV(q_{平均}) = \sigma_q / q_{平均} \tag{1-26}$$

如果平均定量不相等,这三个参数 σ_q,f_N 和 COV($q_{平均}$),分别用于不同的纸种中。

除了变化幅度外,匀度还具有空间特性。其中最重要的是长度规模——"粒状"或"云状"的匀度,以及大小絮聚体。如图 1-28 所示微尺度和比周长表述了长度规模特征。图中 $l_1 \sim l_6$ 是指高于或者低于平均定量边界线之间在特定方向上的间距,X 是在边长为 L 纸张,$0 \sim L$ 的任意数值。L 为正方形纸张试样的边长。有了比周长,我们可以确定高于或低于平均定量面积之间的边界线。比周长是总边界长度除以总面积。微尺度是边界线之间在特定方向上的平均间距。

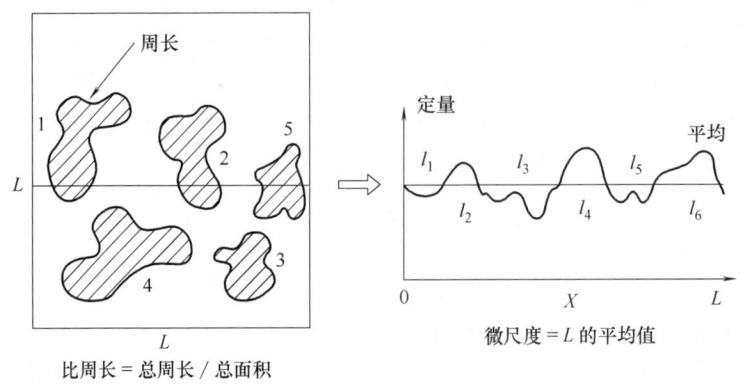

图 1-28 比周长和微尺度的定义

图 1-29 中的功率谱理论上包含关于空间定量变化的所有信息。该谱图显示了方差如何分布到不同的波长。因此，它的积分等于 σ_q^2。可以精确计算随机纤维网络的频谱形状（图 1-29 中的实线）。与理论形状的偏差表明，与随机网络相比，匀度更"云状"或"粒状"。虚线显示了絮聚如何增加长波的波动。微尺度表示某一方向上的边界线之间的平均间距。后者需要二维谱图，而在图 1-29 中只是一维谱图。

二、随机纤维网状结构的匀度

在 20 世纪 60 年代，纤维网状结构成形的理论用到了 Corte 和 Kallmes 的研究结论。但这一结论已被他人完善。假设自由脱水，这样纤维会随机地沉积在纤维层上，并与其他纤维互相独立。因此，纤维位置服从泊松分布。

一张定量为 q，面积为 A 的纸的纤维数量为 $N = qA/l_f\omega_f$，其中 l_f 是纤维的平均长度，ω_f 是纤维粗度（单位长度质量）。引入平均纤维质量 $m_f = l_f\omega_f$ 可简化公式为 $N = qA/m_f$。因为 A 上纤维数量的方差为 q（对于泊松分布），则定量的标准偏差为：$\sigma_q = \sqrt{qm_f/A}$。由此可得：

$$f_N = \sqrt{m_f/A} \qquad (1-27)$$

这里 A 是测量的空间解析结果，根据式

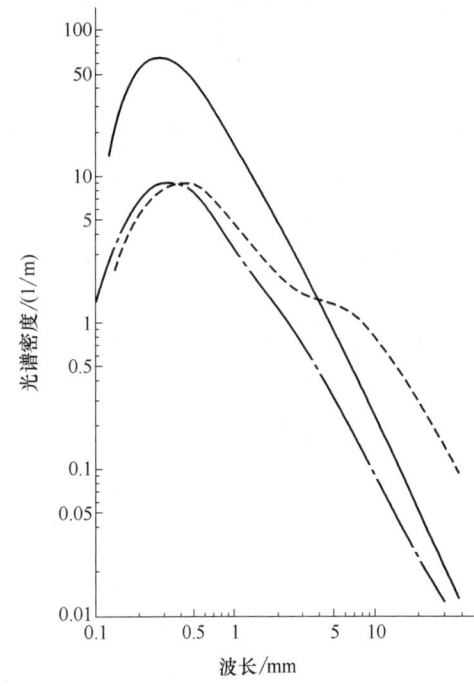

图 1-29 无规则纤维网络（实线）、普通手抄片（点划线）、由延迟脱水抄成的纸片（虚线）的光谱图

(1-27) 只有纤维质量影响匀度，即纤维长度和粗度的乘积，如图 1-30 所示。如果浆浓足够低可消除絮聚，纤维质量对手抄片匀度的影响可以检查到。

以上讨论无疑假设所有的纤维具有相同的质量和长度，纸页各向同性。Dodson 还认

为纤维质量和定向排列的分布不会对 σ_q 有大的改变。相反空间解析结果 A 与纤维的长度和宽度有关。如果测量窗口大小相对于纤维尺寸增加，那么所测得的匀度 σ_q 就会改善，反之亦然，如图 1-31 所示。

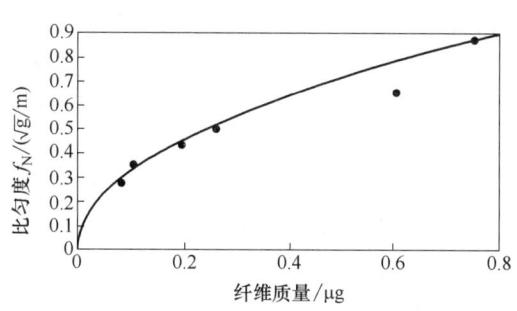

图 1-30　由低浓度纸浆形成的纸张中，比匀度与纤维质量的关系

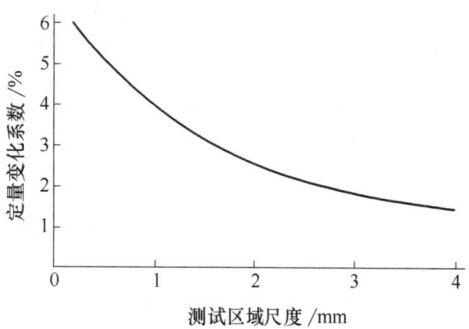

图 1-31　在定量为 $100g/m^2$ 的纸张中，定量变化系数与测试区域尺度的关系

三、实际成形机理

实际的匀度与式（1-27）的理论值有偏差，主要是因为四种机理：流体动力学滤波、絮聚、剪切流和湍动。

流体动力学滤波指的是悬浮液在脱水过程中能够改善匀度。在纤维层的最低定量区域内，通过沉积的纤维层流速最高，流动阻力最小。因此，悬浮液流向定量低的地方。由于这种机理，手抄片比机制纸的匀度好。

纤维絮聚是导致匀度差的主要原因。为了便于理解，认为少数纤维团或纤维絮聚物是纸的基本组成。由于定量的标准偏差与单位质量的平方根成正比，标准偏差 σ_q 随着絮聚程度 $\sqrt{n_f}$ 的增加而增加。n_f 是絮聚物中的纤维平均数。Dodson 研究表明，当被测窗口 $A \approx l_f^2$，即纤维长度的平方，n_f 的估计值是 $n_f \approx (\sigma_{q,测定}/\sigma_{q,随机网络})^2$。

纸料悬浮液的浓度 ρ（kg/m^3），直接影响絮聚。浓度高会引起严重絮聚，因为浓度高，纤维互相交缠的可能性大。根据 Kerekes 和 Schell 的研究，浓度对絮聚的影响可通过无量纲的聚集指数 $n_{聚集}$ 来评估。

$$n_{聚集} = \pi l_f^2 / 6\omega_f \tag{1-28}$$

聚集指数 $n_{聚集}$ 表示在一个以纤维长度 l_f 为直径的球体内存在多少纤维。$n_{聚集}$ 值大预示着匀度差。的确，当在观察一台纸机时，发现匀度随着 $n_{聚集}$ 成指数增加。

Kerkes 和 Schell 测定了 $n_{聚集}=60$ 时的絮凝阈值。对于粗度为 0.2mg/m，2mm 长的纤维，在 $\rho=5kg/m^3$ 或质量分数为 0.5% 时产生絮聚。这个浓度与一般纸机网前箱的浓度相近。

匀度还取决于网前箱和网部的湍动，因为适当大小的湍动可以破坏纤维的絮聚。在纸机生产的浓度下，湍动对于防止纤维絮聚很有必要。在网部，调节脱水元件可以控制湍动，在长网纸机上，匀度提高得很小。但是对于复合成形器和夹网成形器，匀度提高很大，如图 1-32 所示。

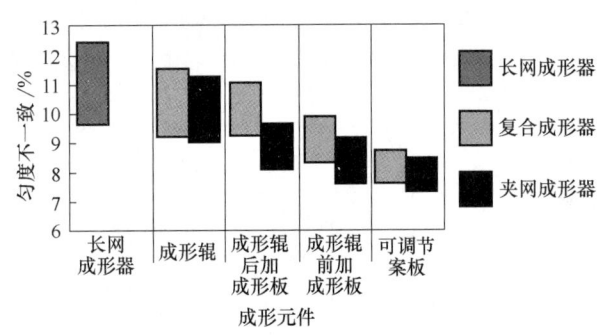

图 1-32 在不同成形器上印刷纸的一般匀度水平，高数值代表匀度差

图 1-33 和图 1-34 阐述了不同的浆网速比对匀度的影响。在悬浮液中不同速度产生了剪切场从而直接破坏了絮聚，并产生了湍动。湍动能产生正面影响或负面影响。对于夹网成形器，如图 1-33 所示，在浆网速差为 0 或浆网速相近时，匀度最好。

图 1-34 表明对于长网纸机和混合成形器，最好的匀度发生在有较大的速度差时，值得注意的是改变网速或浆速都能够改变浆、网速度差。对于给定定量和纸机生产速度，只有通过改变堰板开口或网前箱流速来改变浆速。这两种方法在网前箱内的湍动程度不同。

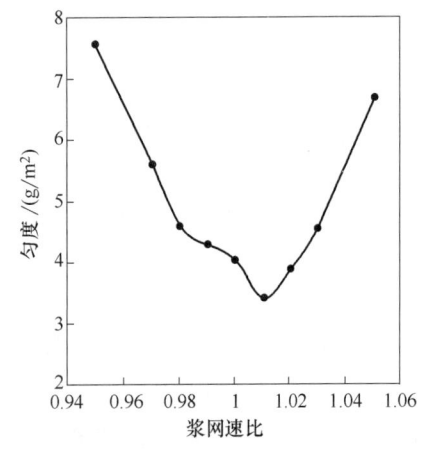

图 1-33 夹网成形器中浆网速比对匀度的影响

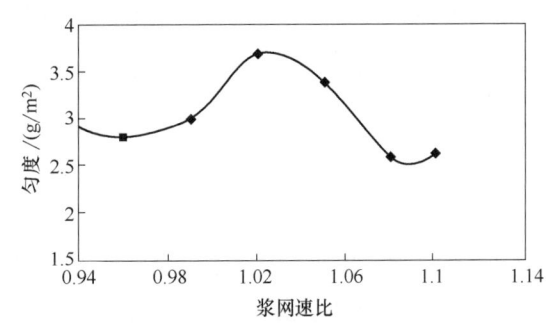

图 1-34 复合成形器中浆网速比对匀度的影响

对于所有成形器来说，如果速差太大，匀度就会差。浆料和网之间产生的剪切力太大，以至于破坏已经形成的纤维层。在大速差下破坏了抗张强度可以证实这个假设。

四、纸的性能与匀度

匀度是纸张十分重要的指标之一，但由于过去其测定较为复杂，所以通常在纸张指标的测定中很少测定，而现在对匀度的测定已经变得十分方便。纸张的匀度与纸张的强度有着十分密切的关系，纸张的匀度差，则纸张的强度也会下降。所以说匀度的好坏不仅影响纸张的外观，而且影响纸张的各种物理性能。有人研究发现，当纸的结构不均匀时，纸的机械强度下降，裂断长降低 40%，而耐折度和撕裂度降低 50%~70%。纸张的大多数物理性能的质量指标都取决于纤维在纸中分布的均匀程度。如匀度不好，带有云彩花的纸，薄的地方不仅强度较小，而且这些地方对水、油墨的通过阻力也小，因此，在带有云彩花的纸上印刷，特别是印刷插图，由于纸对油墨吸收不均匀，印刷质量很差。

由于相当大一部分纸要经过印刷，所以在此就匀度对印刷不均一性的影响进行讨论。

在胶版印刷中影响是间接的，局部定量通过局部孔隙影响印刷密度。在后面的章节中将分别讨论匀度对抗张强度和卷曲的影响。另外，匀度还与纤维的定向排列和干燥过程中的张力有关。

胶版印刷中的不均一性来自纸张表面粗糙度和油墨渗透的空间波动。高的粗糙度降低了油墨薄膜层与纸之间的接触面，从而使油墨不容易发生转移。油墨渗透决定于转移到纸表面的油墨的多少。小的渗透能产生高的印刷密度。如果纸存在的空隙少则油墨渗透就少。因此，只有粗糙度和孔隙率与定量有关，印刷不均一性取决于定量波动。

实际上，压光决定了粗糙度和孔隙率之间的关系，根据图 1-35 的数据，当压光机的压力增大时，局部孔隙率开始与局部定量有关。当线压从 20kN/m 增加到 80kN/m，当油墨转移量高时，局部印刷密度和局部定量之间的逐点确定系数（相关系数的平方 r^2）增加，在这种情况下，油墨渗透控制着印刷密度。当压光机的压力进一步增大时，局部孔隙率和局部定量之间的联系就越来越小。

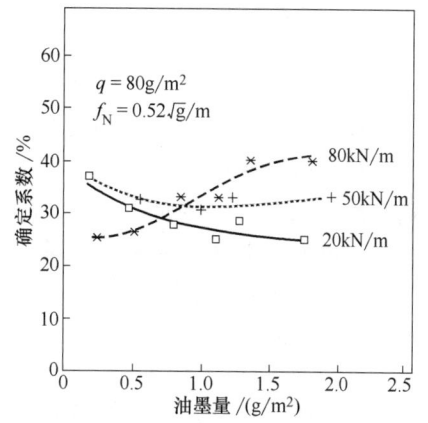

图 1-35 局部印刷密度与局部定量的关系

当比较不同的纸机时，其他因素可能掩饰匀度对印刷不均匀性的影响。相反的，对于一台给定的纸机，与匀度有很大的关系。图 1-36 和图 1-37 描述了这两种情况。当两种情况的关系都很明显时，当比较不同的纸机时，存在着相当大的分散性。例如，图 1-36，不均匀性的最大值和最小值所对应的匀度几乎相等。对于给定浆料组成的一台纸机，这种关系很大。

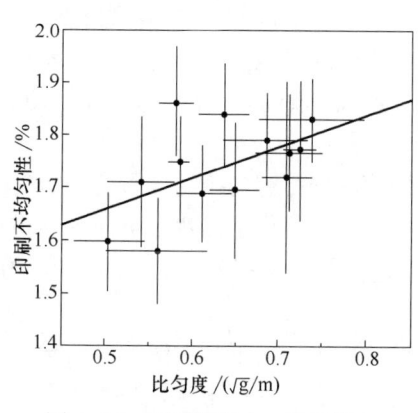

图 1-36 不同纸机中，比匀度与印刷不均匀性的关系

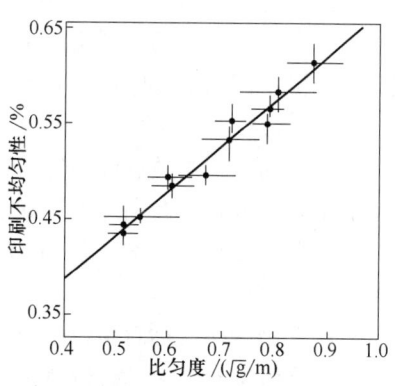

图 1-37 同一纸机中，比匀度与印刷不均匀性的关系

有时测量方法可以导致匀度和纸的性质之间有着很明显的关系。例如，纸的透气度和不透明度与纸的定量是非线性关系。在这两种情况下，低定量区域符合这一结论。如图 1-38 所示，如果匀度变得很差，不透明度和空气阻力也因此降低，实际上，匀度引起不透明度小范围的变化比平均不透明度的微小下降要大得多。

类似的，匀度差，弯曲挺度增大，弯曲挺度与定量是非线性关系，试样定量大的区域要比小的区域的贡献成比例地增加。

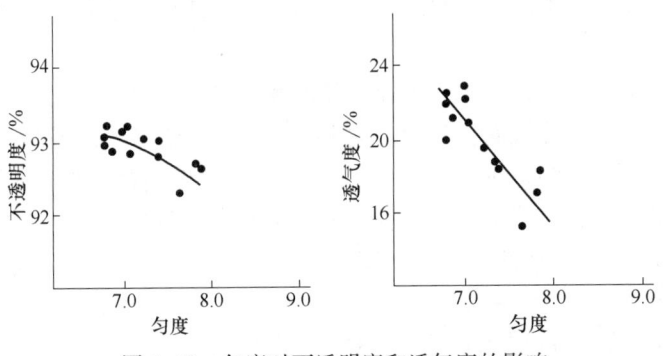

图1-38 匀度对不透明度和透气度的影响

后面将详细讨论的 Bendtsen 粗糙度与匀度有关，在 Bendtsen 的测量方法中。粗糙度相当于贴着纸的粗糙的测量头的空气流速。最厚的絮聚物支撑着测量头，所以，匀度范围内的厚度变化与普通表面粗糙度低于毫米范围内的变化更能控制流速，相反的，Parker Print Surf 粗糙度使用的是软的测量头测量，从而与匀度无关。

纸张性能的高波动性是匀度差的一个影响方面。匀度差增大了使用小试样测量的标准偏差和在测试过程中仅有一小部分试样被引入测量的标准偏差。第一种情况包括短距离压缩强度测量（SCT），后者包括 Kodak 弯曲挺度。匀度差，除了平均强度会发生预期的下降外，抗张强度的波动性也会增大。

第五节　纤维的定向排列

机制纸的另一结构特点是纤维的定向排列。对于机制纸，纸机方向排列的纤维多于垂直纸机方向排列的纤维。纤维的定向排列指的是纸页结构中的各向异性。这一部分解释了导致在纸机上纤维排列的各向异性的基本机理，讨论纤维定向排列的实质，解释测量方法。

纤维定向排列指数和纤维定向排列角是描述纸中平面内纤维定向排列分布的。定向排列指数给出了分布的各向异性和偏心距。在各向同性的纸页中，像手抄片，定向排列指数为1，纤维定向排列指数随着各向异性的增大而增大。定向排列角指的是分布的对称轴偏离纸机方向多少。

纸中纤维定向排列直接影响纸的平面力学性能和尺寸稳定性。纸页性能的各向异性也取决于干燥收缩和纸页的湿部张力，这些将在第二章进行讨论。一般来说很难弄明白一张给定的纸的性质的各向异性有多少来自纤维的定向排列，有多少来自其他原因。

在大多数情况下，小的定向排列指数对纸的性能来说是好的，因为它使得纸在平面各个方向上的性质相似。抗张强度或其他力学性能的纵横向比常常被用来作为定向排列指数的间接表示。当纸的水分变化时，偏离纸机方向的定向排列角导致了尺寸稳定性问题。

纤维在纸页厚度方向上的定向排列的变化也影响到纸的性能。纸页表面和中间层之间的排列不同影响弯曲挺度，两表面之间的排列不同，导致卷曲。有一小部分纤维是 Z 向排列的，纤维在 Z 向上的定向排列的概念有时用来描述那些性能，但读者应该意识到所有纤维的平均方向是在纸页平面内。Z 向上的纤维的定向排列是完全不同于平面内的排列。

一、网部的层流剪切

在纸页成形过程中,一些流体动力影响了纸中纤维的定向排列分布。其中,最重要的是浆、网之间的速差。我们下面给出了速度不同的简单分析来预测分布形状。另外的重要因素是浆料分别在网前箱和网部的加速和减速以及由湍动而产生的自由扰动。我们将在下一部分讨论。

浆、网之间的速差,在 Z 向上产生了速度梯度,或者说在浆料中产生了剪切区域,该剪切区域使纤维旋转向纸机方向排列,因此大的速度差使得更多的纤维向纸机方向排列。平面内纸的性质的各向异性反映了这一点,如强度性质的纵横比。图 1-39 给出了典型的结果。

纤维的定向排列与浆、网之间的速差有关,这一结论对评价其他过程参数也是很有用的。作为起点,假定纤维是直而挺硬的,它的浓度很低,浆料流动是层流。层流意味着浆的流向相对于网总是朝纸机方向的。在厚度方向上浆速按一定规律在网上降至零。

在脱水过程中,纤维的一段开始下降黏附在已经过滤的纤维层上。图 1-40 显示了流动如何对纤维的自由部分施加拉力的。纤维按下面的速率转动:

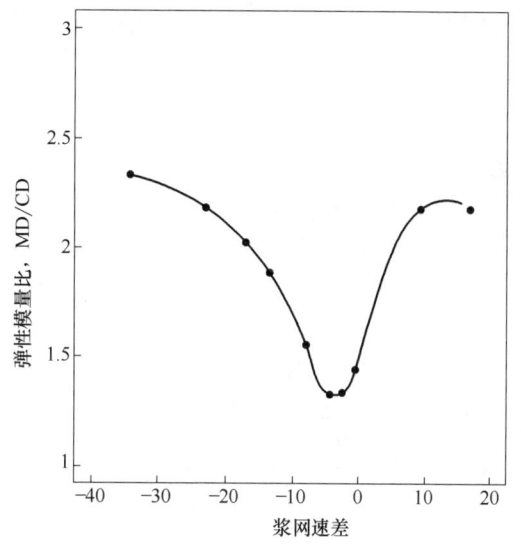

图 1-39 在 450m/min 车速的情况下,纵/横向弹性模量比与浆网速差的关系

$$\mathrm{d}\phi/\mathrm{d}t = -\Gamma v_s \sin\phi \tag{1-29}$$

式中 v_s ——浆料相对于网的速度

ϕ ——纤维与纸张纵向(即纸机方向)的夹角

Γ ——参数

式(1-29)的结果还隐含有另一种形式:

$$\tan(\phi/2) = C\tan(\phi_0/2) \tag{1-30}$$

式中 ϕ_0 ——当纤维开始黏附在滤层上的 ϕ 的初始值

$C = \exp(-\Gamma v_s t_z)$,这里 t_z 是纤维完全落到湿纸层上的特征时间。假定 ϕ_0 是各向同性分布,最后一根纤维排列具有如下椭圆形的定向排列分布:

$$f(\phi) = \frac{1}{\pi} \frac{1-\xi^2}{1+\xi^2-2\xi\cos(2\phi)} \tag{1-31}$$

式中,图 1-41 给出了 ξ 的两个值;$\xi = \tanh^2(\beta v_s)$,β——另一常量。

另一偏差也导致了椭圆分布[式(1-31)],但是 $\xi = 2\tan^2[\arctan(2\beta v_s)/2]$ 给出了不同的 ξ 值。另一些分布函数有时也能表述测量结果。最普遍的是 von Mises 分布,不像椭圆分布，它缺少简单的物理动机。

任一纤维的定向排列分布$f(\phi)$，是与纸机方向相关对称的，可以用傅里叶级数表示：

$$f(\phi) = \frac{1}{\pi}\left[1 + \sum_{n=1}^{\infty} a_n \cos(2n\phi)\right] \quad (1-32)$$

公式（1-32）的椭圆分布含有一个简单的傅里叶系数，$a_n = 2\xi^n$。这个傅里叶系数是很重要的，因为在没有干燥的影响下，弹性模量或抗张强度的纵横比如下：

$$R = \frac{E_{MD}}{E_{CD}} = \frac{6+4a_1+a_2}{6-4a_1+a_2} \quad (1-33)$$

纵横比R，可以用作定向排列指数，它能够测得纤维定向排列各向异性的程度。当用力学性能的纵横比作为定向排列指数时，我们必须记住纸干燥产生了各向异性内部应力，它也影响纵横比。因此，纵横比的改变也会由于纸干燥而产生。

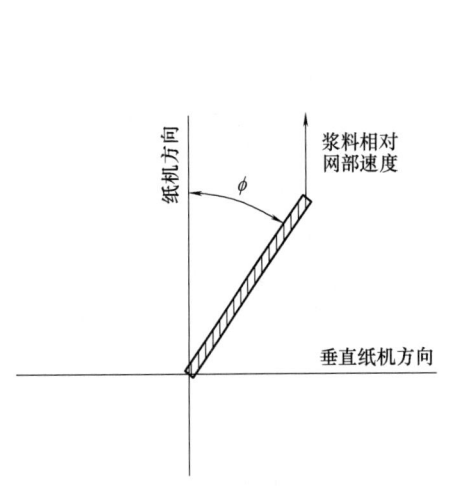

图 1-40　纤维在层流剪切流作用下的旋转

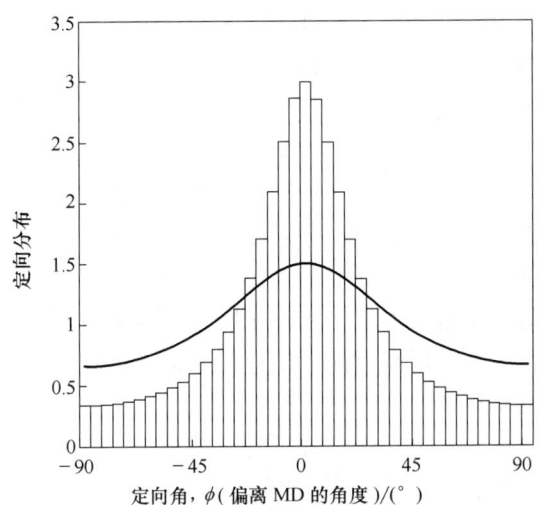

图 1-41　式（1-31）的椭圆形的纤维的定向分布 $f(\phi)$
曲线 $\xi = 0.2$　直方形 $\xi = 0.5$

图 1-42 显示了 R 是如何随着式（1-31）中的浆、网速差 v_s 的变化而变化。比较图 1-39 的实验结果表明层流剪切模型在大的速差 $|v_s|$ 下高估计了 R，在小的速差 $|v_s|$ 下低估计了 R，否则这个建议是合适的。纯层流剪切流总是能产生相同性质的结果。

浆、网速比常常在实际中用来代替速差，在某些情况下，当速差 v_s 和纤维定向不变时，速比会发生变化。

如果速差和流动条件，特别是湍动不变，纸机速度的变化不应该改变纤维的定向排列，在实际中也是这样。

纤维性质的影响。式（1-31）中的偏差与纤维长度无关。如果剪切区域 dv_s/dz 是常量，旋转运动的式（1-29）也与纤维长度无关。然而，一般认为长纤维比短纤维更易于定向排列。但是没有直接的证据证明这一点。相反的，在 Formette Dynamique 纸页模型试验中得出了纤维定向排列与纤维的长度无关。

在实际生产中，纤维长度的影响在许多方面与层流剪切模型的预测不同。例如，浆料没有稀释，因此，纤维间的相互作用是很重要的。纤维的定向排列可能取决于纤维的挺度和絮聚，以及它们与浆料湍动的综合作用。湍流的作用可能取决于纤维的长度。在 Formette Dynamique 上成形的纸页是无絮聚的，因为浆料以薄层被喷到连续运行的网上。

纤维的卷曲和长度也可能影响纸的各向异性和纤维的定向排列之间的关系。这可能就是其中一个原因，为什么长纤维看起来有更高的纤维定向排列指数。卷曲的纤维比直纤维抄造的纸的各向异性要弱。纤维间的相互作用和絮聚抵制了纤维的旋转，因此纤维在脱水时可能发生弯曲。纸页中的纤维卷曲随着纤维定向排列的方式而发生变化，这种方式可能是阻碍旋转所引起的。

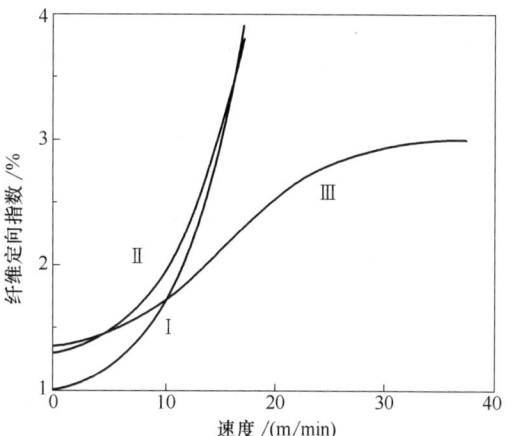

图1-42　在浆中的纤维定向和滤水过程中湍动被包括在层流剪切模型的情况下，纤维定向指数与速度的关系的理论推测
Ⅰ—层流剪切纤维定向模型［式（1-31）］
Ⅱ—浆流中纤维定向［式（1-34）］
Ⅲ—脱水过程中的湍流纤维定向

总的来说，稀的纤维悬浮液的层流剪切流动解释了浆、网速差对纸的各向异性的一般影响。如果想分析纤维性质是如何影响纤维定向排列分布的，则必须了解纤维间的相互作用。

二、其他流体力学影响

除了网上的层流剪切，机制纸中纤维的定向排列还取决于其他流体力学影响。一个重要的因素是当浆料从网前箱喷出时在喷射口就已经形成了各向异性的纤维定向排列分布。各向异性的喷射是由收敛的堰板通道导致的，此通道能加速浆料。没有湍动，喷射口处的椭圆定向排列分布为：

$$R = R_{jet} \frac{k-1}{k+1} \tag{1-34}$$

各向异性的喷射意味着在公式（1-31）中所描述的层流剪切过程中，纤维的初始角 ϕ_0 不再有各向同性分布。式中，$k = \sqrt{A_{in}/A_{out}}$ 是堰板入口和出口的横截面积比。因此，纸中的纤维的最终定向排列不是椭圆的。图1-42中的曲线Ⅱ显示了在速差很小时，定向排列指数 R 的变化情况。

另一个因素是层流剪切分析中遗漏了的湍动，湍动迅速破坏了来自浆料的喷射流的各向异性。在这种条件下，各向异性的喷射只影响长网纸机的网面和夹网成形器的两面的纤维的定向排列。另外，湍动打乱了整个通常纤维的定向排列，通过在瞬间的方向上产生随机的波动和大的速差使局部小范围的纤维重新进行排列。

湍动对整个定向排列分布的影响可以通过假定最终的定向排列分布用一个常见椭圆分布 $f(\phi+\Delta\phi, v_s+\Delta v_s)$ 来描述，$\Delta\phi$ 和 Δv_s 分别为流动方向和速度。如图1-42所示，湍动在大的速差 $|v_s|$ 下设置了一个 R 的最大极限，在小的速差 $|v_s|$ 下引起了各向异性。与图1-39中的典型的实验结果相比揭示了湍动和层流剪切相结合能够充分解释所观察到的 $R(v_s)$

的波动。

脉动脱水在网上产生了湍动。絮聚物的分解和其他的黏附力能迅速抑制小规模的湍动，在这个过程中，小的漩涡合并成了更大的漩涡。纸料中的大块的絮聚物比小块的絮聚物在浆流中存在的时间更长，因此，通过脱水元件产生的湍动对于低速长网纸机是非常重要的。通过网前箱产生的湍动对于高速夹网成形器——尤其是成形辊成形器是非常重要的。

小规模的湍动对于脱水过程中防止絮聚是非常必要的。用简单的话说，我们希望高强度的湍动可以提高纸的匀度，降低纤维排列的各向异性。实际反映的纸的匀度和各向异性并不是那么简单。在实际生产中，局部纤维的定向排列和定量之间的关系取决于纸机成形部的具体构造。

纤维定向排列机理中仍未谈及的仅有的特征是在图1-39中的"冲"（$v_s>0$）和"拉"（$v_s<0$）之间的对称性。很明显，打破了两种情况之间的对称性。一种解释是在冲和拉的条件下，脱水过程中纸料的减速。这种机理在拉的条件下提高了有效速差，在冲的条件下降低了有效速差，与图1-42中的$R(v_s)$的对称一致。

在夹网成形器中，纸料速度的减慢很容易从压降中理解。伯努利方程：

$$\frac{1}{2}\rho\Delta v^2 = -\Delta p \tag{1-35}$$

式中 ρ——纸料密度

Δv——纸料速差

Δp——压力差，即压力脉冲

说明了任意压力脉冲Δp导致了纸料绝对速度的改变。在长网纸机上，脱水脉冲可导致减速。图1-43显示了在冲的过程中$v_s>0$，黏附力使得在脱水过程中纸料速度趋近于网速。这也解释了在拉的条件下纸料速度为什么不下降。

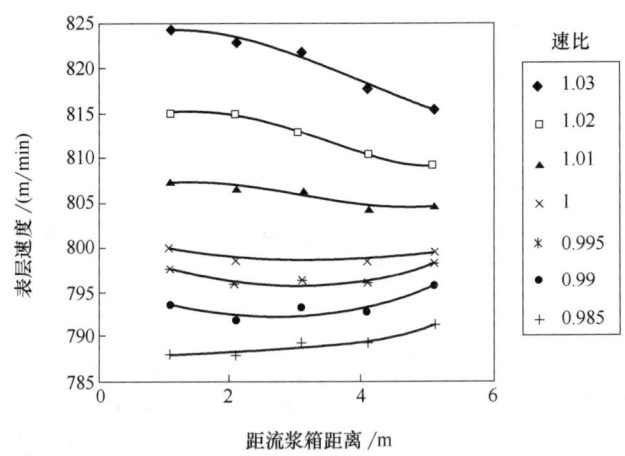

图1-43 在800m/min长网纸机上不同的浆网速比下，
浆料悬浮液表层速度与距离流浆箱远近的关系

在脱水过程中纸料速度和湍动的变化也有助于纤维定向排列的两面性。我们将在下面进行讨论。首先我们必须考虑流体动力学机理，给出一个非零的纤维定向排列角。

三、定向排列角

如果纸料在网上的流向正好是纸机方向，那么定向排列分布是与纸机方向相关对称的，$f(\phi)=f(-\phi)$。在这种情况下，纤维的定向排列角 $\overline{\phi}=0$。实际上，纤维的定向排列角是不为零的。定向排列角等于对称轴或定向排列分布的最大值。因为，在最初的近似值中，f 是关于 $\overline{\phi}$ 对称的：$f(\phi)=f(-\phi+\overline{\phi})$。偏离（misalignment）角这个术语也发现用来代替了定向排列角。

在脱水过程中，纤维排列的方向决定了纸中纤维定向排列角。因此，定向排列角取决于纸料相对于网流动的方向。假设纸料速度有一个横向分量速度 v_{CD}，如图1-44所示。这个横向速度来自纸料速度的一个很小的分量。由于纸料速度 v_s 非常接近于网速 v_w，偏离（misalignment）角 ϕ 在网的坐标系中非常大，在忽略絮聚物的情况下，下面的等式给出了 $\overline{\phi}$：

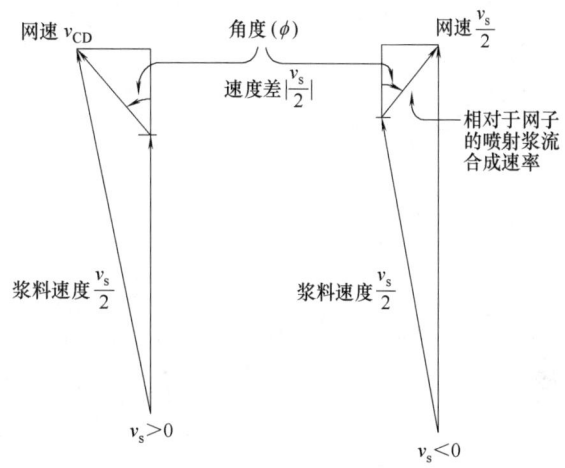

图1-44 浆网速度差决定纤维定向排列角

$$\overline{\phi}=\arctan(v_{CD}/v_s) \tag{1-36}$$

如果速差 $|v_s|$ 降至零，那么式（1-36）将推测出纤维定向排列角增加到 $+90°$ 或 $-90°$ 取决于 v_s 的走向。如图1-45所示，这在实际中并不会发生，因为湍动使纸料速度 v_{CD} 和 v_s 产生了波动，这样将打乱了式（1-36）中隐含的最大值，在脱水过程中 v_s 的系统变化有同样的影响。因此，一般来说，在 $v_s\approx 0$ 时，定向排列角趋近于零。

尽管当 $v_s\approx 0$ 时，平均定向排列角 $\overline{\phi}$ 趋近于0，但是局部波动还是很大。这是因为 v_{CD} 或 v_s 的微小变化就会导致 $\overline{\phi}$ 局部值的很大变化。换句话说，当 $v_s\approx 0$ 时，纸料相对于网的流动是不稳定的，在小的浆网速差时，纸的匀度差也反映了纸料流动的不稳定。

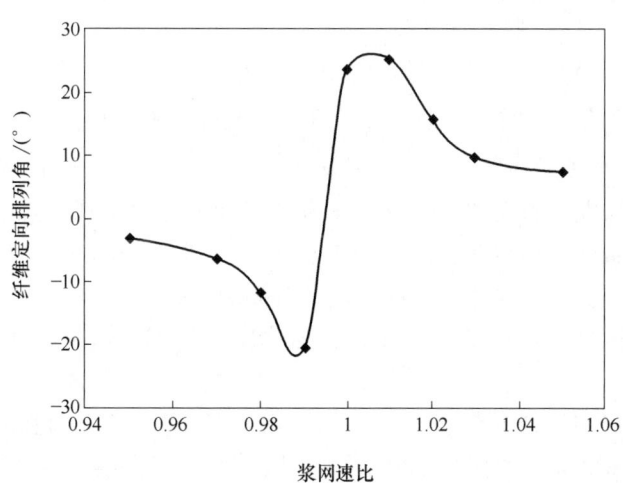

图1-45 在复合成形器中纤维定向排列角与浆网速比的关系

在所有的机制纸中，横穿纸幅的大范围的变化发生在纤维的定向排列角 $\overline{\phi}$。横穿纸幅

的 $\overline{\phi}$ 的平均值并不像 $\overline{\phi}$ 横穿横截面变化那么重要。这是因为在纸幅中,当局部定向排列角太大或者如果定向排列角变化得太快,纸的性质就会发生问题。纤维的定向排列指数不同因为它的变化很小,平均值是最重要的。

横穿纸幅的 $\overline{\phi}$ 发生大范围的变化是因为纸料流动总是有一点不均匀的横穿纸机。例如,在网前箱的收敛堰板通道里很容易产生横向流动。网前箱的不均匀流动也可使定量产生变化。堰板的开口可以进行局部调节以形成均匀一致的定量,开口越大对应的定量越高。但是这也使得纸机产生了横向流和纸幅周围区域的纤维定向排列偏差。按照这种方法局部定量与局部纤维定向排列角的梯度有关。

纸页的不均匀干燥收缩是导致横向纸页的纤维定向排列角系统变化的一个常见原因。相对于中间来说,边缘区域的收缩更大,从而增加了边缘区域局部定量。如果中间的堰板开口增大来弥补这点,那么将会导致 S 形状的定向排列角,如图 1-46 所示。在网前箱中局部稀释浆料可以消除定量对定向排列角的影响。

四、纤维在 Z 向上的定向排列分布

纤维在纸张的 Z 向上的定向分布包括两个方面,一方面,纤维在纸页平面定向排列随着纸页的厚度的改变而改变。另一方面,纤维在 Z 向定向排列。这两个方面是完全不同的,影响了纸的不同性能。我们先考虑纤维 Z 向定向排列的部分。

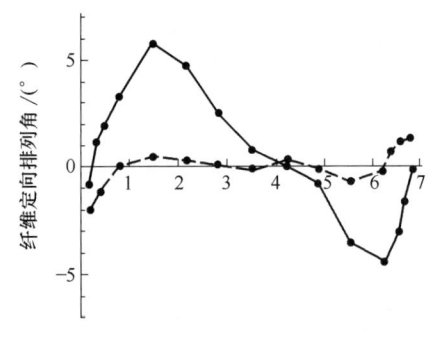

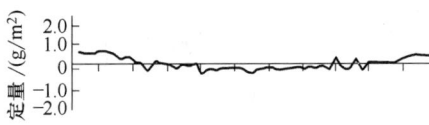

图 1-46 在同样定量的纸张中,实线代表垂直纸机方向的纤维定向分布,虚线代表定量波动

由于纤维长度,纤维总长度的大部分分布在纸页平面中。所有纤维的 Z 向排列角 θ,类似于平面排列角 ϕ 的范围,限制在:

$$|\theta|-\pi/2 \leqslant \arctan(d/l_f) \approx d/l_f \ll 1 \qquad (1-37)$$

尽管如此,来自整个平面内纤维排列的波动有时被描述为 Z 向纤维定向排列。式中,d 为纸的厚度,由于纸的厚度比纤维长度小得多,整根纤维在 Z 向(即纸张厚度)完整排列机会极少,这是一个误导。由于仅仅一些纤维段在 Z 向上有如图 1-47 所示的定向排列。这样这些 Z 向上的纤维定向排列实际上是 Z 向上的纤维段的定向排列。这个与纤维在 Z 向上的波动有密切关系。

在机制纸中,纤维段在 Z 向的定向排列有着很大的不对称性,它显示出了 Z 向强度。如果通过纵横向分层测量,纸页的纵横向平均值只有很小的差异。令人惊奇的是,纸机方向的值有时取决于是否分层发生在相同的或相反的方向,相对于纸机运行方向旋转 180°。图 1-48 显示的是"上层流"和"下层流"值之间的不同。很明显,纤维段在 Z 向定向排列角在 MD-ZD 平面内可以是不对称的,不对称的确切原因还不清楚。

考虑经过纸页厚度纤维在平面内定向排列的变化。这些变化可能是由于纸料流动状态的改变而造成的,尤其是脱水过程中湍动的大小和定向剪切。当某一特定层脱水时,流动

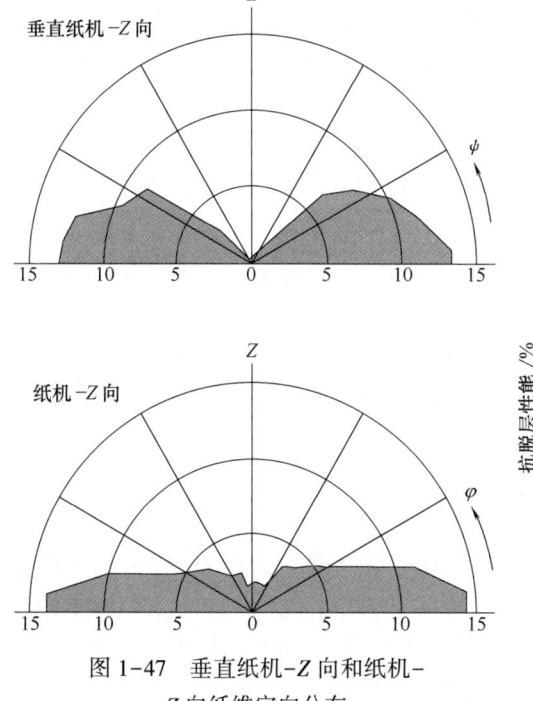

图1-47 垂直纸机-Z向和纸机-Z向纤维定向分布

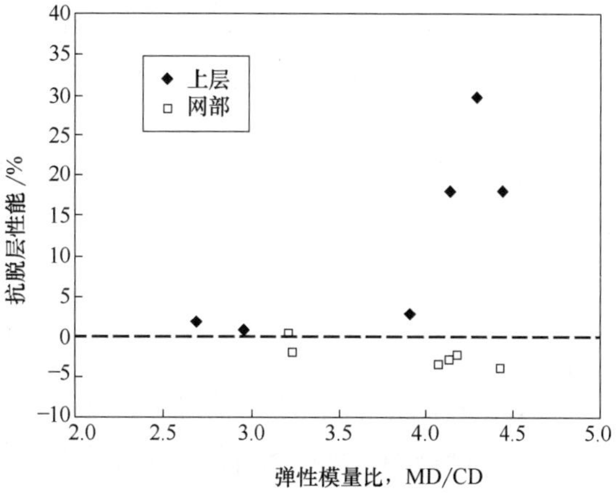

图1-48 由长网纸机抄成的纸张，抗脱层性能与MD/CD弹性模量比的关系

条件决定了纸的结构。

图像分析技术能探测出各层纤维的定向排列，这不仅给出了纸的结构信息，也可以分析纸页成形过程中的流体动力学问题。层中纤维的定向排列结构对成形器的种类非常敏感。图1-49和图1-50显示了三种成形器的Z向的特征概况。纤维的定向排列的程度可以建立一个从纸的底面到顶面的累积定量的函数，这两个图分别显示了"拖曳"（$v_s \leq 0$）和"后曳"（$v_s \geq 0$）的条件。

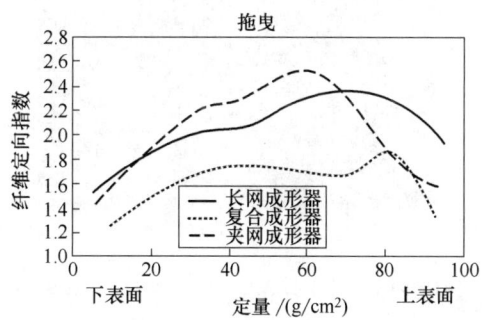

图1-49 三种中试成形器所抄纸页厚度方向的纤维定向指数（浆网速差 $v_s \leq 0$）

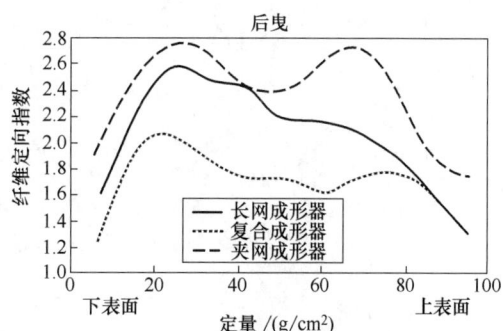

图1-50 三种中试成形器所抄纸页厚度方向的纤维定向指数（浆网速差 $v_s \geq 0$）

对于长网纸机来说，纤维的定向排列各向异性从纸的底面到纸的顶面发生了系统变化。长网纸机在纤维定向排列方面表现出了很强的两面性。在冲和拉的条件下，Z向各向异性的趋势与脱水过程中纸料的减速一致。在接近底面时，黏附力使得纸料流速接近于网

速，伴随着各向异性降低。刚好到底面时，各向异性很小，因为在成形中的高强湍动。

对于夹网成形器来说，各层纤维定向排列的各向异性是对称的。这里浆进入汇聚于成形辊上两网之间的间隙中。成形辊中的真空度影响了纸的上表面。两张网的张力在间隙间产生了静压力，这个压力控制了底面的脱水。夹网中的浆的减速解释了在冲的情况下，纸页中各向异性最小，因为中间层最后形成。两个表面的各向异性低是由于脱水快，浆流湍动大。

对于混合成形器，2/3 的纸页开始从底面在长网条件下脱水，纸页的最后 1/3 的脱水是组合脱水，组合脱水速度快，湍动小，剪切适中。这些影响的大小取决于混合成形单元的种类。

以上讨论的各种情况阐明了当浆、网速差改变时，对于不同纸机成形器各层纤维定向排列各向异性是如何变化的。在脱水过程中，纤维定向排列角显示了相似的各层变化和横向流动。

五、测 量 技 术

如果将有代表性的一部分纤维进行染色或者用其他的方法将它做成如图 1-51 一样显著的效果，准确测定纸中的纤维定向排列是有可能的。图像分析技术能确定示踪纤维的定向排列。另一种可能是将纸分层至如图 1-52 所示的透明的薄层，然后确定纤维段边缘的定向排列。图像分析技术可以自动确定各向异性和定向排列角。整个纸页的参数由平均总纤维层得出。

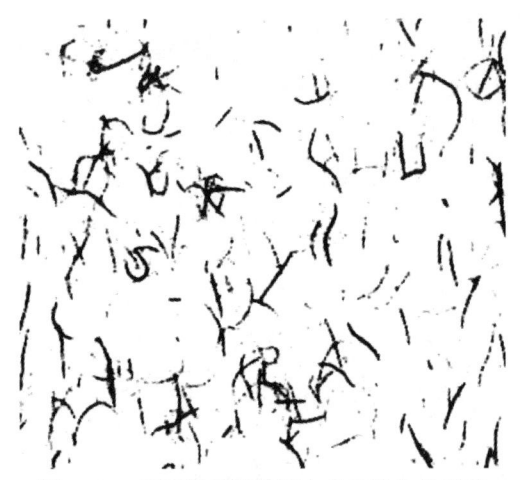

图 1-51 用于测量纤维定向的已染色的纤维

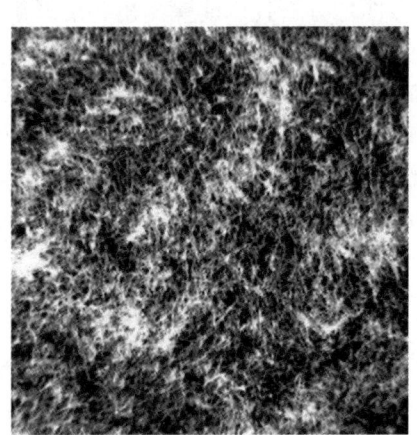

图 1-52 纤维与纤维束

即使是图像分析技术，我们必须意识到纤维定向排列的单一分布是不可能的，因为纤维不是直的，纤维段的定向排列可能比全部纤维的平均分布对纸的性质更重要。

由于通常不可能困难地将纸分层至薄层或向纸中添加染色纤维，所以用间接技术测量纤维定向排列是很必要的。这自然需要估计定向排列角和定向排列指数。如果假设所测量的目标是椭圆物，那么定向排列指数就是长轴和短轴的比率，定向排列角是相对于纸机运行方向的主轴方向。定向排列指数类似于公式（1-33）所定义的比率 R。定向排列指数可能会有很大的不同，这取决于测量方法，定向排列角通常几乎相等。

抗张强度或弹性模量的纵横比 R 可能是对定向排列指数的一个测量。由于定向排列角很小，常常小于 10°，所以最大值和最小值之比近似等于纵横比。用非常准确的抗张强度确定定向排列是很繁琐的。

当成形条件发生变化时，用超声波测量弹性模量可以对纤维定向排列的变化进行一个很快的比较。纤维定向排列的超声波分析会受来自干燥应力的干扰。例如，在纸幅边缘区域，弹性模量对纤维定向排列指数给出过高估计，定向排列角也可能误报。

从实际出发，介电常数或微波传播通过纸页与超声波方法相似。这几种方法的结果对纸的湿度较为敏感。

光学纤维的定向排列测量使用了光的传播和反射。例如，当一束很窄的光束直接通过纸，由于反射纸中的各向异性的孔隙而在背面呈现出一个椭圆区域。由于一次所测的区域很小，所以必须获得大量的信号取平均值才能得到具有代表性的结果。椭圆的离心率与公式（1-32）定义的傅里叶系数 a_n 有数学关系。

通过纸的线性偏振光的反射和传播取决于偏振光和纤维定向排列之间的角。在传播中远红外光（FIR）是很必要的，否则传播强度太弱。光衍射仅局限在低定量或分层薄纸页中，X 射线衍射也能揭示纤维的定向排列。这些方法很繁琐。

在光传播测量方法中，我们可以通过传播强度近似测得局部定量，同时测得纤维的定向排列。局部定量和局部纤维定向排列的关系是非常重要的，例如对纸页的卷曲。

第六节　影响纸页结构的因素

影响纸页结构的因素很多，主要有：原料材种，制浆和漂白方法，纸浆的打浆，纸料的流送，纸料的特性，纸页的成形、压榨、干燥、抄造过程的牵引力等。

一、原料材种和制浆方法

原料的材种不同，所制浆的纤维性质不同，抄造出的纸的结构不同从而会影响到纸张的性能。常用的造纸原料材种主要包括：针叶材、阔叶材、非木材等，而非木材又包括麦草、稻草、芦苇、芒秆、棉秆、蔗渣、竹子等。

不同的材种，纤维的性质不同，对成纸结构的影响也不同，它会影响湿纸页在抄造过程中的成形与固化。成形与固化对成纸的性质十分重要。原料给定了纤维的结构和尺度，但在制浆过程中对纤维进行了改性。造纸浆料可分为化学浆和机械浆两大类。这两类浆对成纸的结构与特性有很大的影响。纸页结构取决于纤维的尺度和湿纤维的机械特性及干燥过程的应力。

纸通常由木材纤维组成，但有些国家和地区则以非木材为主。有些特种纸，非木材纤维在全球范围内使用。纤维的特性很大程度随木材的种类和生长地以及制浆和造纸过程中纤维经历的处理不同而不同。由于这些因素的随机性，造纸浆料的特性分布范围很大。

纤维长度是造纸纤维最重要的特性之一。长纤维与其他纤维能形成更多的结合，因此，比短纤维在纸页中结合得更牢固。随着纤维长度的增加，湿纸页的抗张强度迅速增加。成纸的抗张强度，断裂应力和断裂韧性也随着纤维长度的增加而增加。

阔叶材纤维较针叶材纤维短，并且其长度分布范围较窄。由于阔叶材所制备的化学浆半纤维素含量高，在打浆过程中，浆料易于吸水润胀细纤维化，从而其成纸结构紧密，紧度高，不透明度低。而针叶材所制的浆则不同。

早材和晚材也存在明显的不同，早材纤维是薄壁的，而晚材纤维是厚壁的。通常薄壁纤维，易于打浆，抄造过程中，纤维易于压溃，纤维与纤维之间的结合较好，成纸后纸页结构紧密，强度高。而厚壁纤维则不然。

制浆方法从大的方面可以分为化学法制浆和机械法制浆。由于这两种制浆方法不同，相同材种，所制的浆的特性也不同，从而所生产的纸的结构不同。表1-1中给出了化学浆和机械浆的特性比较。

表1-1　　　　　　　　　针叶材机械浆与化学浆之间的特性比较

特性	机械浆	化学浆
得率	高	低
木质素含量	高	低
半纤维素含量	高	低
聚合度	高	高
水悬浮液电荷	较多阴离子	较少阴离子
亲水性	更憎水	更亲水
单位质量的长纤维数	少	多
比表面积	大	小
细小组分	高	低
细小组分结构	碎片	细小纤维
细小组分结合力	好	很好
纤维结构	挺硬、粗糙、挺直	纤细、卷曲、绞缠
纤维形态	短而粗	细而长
纤维弯曲挺度	高	低
纤维压溃程度	较少	较多

一般来说，化学浆由于在制浆过程中脱除了原料中的大部分木质素，所以纸浆中的主要成分是纤维素和半纤维素，这样化学浆的亲水性很强。在打浆过程中，化学浆更容易吸水润胀，细纤维化，从而，纤维与纤维之间能够更好地结合，形成更多的氢键，成纸结构紧密，孔隙率低，强度高。所以，通常要求强度较高的纸种采用化学浆抄造。

对于机械浆来说，由于其保留了木材中的大部分成分，所以基本上保留了木材中的木质素，而木质素是憎水性物质，从而使得机械浆在打浆过程中难于细纤维化，纤维粗糙、挺硬，不利于纤维间的结合。但由于机械法生产的浆，是借助于机械力的作用将纤维分离开的，所以机械浆的纤维不像化学浆那么长，细小组分含量高，特别是木质素含量高，从而所生产的纸结构疏松，孔隙率高，成纸强度低。由于机械浆中的木质素含量高，因而在不透明度、松厚度、印刷性能等方面，具有能生产高级印刷纸的特性。机械浆所生产的纸的平滑度和可压缩性好，也有利于提高印刷性能。但同时由于机械浆含有较多的木质素，纤维较挺硬、刚直，机械浆制浆过程中，纤维损伤大，细小纤维含量高，因此，成纸强度低；其次是纤维束的存在不仅有损纸的外观，而且也影响印刷性能；还有，高得率浆白度低，其颜色主要来自抽出物和木质素。由于木质素含量高，所生产的纸易返黄。所以机械浆常用于生产不要求长时间保存的纸种，如新闻纸等。

二、打　浆

这里我们主要了解打浆是如何改变纤维和（或）纤维细胞壁结构从而影响到纸页结构，最终影响纸的性能。

根据前面所介绍的纤维结合力与光散射系数的关系，如图 1-10 所示，打浆的影响取决于纤维本身的性质。对于化学浆，由于已去除了大部分木质素，所以比机械浆更容易打浆，即更容易分离出细纤维、微纤维和微细纤维或通过吸水到次生壁的同心层之间，使层间产生滑动。这种内部细纤维化允许细胞壁层与层之间彼此容易作相对位移，使纤维变得柔软可塑，并使表面张力在纸页固化时更有力地将纤维汇聚在一起（与挺硬纤维比较而言）。图 1-53 简要地示出了打浆对纤维的作用效果。

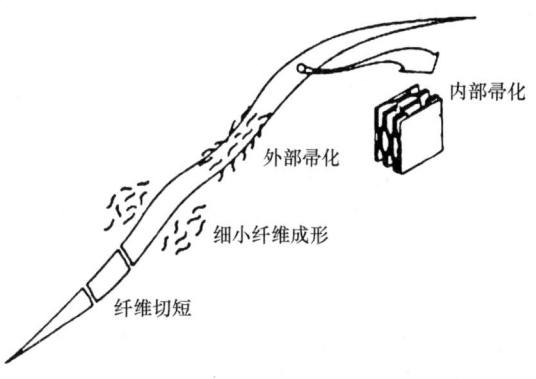

图 1-53　打浆对纤维的作用

延长打浆时间或强化打浆条件可引起纤维表面上的或靠近表面的细纤维或细纤维层从纤维上解离或分离出来，这就是所谓外部细纤维化。外部细纤维化也可改进纤维与纤维间的结合力，因为纤维的表面积可显著增加，使表面张力更有利于将细纤维（纤维）拉拢在一起。可以想象得到，来自两根以上纤维的细纤维互相靠拢时，可缠结在一起并产生某种机械结合力。如果这一机械结合力是发生在纸页固化期间，那么这个力是我们所希望的。如果这个力是发生在固化以前，那么这个力是我们不希望的。

在纤维表面的细纤维，极有可能被与其他纤维相互作用的流体剪切应力或随后的打浆作用裂断。这些细纤维变成了"细小纤维"。细小纤维可通过在纤维之间"架桥"增加化学浆的结合力。在这个意义上，它们对纸页结构的影响，可类似于那些外部产生帚化的纤维。另一方面，这些细小纤维可随白水流失，如果流体学应力不让断裂了的细小纤维附着在纤维上或互相附聚，就会产生这种情况。

由于断裂的细小纤维或细纤维仍然附着在主体纤维上，使纸料中纤维的表面积有很大增加，化学助剂或填料将与这些断裂了的细小纤维、细纤维互相作用，也可能就附着在其上面。这可能是有益的，也可能没有好处，因为细小纤维从系统中流失时，这些昂贵的化学品或填料很可能也随它们流失。

当然，不管是什么类型的打浆机（精浆机）都可切断或撕裂纤维。通常这不是我们所希望的，特别是由于许多纸页性能直接与纤维长度有关。在另一种情况下，将长而挺硬的纤维切短，可增加紧度或改进平滑度，这对纸张来说又是有益的。

纸浆打浆是非常重要的，因为生产不同的纸必须采取不同的打浆方式或控制不同的打浆程度。老一辈造纸工作者有一句古老格言，称"纸是打出来的"，也就是说要生产纸必须打浆，生产不同的纸采取相应的打浆工艺。当然，纸的最终结构与性能除取决于打浆外还与其他许多可变参数有关。我们将在后面论述其他参数的影响，这里主要论述打浆或者更具体地说经过打浆的纤维是如何影响纸页结构的。

我们已经注意到，对于经过轻度或中度打浆的内部细纤维化了的纤维，随着柔软度的增加，结合面积也加大了。Page 等人在一项经典研究中，通过直接观察 $60g/m^2$ 纸张的纤维与纤维结合情况，研究了打浆和干燥操作对控制纤维结合的影响。通过测量从纤维界面散射出来的光线，他们测得了结合面积。如前所述，结合表面是不散射光线的，所以结合区与周围区域比较就暗些，这是因为两个光学接触的表面实际上不散射光线。光学接触的分隔距离往往可比氢键结合所需的距离大两个以上的数量级。尽管如此，由于没有其他对比办法，我们假设纤维的光学接触表面就是结合表面。

Page 等人发现单个结合的面积，随打浆处理的程度的增加而增加。较长的打浆时间（我们还假设同样有较高的压榨压力）产生较大的结合面积。干燥的抑制作用对结合面积影响很小。表 1-2 概括了这方面的若干数据。结合的程度是在两个或两个以上结合纤维上所观察到的结合面积与几何交接面积之比。单个结合只包括两根纤维，而另一方面，却又常常可能有三根或更多根纤维的参与。表 1-2 显示，结合的程度或平均结合面积，随打浆时间的增加而增加，而这两者对干燥张力都并不敏感。Page 及其同事还用各种不同方法研究了键间距离，发现当打浆程度增加时，键间距离减少。纸张的显微照相证实，多数纸张中的键间距离都非常小。

表 1-2　　打浆时间和干燥张力对结合和平均结合面积的影响

打浆时间/min	干燥张力/(g/cm)	结合程度/%	平均结合面积*/μm^2	
			单个结合	全面结合
0	0	46.6	643	772
	35	38.0	483	656
	55	40.3	572	708
20	0	71.6	956	1102
	35	75.1	989	1199
	75	69.0	856	1003
0	全部	41.7	567	712
20	全部	71.8	932	1099

注：* 平均结合面积的单位为 μm^2。单个结合只包括两根纤维，全部结合则包括单个结合加上所涉及的 3 根或更多根纤维。1g=10mN。

如在讨论散射系数时所提到的，机械浆的打浆，其纤维的细纤维化作用往往小于化学浆。机械浆纤维往往更易被切断或裂断，而且这些分裂出的细小纤维与化学浆打浆时所产生的细小纤维不同。如前所述，这种不同可能造成最终纸页结构上存在很大差别。

综上所述，打浆度高的纸料抄造的纸结合面积大，成纸结构紧密，紧度高，因此，成纸强度高（撕裂度则往往降低），孔隙率低，透气度小，不透明度低。相反，如打浆度低，则结合面积相对小，成纸结构疏松，孔隙率高，透气度大，不透明度高。

三、浆 料 流 送

对于机制纸来说，纸张一般具有明显的方向性，通常以纵向（MD）与横向（CD）抗张强度之比（MD/CD）表示，其他若干性能往往很少以 MD 与 CD 之比表示。对手抄纸我们希望这个值约等于 1，而圆网纸机抄造的纸页此值则可以大于 5。

许多人误将"MD/CD 比"和"纤维定向排列"混为一谈。实际上，纤维定向排列只是纸页呈现方向性的部分原因，通常在多数机制纸中才有。除纤维定向排列外，造成纸页方向性的原因还有：湿纸幅的伸长（在开放引纸中）和（或）干燥部给予纸幅的"干燥限制"。

理论上我们要求流送上网的浆料悬浮液中纤维彼此处于均匀的分散状态，而且多数情况下在三维空间均呈完全无序排列。但实际情况绝非如此，因为流体作用力和化学品使纤维产生缠结和絮凝作用。然而即使纸页成形得很完美，我们在最终的纸页中依然可发现有某种程度的"纤维排列"现象存在。因为浆料悬浮液在堰板处速度加快，剪切应力使在纸机纵向形成"纤维定向排列"。此外，有些纤维在它们沉积到网上时将趋于纵向排列。

如果在浆流中纤维的速度与网速不同，剪切应力可使纤维部分地随纵向排列。如两者速度相等，此效应最小，而随着速差的增加，则对任一方向的效应都将增加，如图1-54所示。

这种现象在成形期间极易发生在最靠网面的浆料的那些纤维。随着浆层厚度在移动过程中逐渐减薄，此效应将越来越小，这形成了纸页从网面到正面"纤维定向排列"的梯度变化。对于双向脱水的夹网纸机，其整个纸页的纤维定向排列将更为对称和均一。

纤维定向排列对MD/CD比的影响可能很大，具体取决于设备类型和操作条件。其范围可从1（即平面内均为无序取向）到圆网纸机的5以上。下面我们将讨论在纤维定向排列没有改变的情况下，

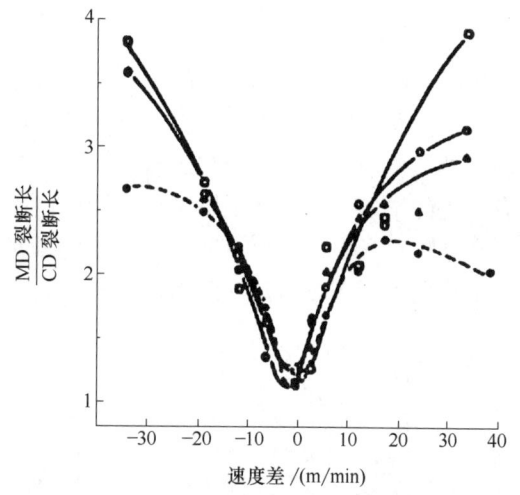

图1-54 裂断长的MD/CD比如何随着浆网速差而变坏（速度影响纸页中的纤维取向。在开放引纸时的纸幅拉长，或在干燥时纸幅的收缩也均可影响MD/CD比）

MD/CD比如何由于湿伸长或纸页收缩的原因而增加的。

MD/CD比作为工艺过程状况和最终应用特性的一种标记是很重要的。但是，就很多纸页性能而论，MD/CD比可随其在纸机宽度上的位置而变化。常可观察到MD/CD比在中心部位较低，而在边缘部位较高。这是由于在干燥时纸页横向收缩不均一所致。在纵向，整个干燥过程期间，纸页处于拉应力状态，可避免收缩。而在横向，干燥应力竭力要在这个方向使纸页收缩。这在靠近边缘处往往更易发生，因为这里除了与烘缸表面接触外，再没有别的什么可"制约"纸页的了。随着移向中心部位，收缩就逐渐减少。收缩的程度将取决于浆料配比、纸和金属表面的摩擦因数以及干网张力等。

不均一的收缩可造成靠近中心部位的抗张强度大于靠近边缘的部位。在MD和CD两个方向测定抗张强度均发现有这种效应，但以CD抗张强度变化最大。即CD抗张强度在中心部位与边缘部位之间的变化大于MD抗张强度，因此边缘部位的MD/CD比就较大。

应该说，就纸页性能而言，纤维定向排列不一定在纸机宽度的各点都很均一，但这点似乎还没有受到很多关注。由于在纸机完成部测得的MD/CD比还包含有湿拉伸或收缩效应的影响，问题就更复杂了。

另外一个与纤维定向排列有关的现象可在堰板处发生。如果浆流不是准确地与网子平行，很可能纤维分配处于与 MD 成某种角度。浆料的横流部分不应很大以免在纤维定向排列的分配中产生很大的角度。更为重要的是，在喷浆速度与网速之间的差别跟横流部分速度的关系。例如，0.3m/min 的横流速度跟 609m/min 的纵向浆速与 612m/min 的网速之间将产生一个 5.7°［$\tan^{-1}$（1/10）］的角度。这类横流往往随着堰板螺杆的变化、随着多管进浆的不均一性或随着纸页固化时平面内所产生的剪切应力而在整个纸机的各点发生变化。如果平均纤维定向排列的角度太大（角度超过 15°已可观察到），对以后的纸张加工和最终应用可造成麻烦（视产品而定）。斜涡流等现象就是这方面的例子。

四、压　榨

压榨是纸张生产必不可少的一个操作过程。压榨可增加纤维间的接触，从而增加纤维间的结合面积，因而可以提高受纤维结合力影响为主的各项强度性能。在压榨过程中，由于施加的压榨力可以使纤维被压溃，而使纤维变得扁平，从而使得纤维与纤维间的接触面积有很大的增加，这为在干燥过程中形成更多的氢键创造了条件。

在某种意义上，压榨有助于使纤维更紧密地接触，从而促进结合作用。当然，这也使网状结构更为紧密，以及一般地说，使弹性挺度或强度性能更高。因为打浆也使纤维柔软并有更大的结合面积，我们可能会设想，压榨与打浆的过程非常类似，或就紧密化而言，甚至两者是"可互易的"过程。但实际情况并非如此，如图 1-55 所示，该图显示了根据在各种压榨和干燥条件下的紧度所对应的若干强度性能。可看到，打浆曲线上升得要比硬压辊压区为快。在紧度一定时，打浆所获得的强度性能更大一些。原因可解释为，打浆因其对纤维的作用加强了纤维的结合，从而形成了更为"可塑的"结构，并使结合面积增加。反之，压榨从物理上使纤维紧密，但并不能改变纤维细胞壁结构，而仅使纤维压溃。

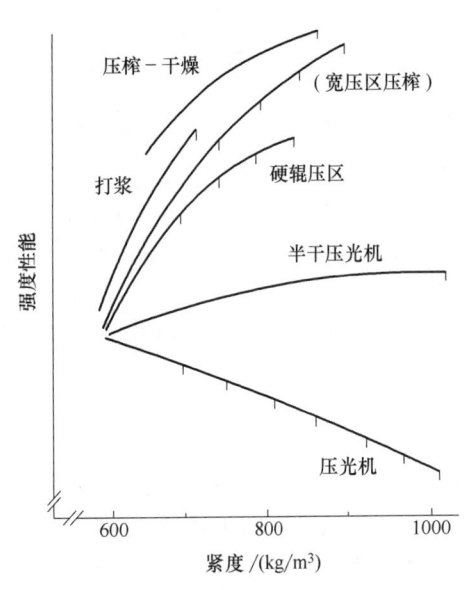

图 1-55　不同紧度的增加方式纸页强度性能随纸页紧度的变化

当然，上述一般性描述必须根据我们讨论的是化学浆还是高得率浆而有所不同。因为打浆或压榨对这些浆的作用肯定是不一样的。而对一定的纸浆而言，虽可应用一般性描述，但该纸浆的打浆和压榨效应的有关数值可能会有所不同。

由压榨所造成的紧度增加和强度性能增加，必须是纤维被水所饱和的，因为湿润的纤维更加柔软可塑，而且仍需表面张力的作用以提供良好的结合力。在干纸页上压榨仍可提供紧密的接触，且使网状结构的紧度增加，但不一定增加键结合力和增加强度性能。通过图 1-55 的曲线可明显看到，半干压光机的紧度显著增加但并没有使强度有相应增加。我们可以设想，其紧密化的原因只是由于纤维碎片被物理性地强制压入空隙中，而没有发生化学结合作用。在极端情况下，例如在压光时，因纤维是"干燥"的，这种压缩作用甚至可以降低网状结构的键结合力，以致随着紧度的增加，反而使强度性能下降。

在宽压区压榨（ENP）中，由于使用"靴形板（shoe）"代替压辊，在压区中的停留时间延长了，加载的时间也延长了。这使得脱水效率更高，且与短停留时间的硬压区压榨比较，还在更大程度上促进了结合作用的发展。

五、牵　引　力

在纸张的抄造过程中，不可避免地受到牵引力的作用。牵引力太小会影响生产，使所生产的纸起皱，如果太大，会造成纸页性能恶化，甚至造成断头。从这个观点看，如果可能，应避免开放式牵引（即开放式引纸）。在抄造新闻纸或涂布原纸时，尽量减少牵引被认为是改进这些纸种的抄造性能的关键因素。另一方面，牵引也可改善纸张纵向的性能，类似前面所讲的在拉应力下干燥纸页那样。例如，利用在低固形物含量时适当张紧的开放式牵引（即出伏辊或出压榨时开式引纸），只要不牵引得太紧以致把纸页拉断，就可以增加 MD 抗张强度或抗弯挺度。也许鲜为人知的事实是，开放式牵引还影响 CD 和 ZD（即厚度方向）的性能，包括厚度、紧度以及内结合强度。

我们在前面谈到，纸或纸板的方向性（MD/CD 比）是由两个主要不同的机理所造成。第一是当纤维沉积在网上和纸页早期固化过程中，纤维自身有沿着纸机方向排列的倾向。其程度与相应的浆网速差有关，因而在某种程度上可加以控制。方向性的第二个原因是与干燥期间对纸张在 MD 的限制情况有关，而且其程度也与湿纸页在开放式引纸时被拉伸的程度有关。后面两个变数在某种程度上是互相关联的。最重要的似乎是湿纸到干纸的尺寸变化。不加限制的纸张干燥，可使纸张收缩达 15%。如果纸张在湿态时被拉伸，尺寸变化可能还要大。"不加限制的"纸页收缩率取决于浆料配比状况。如前所述，在纸机 MD，由于纸页在此方向处于拉应力下，收缩率受到极大限制。在 CD 很可能发生某种收缩，特别是靠近边缘处。这可使纸页 MD 和 CD 的力学性能（诸如弹性挺度或抗张强度）呈"钟形"分布，或使伸长率略有变化。

因此，固定所有其他因素，在开式引纸中的湿变形效应可能会增加纸页干燥时的尺寸变化。湿变形拉长了纸张，可能使 MD 中的应力更好地分布。如上所述，这在纸张干燥时可改进 MD 性能。直观感觉可能认为，湿纸页的伸长将使纤维趋于 MD 排列，但情况并非如此。而是如下所述的，湿伸长可减少不适当的纤维定向排列。由于湿变形造成在 MD 抗张强度、环压强度、Taber 挺度等方面的增长，将被纸机横向的这些性能的减少所抵消，如果干燥时 CD 收缩受到限制的话。例如，靠近纸页中心（这里的 CD 收缩可望小一些）处，由于湿变形引起的 MD 抗张强度的增加，也使 CD 抗张强度减少，即增加了方向性，如果所制造的产品，CD 性能要求很高（例如在生产挂面纸板或瓦楞芯纸时的 CD 环压强度），就要求纸页尽可能地无方向性。要做到这点，如这里所说，应通过减少牵引以尽量减少湿变形，并使浆网速一致，以尽量减少纤维的排队效应。如果在湿变形后发生 CD 收缩（它很可能在靠近纸幅边缘处），由于此时 CD 力学性能的行为往往不易预测，情况就严重些。

图 1-56 和图 1-57 给出，MD 和 CD 抗张强度如何分别受到压榨、纤维定向排列和湿伸长（牵引）的影响。图 1-56 是不同纤维取向和湿变形漂白硫酸盐浆手抄片的抗张强度

与紧度的关系。紧度随压榨压力的改变而变化。通过改变纤维定向排列与湿伸长的程度而获得不同曲线。

在图1-56中，如所预料的，MD抗张强度随压榨压力（紧度）的增加而增加，从而增加了纤维网状结构的结合强度。最底下的一条曲线代表低湿伸长（实际为零）和随机纤维取向的情况。随着纤维定向排列或MD湿伸长程度的增长，曲线向上移至更高的MD抗张强度值。从无序纤维定向排列到"高"纤维定向排列（约3∶1）以及从"低"湿伸长改变到"高"湿伸长（约2.4%）的综合效应为MD抗张强度可增加200%~250%（在紧度一定时）。

CD抗张强度的上述变化结果示于图1-57。此时情况正好都颠倒过来，最上面的曲线是无序纤维取向—无湿变形的情况，而最下面的曲线则是"高"纤维定向排列和"高"湿变形的情况。

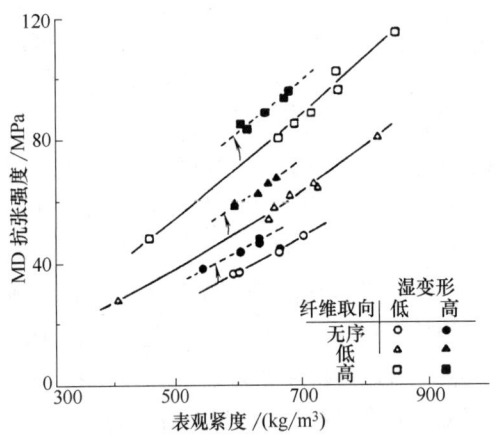 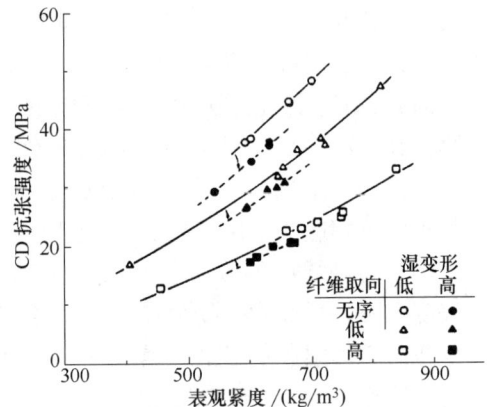

图1-56 在不同纤维取向和湿变形的组合中，MD抗张强度与紧度的关系（紧度随湿压榨压力而变）

图1-57 在不同纤维取向和湿变形的组合中，CD抗张强度与紧度的关系（紧度随湿压榨压力而变。这些结果与图1-56所示MD抗张强度的情况正好相反）

纸或纸板MD-CD面中的上述效应，近年来已有不少文章进行了论证。但是在纸的厚度方向，纸页牵引或湿变形的效应还没有研究得那么深。值得注意的是，在这个方向湿变形时，发生了若干很有意思的事情。实验室研究表明，长纤维浆料抄造的纸的百分之几的湿变形，就将使湿纸厚度增加，而且甚至当纸页干燥时厚度还持续增加。例如，湿变形2%，可使厚度增加8%~10%。厚度增加，当然使紧度降低（定量不变）或松厚度增加，如图1-58所示。因为许多力学性能都直接随紧度而改变，降低紧度将会降低所有三个方向的这些性能。

通常，当材料在拉力下弹性变形时，由于泊松压缩效应，我们知道它会变得更薄些。当然，我们上面所提到的湿变形，显然不是弹性变形，而必定是若干其他现象在起作用。从所有观察到的效应来看，似乎可以纤维矫直模式（fiber straightening model）来加以解释，该模式用以表示拉力对湿纸页厚度方向（或Z向）弯曲的纤维的一种拉直作用。它可以认为是在张力负荷下，由于纤维的矫直作用，造成结合在其上面的交织纤维被顶开从而增加了"纸页"的厚度。

这样一种模式预计也许还有另外一个更为重要的效应。即在该纤维矫直作用中，很可能使结合程度或厚度方向的"密集性"下降。在该方向的结合程度的下降，理应在纸张内结合强度上明显表现出来的，而情况正是如此。实际上，上述 2% 的湿变形，在固定紧度情况下进行比较时，Z 向的抗张强度（内结合强度）约降低两倍。当然，因湿变形而使紧度降低，将使内结合强度甚至降低得更多。

在内（Z 向）结合强度上似乎有 3 个因素很重要：即打浆的程度、压榨的压力以及在纸机上的湿变形。增加前两个因素，使内结合强度增加；而适当增加湿变形，则使内结合强度大大增加。实际上，似乎极有可能的是，由压榨所增加的强度，可以因运行时增大牵引力而被完全抵消或丧失掉。

表 1-3 总结了湿变形与纸页性能关系的若干结论。所有结论均适用于

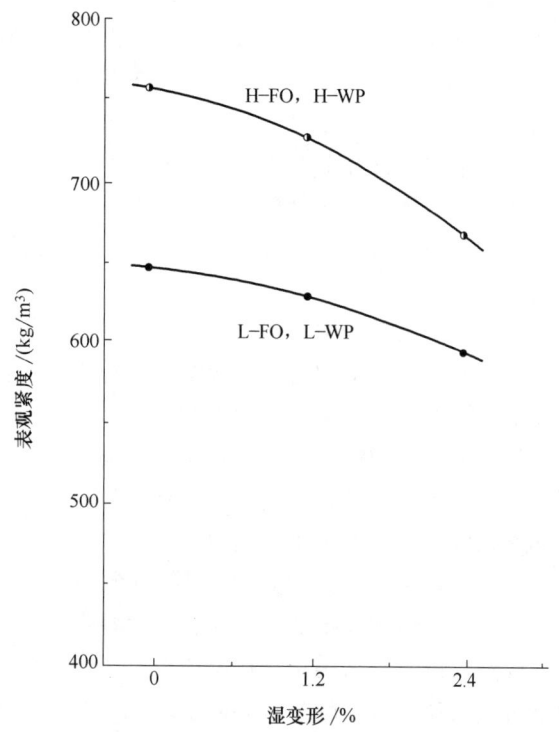

图 1-58 在高纤维取向与高湿压榨压力（即 H-FO、L-WP）和低纤维取向与低湿压榨压力（L-FO、L-WP）时，试样湿变形与紧度的关系［由于（干纸的）厚度增加，紧度随湿变形而下降］

长纤维配比，但在短纤维配比中，因上述湿变形所引起的效应可能不是那么大，或者看不出来。在纤维矫直模式方面的情况估计也是如此。

表 1-3　　　　　　增加 MD 湿变形对纸张力学性能的影响*

力学性能	MD	CD	ZD
抗张强度	+	-	——
伸长率	-	+	
抗张能量吸收（TEA）	-	+	
内结合强度			——
压缩强度	+	-	
弹性挺度	+	-	
抗弯曲挺度	+		

注：* 厚度增加及紧度下降。+：性能增加；-：性能降低；——：性能大大降低。

六、干　燥

湿纸页的干燥对成纸的结构与性能有很大的影响。在干燥过程中，升温的快慢，干燥温度的高低，纸页所受牵引力的大小及干网压紧的程度均对成纸结构及性能产生影响。

一般来说，在干燥过程中，如缓慢升温，则湿纸页中的水分蒸发得较慢，更有利于纸页在干燥过程中的收缩，从而，使成纸的结构紧密，强度高，透明度高。所以在生产高透明度、高紧度的纸种时，往往采取缓慢的升温方式，且干燥最高温度较低。反之，如快速升温，则成纸的结构疏松，孔隙率高，透气度大，成纸强度低。生产透气度高，吸收性强的纸通常采取这种升温方式，且干燥最高温度较高。

在干燥过程中，水分从湿纸中蒸发。湿纸产生内应力。这些应力的大小取决于影响纤维结合的干燥力。这些应力影响纸页的力学性能，内应力大对应的弹性模量大，抗张强度高。

纸张在干燥过程中，在厚度方向和平面内均产生收缩。在纸机上，纸机方向受到限制而在横向允许有一定的收缩。湿纸页的边缘收缩大于中间收缩，这样在纸页横向存在不均一收缩，导致纸页横向性能的不同。

纤维细胞壁中的水分控制纤维的收缩。收缩是导致干燥过程中纸页平面变形的主要原因。在纸页干度达到50%~60%时纸页中的单根纤维开始收缩，当干度在70%~85%时收缩达到最大值直到纸页干燥结束。

干燥过程中，纸页所受的牵引力及干网的压紧程度对成纸结构及性能也有很大的影响。如果在干燥期间不加以限制，纸页将会收缩。收缩率大小将取决于木材品种和有关形态学变数、制浆方法类型和得率以及打浆的类型和程度。纤维细胞壁被水润胀越大，干燥时该纤维的横向收缩越大。如果该纤维与其他许多纤维牢固地结合在一起，则随着各单根纤维的收缩，将使纸页的总体收缩量达到最大，并形成网状结构的总收缩率。这种"自由干燥"的纸页表面会因微缩（如纤维大小的微细收缩）和较大收缩（如起皱）而变得粗糙不平。这类纸页的弹性挺度或抗张强度将比干燥受限制的纸页要低，而断裂变形和伸长率则较高。

如果润胀了的纤维，其键结合较弱，我们可以设想在干燥时这些键结合会裂开，使收缩率减小，并使网状结构比较脆弱。润胀性小的纤维（假设为机械浆纤维），不管内结合强度如何，都将使网状结构收缩率减小（当然，这类纤维原先的键结合就不强）。这意味着不管此时其他变数如何，不加限制的干燥过程，其收缩率大小取决于浆料配比的性质。

虽然如此，收缩率大小还受其他因素的强烈影响。例如，如果纤维定向排列而分布不均，纸页在"纸机方向"（MD）的收缩要比横向为小。这是因为只有很少量的纤维横截面能够受到纵向的收缩作用。压榨由于增强了键结合，将部分地决定把应力从横向收缩的纤维传递到被其结合的纤维上的效率。正如前面说过的，就物理性能而论，湿变形似乎是与收缩率相反的。

当然，在实际的造纸机上，纸页结构并没有真正可"自由地"干燥的机会。在传统的烘缸干燥中，纸页压在烘缸表面上，可起到限制横向收缩的作用（只要收缩应力不超过摩擦应力）。但为了使纸页通过干燥部，在拉力下开放牵引时可因泊松压缩效应而会有若干收缩。这些效应共同作用在纸页的任一处上，就产生出局部的干燥"限制"，它与上述其他有关变数一起，决定被干燥网状结构在该处的物理性能，包括任何程度的微缩或起皱。如果 MD 或 CD "限制"随着在纸页中的位置或随着时间而变化时，则纸页性能也将随之而变化。我们已经讨论过，不均匀的收缩应力在纸机横向对纸页物理性能的影响。

各变数之间的相互作用还有若干很微小的不同点。可用一个例子来加以说明。Fleischman 等人在实验室研究中发现，先使纸页湿变形，使之产生泊松压缩效应，然后在 MD 和 CD 受限制的情况下干燥纸页，形成了 MD 与 CD 物理性能之间的直接相互关系，如图 1-56 和图 1-57 所示的。例如，当 MD 抗张强度随湿变形的增加而增加时，CD 抗张强度则相应下降，另一方面，Htun 也做了类似的湿变形试验，但只是在 MD 受限制的情况下干燥纸页。

他的结论是，就湿变形而言，在 MD 和 CD 性能之间并没有相互联系。其原因很可能是，Fleischman 的试验的条件大致在干燥纸页的靠近中央处，而 Htun 试验的条件则大致是在干燥纸页的边缘处。

通常在实验室中，是在一块板上干燥纸页以防止其收缩，这就提供了一个消除不均一干燥引起复杂性能影响的方法。工业上的扬克烘缸提供了（至少对低定量纸种）同样的机会，由于纸页是在光滑的表面上干燥的，也对平面起了限制作用。

在实践中，选择干燥系统（除了经济上考虑而外）可视所要求的特定的纸种或物理性能而定。例如，如果我们希望纸页有较高的伸长率，则可选用热风干燥器。压榨式干燥是近年来颇受青睐的技术。在该工艺中，纸页在干燥时，在 Z 向受到限制。这可产生较高的抗张强度值，如图 1-55 最上面的那条线所示。

表 1-4 概括总结了某个工艺变数的变化对纸页性能（指化学浆而言）的重要影响。有时某个性能变化的方向不好确定，就用一个问号表示。这方面的例子就是压榨对抗弯挺度或弯曲挺度的影响。而另一方面，加强压榨将增加弹性模量 E，转动惯量 I（它与厚度的立方有关）则由于厚度减小而将下降。此表没有表示出多项变数对性能的共同影响，也没能给出变化的数值。后者是与配比有关的。如在打浆与散射系数的关系（图 1-10）上所看到的，机械浆和化学浆的影响是很大不同的。

表 1-4　　　　　　　　　　增加所述变数对强度性能和弹性挺度的影响

性能	得率	打浆	MD 纤维取向	湿压榨	湿伸长	超级压光
MD 抗张强度	−	+	+	+	+	−
CD 抗张强度	−	+	−	+	+	
ZD 抗张强度	−	+	0	+	——	——
MD 压缩强度	−,0	+	+	+	+	
CD 压缩强度	−,0	+	−	+		
MD 抗弯挺度	?	? ($E+,I-$) *	+	?		
CD 抗弯挺度	?	? ($E+,I-$) *	−	?		
白度	−	−	0	−	+	
不透明度		−	0	−	+	
MD 弹性挺度		+	+	+		
CD 弹性挺度		+	−	+		
ZD 弹性挺度		+	0,(+)	+	——	——
MD-CD 剪切挺度		+	−	+	0	−
CD-ZD 剪切挺度		+		+		
MD-ZD 剪切挺度	−	+	+	+	——	——

表 1-4 中，随着得率增高，打浆程度增强，MD 纤维取向增加，湿压榨增强，湿伸长加大，超级压光加强，表中对应各项指标变化趋势，+表示增加、-表示减小、0 表示不变，E 是弹性模量、I 是转动惯量、（+）表示或者增加、? 表示变化趋势不确定、——表示性能大大降低。*说明弹性模量增加，转动惯量下降。

思 考 题

1. 在干燥过程中，对纸张结构会产生哪些影响？
2. 在理想的二维完全随机纤维网状结构中的纤维分布是符合什么分布的？
3. 在理想的二维纸张结构中，纤维的相对结合面积随着覆盖层的增加呈现什么趋势增加？
4. 多数纸张的结构是几维结构？
5. 纸张中的纤维以层状分布或者交织分布对纸张的性能各有什么影响？
6. 纸张在实际成形过程中，主要有哪四种机理？
7. 纸张在实际成形过程中，为什么水动力学滤波（hydrodynamic smoothing）机理有利于提高纸张的匀度？
8. 纸张的匀度不好，会影响纸张的哪些性能？
9. 什么是纸张中纤维定向排列，纤维定向排列对纸张性能有哪些影响？
10. 为什么机制纸一定会存在纤维定向排列？
11. 解释两种打浆度相差较大的纸浆，混合后所抄造的纸的孔径分布，为什么会出现两个峰。

参 考 文 献

[1] ［芬］KaarloNiskanen, 著. 纸张物理性能［M］. 刘金刚, 等译. 北京: 中国轻工业出版社, 2016.

[2] Tejado A, Ven T G M V D. Why does paper get stronger as it dries?［J］. Materials Today, 2010, 13 (9): 42.

[3] Laivins, G. V., and Scallan, A. M. The mechanism of hornification of wood pulps［C］. Transcations of the tenth fundamental research symposium, Oxford, PIRA International, 2001.

[4] Paavilainen, L. Fiber Structure［M］. Chapter 13 in Handbook of Physical Testing of Paper (ed. R. E. Mark), 2nd Ed., Revised and expanded, Marcel Dekker, New York, NY, USA, 2002.

[5] 胡开堂, 主编. 纸页的结构与性能［M］. 北京: 中国轻工业出版社, 2006.

[6] 周景辉, 主编. 造纸及其装备科学技术丛书: 纸张结构与印刷适性［M］. 北京: 中国轻工业出版社, 2017.

[7] B. A. 绍帕, 编. 最新纸机抄造工艺［M］. 曹邦威, 译. 北京: 中国轻工业出版社, 1999.

[8] J. P. 凯西. 制浆造纸化学工艺学（第三卷）［M］. 3 版. 北京: 中国轻工业出版社, 1988.

[9] 何北海, 主编. 造纸原理与工程［M］. 4 版. 北京: 中国轻工业出版社, 2019.

[10] 裴继诚, 主编. 植物纤维化学［M］. 5 版. 北京: 中国轻工业出版社, 2020.

[11] ［芬］Hannu Paulapuro, 著. 造纸 I（纸料制备与湿部）［M］. 刘温霞, 等译. 北京: 中国轻工业出版社, 2016.

[12] [芬] Markku Karisson，著. 造纸Ⅱ（干燥）[M]. 张辉，等译. 北京：中国轻工业出版社，2018.
[13] 李嘉庆. 纸张三维结构的 CLSM 表征及纸张特性研究 [J]. 中国造纸，2020，39（06）：29-35.
[14] 金海兰. 松厚纸张的孔隙结构分析 [J]. 中华纸业，2018，39（06）：12-16.
[15] 李秋梅. 显微技术在纸张三维结构表征中的应用 [J]. 中国造纸学报，2017，32（02）：58-62.
[16] 王鑫. 纤维形态特性对纸张结构和性能的影响 [J]. 黑龙江造纸，2014，42（03）：8-20.
[17] 钱欣悦，等. 纸张结构特点及性能对印刷品质量的影响 [J]. 印刷世界，2012（07）：45-47.
[18] 张美云，主编. 造纸及其装备科学技术丛书：造纸技术 [M]. 北京：中国轻工业出版社，2014.

第二章 纤维结合与纸页的力学性能

纸张的力学性能是指纸张材料在经受外力或其他作用时抵抗破坏的能力,通常用纸张整体性遭到破坏和结构发生不可逆改变时,所对应的那些应力数值来表示。在纸页的各项性能中,力学性能是其他性能(如光、热和电等)的前提,纸张唯有具备一定的机械强度,人们才能进一步拓宽其应用范围。

纸张是由数以万计的单根纤维和造纸辅料在一定的抄造条件下形成的具有一定强度的层状纤维网状结构,因此,在纸张的实际使用中,其受到外力时是否容易发生折断、撕裂等,不仅取决于静态的纤维组分,还取决于动态的抄纸过程。如:网部成形影响纤维取向,网部脱水影响各组分 Z 向分布,纸幅压榨和干燥影响纸张结构和性能。而作为纸张最主要的结构单元与基本原料——纤维,其特性则是限制纤维的结合程度和纸页的结构性能的重要因素。纤维自身强度、纤维间的结合力、纤维间结合的结构等均会显著影响成纸的强度性能。

本章着重介绍单根纤维和纤维结合的性质,纸页的强度理论与性质,以及纸页强度的影响因素。而通过添加造纸辅料(如填料、增强剂等)来提高纤维结合力的因素不在本章进行讨论。

第一节 纤维的结合理论

根据结合层次的不同,纤维结合类型主要有以下5种:a. 纤维素分子中的化学键和它们之间的酸碱作用;b. 分子间范德华作用力;c. 分子间氢键作用力;d. 高分子链的缠结;e. 纤维间结合:在两根纤维很近的区域,会形成化学键和范德华力,或者发生分子缠结。

这几种类型的结合中,容易在"结合"和"结合键"两者之间出现概念上的混淆。其中化学键、范德华力和氢键具有可测量的键能,可精确地提供每个结合键所带来的强度增加值。而高分子缠绕结合没有对应的作用数值,它的结合能力取决于聚合物复杂的几何排布等多种因素。通常认为纤维间结合力来自毗邻纤维结合面上的分子间的氢键结合、分子间的范德华力以及高分子链的缠绕交织。

纤维间的结合强度不仅与纤维表面的化学性质有关,还与纤维结合面的分子结构和显微结构相关。纤维间结合实际上是两根纤维之间的结合面,纤维结合的力学性能与纤维结合面紧密相关。本节简要从化学层面介绍纤维间的结合,然后解释纤维间结合的结构,最后讨论此类结合的强度。

一、分子结合

木材纤维的表面化学组分包括纤维素、半纤维素、木质素等天然高分子。一般高分子之间的结合力取决于接触分子的数量和分子结合位点的数量，而纤维表面的化学特性和几何形态较为复杂，因此，纤维之间可能存在多种分子结合机制，如晶体表面的非极性结合、氢键结合和高分子链段的相互扩散等。

纸页纤维间的结合形式主要是氢键结合。它是指氢原子在与电负性大的原子 X 以共价键相结合的同时，还可以同时与另外一个电负性大的原子 Y 形成一个弱键，表示形式为：X—H⋯Y，其中—表示共价键，⋯表示氢键。X、Y 可以是 F、O、N 等电负性大、半径小的原子。氢键的特点是：键能比化学键能小得多，但比分子间范德华力大。氢键键能范围是 8~32kJ/mol，这取决于周围的分子结构，因为诱导效应会影响空间电荷分布。一般化学键的作用较为强烈，作用能在 150~500kJ/mol。氢键与分子间作用力的最大差别在于它具有饱和性和方向性，即：每个氢原子只能临近两个电负性大的 X、Y 原子。

对于木材纤维，所涉及的氢键类型主要有：纤维间的氢键、细胞壁内微细纤维之间的氢键和纤维素分子内葡萄糖单元间的氢键，第一种氢键构成了纸张纤维网络，第二种氢键赋予纤维刚性结构，第三种氢键形成了纤维素分子。这三种氢键在形成原理上是相同的，在强度上较为不同。在纸浆纤维中，纤维上的羟基与电负性氧原子（由羟基自身或者溶剂分子提供）结合时会形成氢键，羧基也会形成氢键。这些羟基大部分来源于纤维素，同时，半纤维素和木质素还会贡献一部分羟基。可见，组成纤维的大分子根据其化学结构不同，均或多或少地参与到纤维之间氢键的形成中。图 2-1 是纤维素分子多糖链上羟基之间所形成的氢键（O—H⋯）的示意图，其中共价键 O—H 的距离是 0.1nm，氢键 O⋯H 的平均距离为 0.17nm。如图所示，在纤维素的结晶区，每个葡萄糖单元可形成 2 个分子内氢键（$O_{(3)}$—H⋯$O_{(5)}$ 和 $O_{(2)}$⋯H—$O_{(6)}$）。

纤维素分子和微细纤维的刚性结构，以及氢键本身的方向性和饱和性的属性，共同限制了纤维间氢键的形成。因此，当结晶度、取向度和聚合度较高的纤维素微细纤维

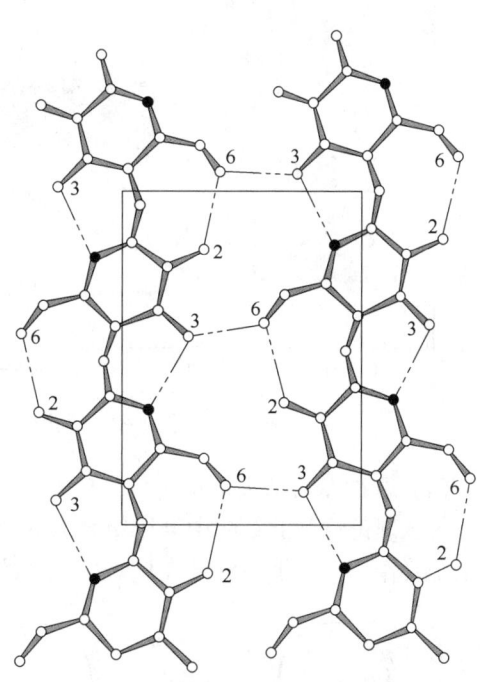

图 2-1　两个纤维素分子间的氢键

遇水时，水分子进入纤维内部会使得纤维更柔韧，形成更多的分子间氢键，从而增加了纤维的强度，这也是棉纤维湿强度比干强度高的原因。而当结晶度、取向度较低的纤维遇水润湿后，由于水分子的作用削弱了大分子间的作用，使得分子链或其他结构单元之间发生相对滑移，因此，它的湿强度比干强度低得多。此外，羧基等某些酸式基团会在水中解离，跟水形成水合氢离子，促进纤维润胀，有助于提高细胞壁大分子链的舒展性和柔韧性。所以，纤维表面的羧基也会增加纤维间结合键的强度。

除了分子间的氢键以外，分子间的范德华力对纤维间的结合也有贡献。与氢键不同的是，其键能范围比氢键范围小（为 2~8kJ/mol），但作用范围比氢键大（为 0.3~0.5nm）。

湿纸幅的结合主要依靠的就是范德华力。当使用聚合物作为媒介时，纤维间还会形成共价键和离子键。这些作用力使纤维中的大分子形成一种比较稳定的结合状态，从而使纤维具有一定的机械强度。

二、纤维间结合的产生与结构

（一）纤维间结合力的产生

纤维间的结合实质上是纤维细胞壁表面接触、微细纤维之间以及纤维和微细纤维之间相互缠绕，使得纤维表面产生氢键力和其他分子键力。在纸张抄造过程中，随着湿纸幅的固化，干度进一步提高，纸张中纤维间的结合也逐渐形成，具体形成过程如图2-2。纤维间结合强度到底如何产生，近年来，国内外学者对这一根源性问题进行了研究并提出了一系列增强理论。

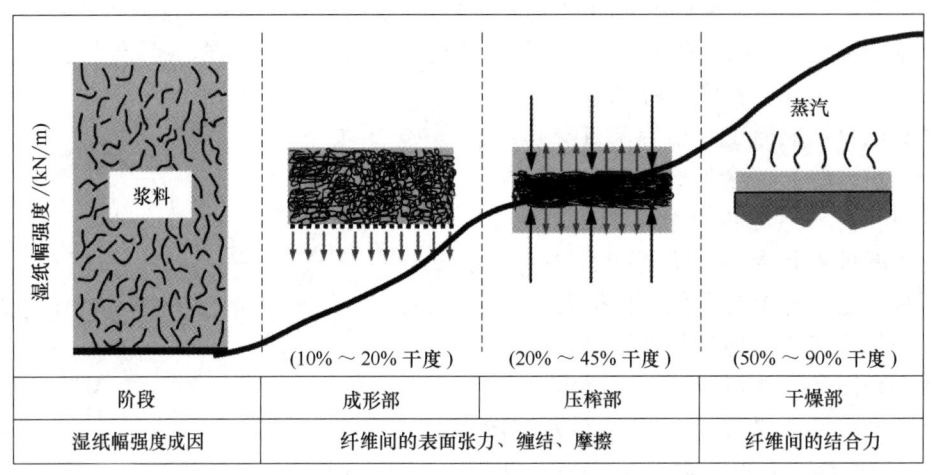

图2-2 纸张成形过程中纸页强度成因

（1）表面张力增强理论

传统理论认为湿纸幅中纤维结合力的产生源自于纤维间的表面张力，这种表面张力即为毛细管作用力。纸浆纤维在该表面张力的作用下会相互靠近，并进一步形成有效的纤维结合。该毛细管增强理论最早是由Campbell在1959年提出的，他指出湿纸幅中纤维之间存在的游离水会与纤维形成液体桥，该液体桥与纤维交叉形成的液面曲率会使得纤维之间产生吸引力，如图2-3所示。此外，他还指出纤维的表面张力与纤维柔软性密切相关，而与纤维的尺寸无关。

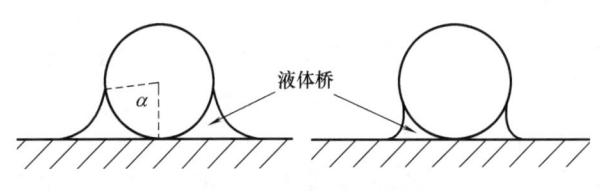

图2-3 纤维之间游离水与纤维所形成的具有不同夹角的液体桥

之后，Lyne等人在其实验中，采用表面惰性的玻璃纤维代替多羟基的植物纤维，结果发现，纤维的分子间和分子内氢键被完全封锁，导致纤维表面间几乎不存在氢键结合，因此，抄造的纸张也几乎无结合强度。这不但可以证明纤维间结合力的主要作用形式是分子间的有效接触，而且还从侧面证明了毛细管表面张力可以维持纸张的结合强度。

但该毛细管增强理论并不能很好地解释湿纸幅中游离水完全脱离时湿纸幅强度产生的原因，Campbell 则认为当水从湿纸幅中脱除后，表面张力和微细纤维的机械缠结作用将纤维结合得更为紧密，这些力赋予了湿纸幅一定的抗张强度。

(2) 纤维表面分子扩散增强理论

纤维结合产生的另一重要原因是纤维表面分子的扩散作用。尽管分子热运动和毛细管表面张力同为分子之间的有效接触，但两者作用形式完全不同。纤维表面分子热运动是指纤维素、半纤维素等一些大分子在纸张压榨和干燥过程中，会进行无规则的分子热运动，通过交互式渗透和扩散，最终使得纤维间产生结合。而纤维之间的游离水则充当这些大分子链相互结合的"溶剂"分子，大量的游离水在纸张的后续压榨和干燥过程中被进一步脱除，纤维彼此靠近，从而产生更多的氢键结合。

有学者为了进一步验证该理论，他将植物纤维浸泡在具有不同极性的聚电解质中，并将处理后的纤维进行混合抄造。结果发现，聚电解质极性对纸张强度有很大影响，用相同极性聚电解质处理的纤维在抄造后得到的纸张强度较高，而用相反极性聚电解质处理的纤维在抄造后则表现出较弱的成纸强度。这足以证明分子扩散理论在提高纸张强度方面发挥着重要作用。

(3) 微细纤维的机械缠结增强理论

纤维在湿态下，界面处的外部微细纤维和细小纤维，以及纤维表面的聚合物链也会促进纤维间的结合。这些聚合物链的长度通常介于 60~80nm，它们的存在和性质取决于制浆过程，外部微细纤维组成化可以将聚合物链长度增大一至两个数量级。微细纤维能促进纤维结合，是因为细纤维状的细小纤维具有较大的比表面积，而 Campbell 作用力也会随着比表面积的增加而增加，因此更容易形成化学键。在后续的干燥过程，细小纤维收缩使得纤维靠得更为紧密，有助于纤维间结合键的持续形成。细小纤维的影响类似于打浆后纸浆上的微细纤维对纤维结合的影响。

此外，纸页在干燥过程中，纤维会发生收缩，收缩的程度取决于湿纤维壁的润胀程度。润胀程度受纤维细胞壁的内部细纤维化和化学组成的影响，如，半纤维素会提高润胀程度，木素会降低润胀程度。

纤维间产生的收缩主要是横向收缩，横向收缩和轴向刚性间的竞争使结合区键接面上产生了剪切应力，如图 2-4 所示。纤维间结合区的剪切应力产生了轴向压缩力，该力作用在交叉纤维上，甚至会使纤维结合段发生变形，这些变形有时被称为微压缩现象。与自由干燥的纤维相比，这些剪切力会改变纤维结合段的力学性能。可见，纤维结合直接影响着纤维的力学性能。

(二) 纤维间结合的结构

关于纤维间的结合结构，Nanko 和 Ohsawa 以漂白硫酸盐木浆为例进行了相关研究，结果表明纤维的结合结构有 4 个明显特征：结合层、褶皱、护面和覆盖层，如图 2-5 所示。纤维间的无定形结合层由外部的微细纤维、细小纤维以及纤维表面可能存在的聚合物链组成。特别地，在硫酸盐木浆中，比较柔顺的丝状细小纤维含量高，附着在纤维表面并填充其表面凹坑，使得纤维结合层更厚，对改善纸张强度非常有利。褶皱仅出现在部分纤维结合中。护面出现在结合面的边缘，是由 S_1 层向外拉伸造成的。覆盖层是由外部微细

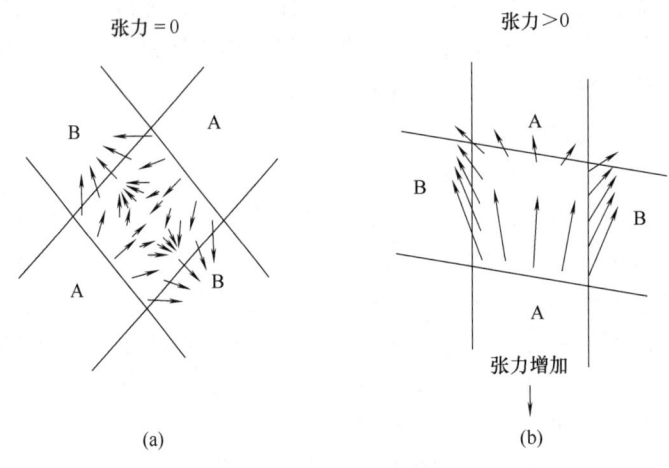

图 2-4 结合区应力示意图
(a) 自由结合 (b) 外力下非自由结合

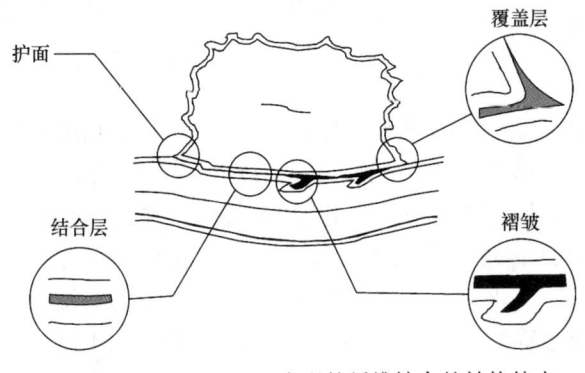

图 2-5 Nanko 和 Ohsawa 发现的纤维结合的结构特点

纤维和细小纤维产生的,通常出现在纤维结合面边缘的外部。

三、纤维间结合的强度

纸张中纤维结合的任何变形都会导致对应的纤维结合段发生变形,进而影响纤维的力学性能。两根纤维的结合层通常很难辨认,也很难与实际的纤维细胞壁区分开。纸张的力学性能可以通过纤维结合段和纤维自由段的特性来描述,亦即准确判断两根纤维表面组分的结合位置。评价纤维的结合性能通常包括结合强度大小和键结(结合)程度两个方面。

纤维间结合强度是指毗邻纤维键结面上的结合力的大小,通常用剪切强度(Shear bond strength)来直接表示,即:结合纤维上一根纤维相对于另一根纤维在平行于键结面的方向上发生位移时,结合面所能承受的最大载荷。尽管这个概念非常明确,但是基于建立两根纤维的结合面来直接表示结合强度的方法所受影响因素较多,测定结果误差较大,因此,目前还没有测定纤维剪切强度的标准方法。

纤维结合强度还可以用比结合强度(Specific bond strength,简写 SBS)来间接评价,它是纸张内结合强度(Internal bond strength,简写 IBS)和相对键结面积(Relative bond area,简写 RBA)的比值。其中内结合强度是指在纸张厚度方向上（Z 向）剥离单位面积的纸张所需要的能量。在理想的情况下,内结合强度是当分子键完全用于抵消纸张的张力时,破坏纤维间分子键合所需的能量。然而,实际所测的总能量包含纸张整个厚度上消耗的所有能量,在剥离强度测定中纸张弯曲也可能消耗能量,这对 SBS 的真实值是一个高估。此外,常用的检测方法还有 Z 向抗张测定和 Scott 内结合强度测定。

相对键结面积是指纤维键合的表面积与纤维总表面积的比值，它反映了纸页内的纤维间的键结合程度。纤维键合面积可以采用交叉偏光镜测定。需要指出的是，纤维键合面积的概念本身较为模糊，这是因为任何两根纤维的结合都不是严格意义上的完全重叠。在一定的纸张抄造条件下，特别是压榨和干燥条件确定时，纤维自身的品质决定了相对键结面积，因此，有时也可直接采用内结合强度来反映纤维结合力的大小。

有学者对早材和晚材的纤维结合强度和结合面积（通过光学法）进行了测定，其中结合强度用剪切强度表示，结合面积采用交叉偏光镜测定，结果如表2-1所示。可以看出早材仅能承受不到5mN的载荷，而晚材尽管结合面积较小，但其纤维结合强度相对较高。结合强度取决于纤维表面的很多化学因素，包括纸浆纤维的羧酸基团含量，半纤维素和木质素含量，以及纤维的外部微细纤维和细小纤维含量。此外，淀粉等增干强剂也会影响纤维结合强度。

表 2-1　　　　　　　　火炬松纤维间结合的剪切强度和结合面积

材料	断裂负载/mN	结合面积/μm²	平均结合半径/μm
早材	4.6	2410	55
晚材	4.6	1500	44
早材+增强剂	11.2	3000	62

第二节　纸页的强度性质

纸页的机械强度通常就是纸的静态强度，是指在固定条件的外力作用下，直至破坏时所显示的最大强度。由于这种强度只与破坏时的终态有关，而这种终态取决于所测纸样本身的性质，与外力所作用的过程和时间无关，因此被称为静态强度，也称为破坏强度。当被测纸样只是可逆或者不可逆地发生形状和尺寸上的改变，样品整体性未遭到破坏的情况下，所表现出来的是纸张的变形性质，这部分内容不在本章的介绍范围内。根据作用于纸面上的力的性质不同，常常用抗张强度、耐折度、耐破度和撕裂度等不同指标来表示纸张的机械强度。

一、抗 张 强 度

（一）抗张强度的基本含义

材料的抗张强度，就是抵抗外力拉伸的能力。它可以由应力-应变特性去描述。所谓应力是指物体为了抵抗外力，而在单位面积发生的内力（N/m²）；应变（或称变形）是物体尺寸发生变化的数量与原有尺寸的比率；物体在保持能恢复其原有形态条件下能承受的最大负荷，称为弹性极限。

纸张是一种多相复杂且非均质的高分子材料，与许多高分子材料相似，是一种弹性塑性体。这是由于纸张在受到不大于弹性极限的负荷时，会产生一定的变形，该变形程度与负荷成直线比例关系，而当负荷去除后，纸张又能恢复到原有的状态，因此说它具有弹性。当负荷超过弹性极限时，此时所产生的变形再也恢复不到原来的状态，而产生永久变形，在这个范围内应力应变不再呈正比关系，表现出弹塑性和塑性性质。根据材料的强度理论，无论材料在什么应力状态下，只要最大应力达到轴向拉伸断裂时的强度极限，则材料就被拉断。

纸张的抗张强度，一般以一定的温度、湿度的条件下，单位宽度（~15mm）的纸张所能承受的最大张力来表示，即用抗张力的数值除以样品宽度来表示，单位为kN/m。然而由于定量不同的纸张厚薄也不同，因此绝对抗张强度不能反映纸张单位截面积上的抗张强度。因此，表示纸张抗张强度的指标，通常是裂断长和抗张指数。

在造纸和印刷过程中，纸页抗张强度达不到一定值，则会导致断纸现象的发生，这无形中会造成原料和能源的浪费。因此，抗张强度是一项很重要的物理性能指标，大多数纸或纸板的产品技术标准中对抗张强度都有要求。例如：文化用纸在高速轮转机上的整个印刷过程中，纸页都处在均匀的张紧状态，纸的纵向受到一定的拉力作用，若纸张的抗张强度低于此拉力，就会出现纸张断裂现象，因此，一般要求文化用纸具有一定的抗张强度。而对于纸袋纸、包装纸、纱管纸和电缆纸等都要求具有较高的抗张强度。

（二）抗张强度模型

早在20世纪50年代，人们就从纤维的本质特性出发，对纸张物理强度特性开展了深入的研究，基本明确了纤维本身强度、纤维间结合强度、纸页结构等因素对纸张强度性能的影响。许多研究者们也提出了不少关于纸张强度的数学模型，虽然这些模型都不是十分精确，但对于理解各种因素间的关系和相互作用，完善纸页强度理论具有重要的指导意义。

假定只有纤维本身的性质决定纸页抗张强度，则纸页抗张强度 TS（Pa）可以由式（2-1）表示：

$$TS = E\varepsilon_f \tag{2-1}$$

式中　E——纸页的弹性模量，Pa

　　　ε_f——纤维的弹性破坏应变

式（2-1）表明当沿纤维轴向的应力首先达到其断裂极限时，纸页将发生断裂。这一现象发生在与外应变方向平行的纤维上。研究发现，即使不同纸页的纤维间结合程度不同，但抗张强度与弹性模量的比值（弹性破坏应变）也是相似的，因此，纸张的弹性破坏应变也许和纤维或纤维间结合的破坏极限有普遍关系。

外力通过纤维网络在纤维间传递，作用于纤维或纤维之间的剪切力导致纤维间结合被破坏，当该剪切力增大到超过纤维间结合的抗剪强度时，纤维间结合就会发生断裂，图2-6为应力在纸页内沿纤维链传递及外加载荷在纤维间通过剪切力传递的示意图。应力通过许多纤维结合点在纤维间传递并到达每根纤维，作用在纤维结合点上的剪切力的大小是随机变化的，取决于

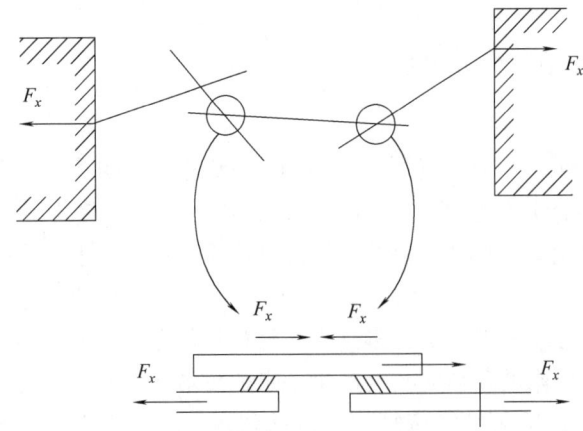

图2-6　应力在纸页内沿纤维链传递及外加载荷在纤维间通过剪切力传递的示意图

结合处周围的纤维网状结构。

许多纸页强度的微观模型对纸页内部的纤维断裂和纤维间结合的断裂对纸页强度的破坏及二者之间的关系和影响进行了研究。其中最典型的模型有：

（1）Shallhorn-Karnis 模型

在 Shallhorn 和 Karnis 提出的数学模型中，当没有纤维断裂和有部分纤维断裂时，单位宽度上所受的破坏应力（即纸页的抗张强度 T_S）可分别由式（2-2）和式（2-3）表示：

$$T_S = \frac{N_f \cdot \text{RBA} \cdot \tau_b b_f l_f}{2} \tag{2-2}$$

$$T_S = N_f F_f \left[1 - \frac{F_f}{2 \cdot (\text{RBA}) \cdot \tau_b b_f l_f} \right] \tag{2-3}$$

式中 τ_b——作用于纤维间结合的破坏应力

　　　F_f——纤维强度

　　　l_f——纤维长度

　　　b_f——纤维宽度

　　　N_f——穿过单位断裂宽度的纤维数

　　　RBA——纸页的相对结合面积

该模型定性地指出了增强某些纤维性能对抗张强度的影响，如图 2-7 所示。由图可知，只要纤维长度、宽度和纤维间结合力增加，纸页的抗张强度就增加；但是只有纸页的 RBA 增加到一定程度时，增加纤维本身强度对纸页的抗张强度才有作用。也就是说，当纤维间结合力小到一定程度时，纤维本身的强度对纸页的强度没有影响。

（2）Page 模型

在打浆实验中，Page 发现纸页的抗张强度与被破坏处断裂纤维的份数成正比，Page 以零距抗张强度表示纤维特性，结合纸页的结构参数建立了纸页抗张强度理论模型：

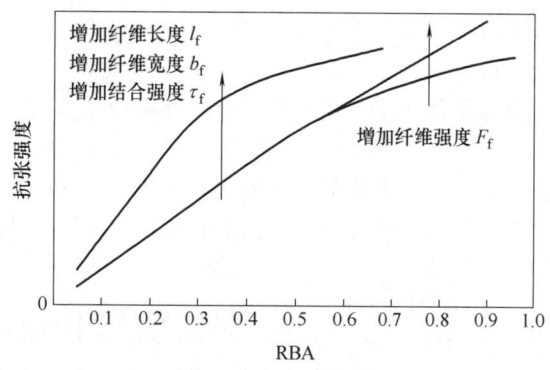

图 2-7　Shallhorn-Karnis 模型对 RBA 和纸页抗张强度的关系预测图

$$\frac{1}{TS} = \frac{9}{8Z} + \frac{3b_f}{\tau_b l_f (\text{RBA})} \tag{2-4}$$

式中 Z——纸张的零距抗张强度

Page 方程中 $\dfrac{3b_f}{\tau_b l_f (\text{RBA})}$ 可由 1/PBSI 表示，其中 PBSI（Page Bonding Strength Index，N·m/g）被称为抗张强度结合指数。

因此，Page 方程也可被改写为：

$$\frac{1}{TS} = \frac{9}{8Z} + \frac{1}{\text{PBSI}} \tag{2-5}$$

图 2-8 是根据 Page 方程得到的纸页抗张强度与 RBA 的关系预测图，可以看出，除了纤维宽度的影响外，Page 模型与 Shallhorn-Karnis 模型两种模型定性地给出了相近的预测结果。

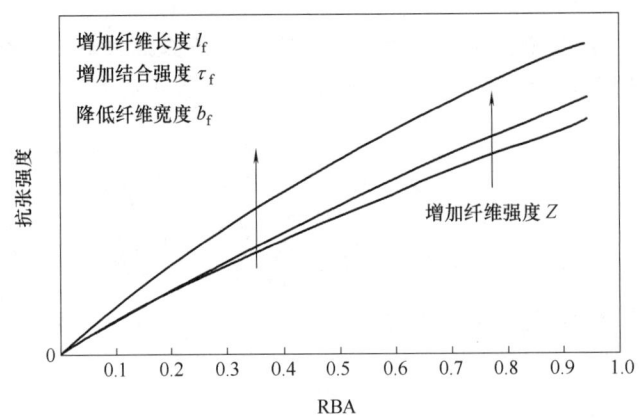

图 2-8　Page 对纸页抗张强度和 RBA 关系的预测图

然而这些模型更多的是从纯理论角度对纸页虚拟结构化，简化纤维模型且仅选取了少数纤维参数，往往忽略了大多数实际过程变量的影响。实际过程中有些参数通常难以获取，比如纸页的纤维强度由于干燥应力的不同，其准确数值难以估量，纤维间的结合强度亦是如此。因此，在模型中引入纤维平均强度和结合强度，将更具代表性，对实际生产也更有指导意义。

如果纤维的弹性是线性的且断裂时的应变为 ε_f，则零距抗张强度 Z 为：

$$Z = E_s \varepsilon_f \tag{2-6}$$

式中　E_s——短测量距离中纸页的有效弹性模量，Pa。

纤维本身的强度 F_f 等于 $A_f E_f \varepsilon_f$（A_f 为单根纤维的横截面积，E_f 为纤维的弹性模量）。若进一步假设：

$$E_s = \left(\frac{9}{8}\right)\left(\frac{1}{3}\right)\left(\frac{\rho}{\rho_f}\right) E_f \tag{2-7}$$

综合以上各式，得出零距抗张强度和纤维强度间的关系表达式为：

$$Z = \frac{3\rho F_f}{8\rho_f A_f} \tag{2-8}$$

式中，系数 9/8 是在单向应变的条件下，假设松泊因子为 1/3 的情况下得出来的；ρ 和 ρ_f 分别是纸张和纤维的密度。在实际的零距抗张强度测定时，夹距间的测试距离并不为零，显然，式（2-7）的假设并非总是正确的。同样，其他因素如纤维卷曲在未改变纤维的实际强度时亦会改变纸页的零距抗张强度。

Page 抗张强度模型简单在于其认为纸页的抗张强度是由单根纤维的强度、纤维的形态参数和纤维间的结合强度决定的，即该理论不仅考虑到纤维特性对纸页抗张强度的影响，同时涉及了纸页的零距离抗张强度对其的影响。因此，Page 方程被广泛地接受和应用。

（三）抗张强度的表示方法

作为片状材料的纸张，其抗张强度一般是用绝对抗张强度来表示的。然而，定量不同的纸，其薄厚也是不同的。抗张强度基本上与纸的定量成正比，因此绝对抗张强度往往忽略了厚纸和薄纸的差别，它只反映了单位宽度所能承受的最大拉力，反映不出纸张的"质地"强度，即单位横截面积上的抗张强度。因此，对于定量不一致的纸，为了更加科学、客观地比较其抗张强度，必须消除定量的影响。通常可用裂断长和抗张指数这两个指标来消除定量影响。

(1) 绝对抗张强度

绝对抗张强度指的是指纸和纸板断裂时所能承受的最大张力，以标准所规定的试样宽度，在抗张强度测量仪上指示的荷重数值，用 T_S 表示，单位是 kN/m。

$$T_S = \frac{\overline{F}}{b} \tag{2-9}$$

式中　$\overline{F}$——平均抗张力，N
　　　b——试样宽度，mm

(2) 裂断长

裂断长是一个假定的强度概念，它表示纸条长度达到不能承受本身质量时自行断裂的长度，或重力与抗张力相等的纸条长度，或者说将纸条的一端提起时，借纸条的自身重力而被拉断时的纸条长度 L，单位为 m。它与厚度无关，适用于比较不同定量的纸或纸板的抗张强度。

$$L = \frac{1}{9.8} \times \frac{\overline{F}}{bq} \times 10^3 = \frac{102\overline{F}}{bq} \tag{2-10}$$

式中　b——试样宽度，mm
　　　$\overline{F}$——纸样的平均抗张力，N
　　　q——纸样定量，g/m^2

同种纸张，绝对抗张强度相差很大，但裂断长相差不大，因为是由同种材料制备而成。

(3) 抗张指数

抗张指数是单位宽度、单位定量样品的抗张力，即试样被拉断时的张力除以试样的宽度，再除以试样的定量，通常用纸张绝对抗张强度（kN/m）与定量（g/m^2）的比来表示，记为字母 T_I，单位为 N·m/g。

$$T_I = \frac{T_S}{q} \tag{2-11}$$

式中　T_S——绝对抗张强度，kN/m
　　　q——纸样定量，g/m^2

不难看出，抗张指数与裂断长一样能够消除因定量不同造成的纸张"质地强度"不好比较的缺陷，能够从本质上精准地描述纸的强度。

(四) 三种特殊的抗张强度

在纸的抗张强度方面，还有三个比较特殊的抗张强度，下面进行具体介绍。

(1) 零距抗张强度

零距抗张强度是由 Hoffman-Jacobsen 在 1925 年首次提出的概念，它是一种特殊形式的抗张强度，通常以纸页的零距离裂断长表示。在纸页的常规抗张强度测定中，纸样两端的夹头间通常有一定的距离（100~180mm）。而在测定零距抗张强度时，夹住纸条的两夹头之间距离为零。假设纤维之间没有力的传递，即忽略纤维交织和结合力的影响，这相当于纸样在该断面上的抗张强度，所以可作为衡量单根纤维内在强度（即纤维强度）的指标。

虽然严格来讲，零距抗张强度依然是纸页强度的一种，但是在某些方面目前还存在争议。零距抗张强度的检测原则是纸页中单根纤维要跨过夹具间的距离，即理论上两夹具间的距离为零，但在实际中两夹具间经常有一个很小的跨度，而这个跨度的大小对检测结果的影响较为显著。一般，这个检测跨度应该是无规则排列时纤维的最大平均长度，在实际测量时该跨度应该是0.1mm。

此外，Seth等人的研究表明，纤维的卷曲和扭结对纤维零跨度抗张强度的检测结果影响较大，这是因为单根纤维强度主要受纤维细胞壁S_2层的厚度以及细胞壁中微细纤维的角度影响。所以在进行零距抗张强度检测时，需要预先采用低浓打浆或PFI磨浆对浆料进行处理，除去纤维的卷曲和扭结，以便有效消除其对检测强度的干扰。另外有研究表明，加入增强剂对纸张零距抗张强度基本没有影响。

零距抗张强度尽管存在些许争议，但是作为间接考察单根纤维强度即纤维本身强度的指标，它在评价由过度漂白、高酸度或其他工艺造成的纤维降解，而最终导致单根纤维的强度损失时是十分重要的。纸张的物理强度由纤维自身的强度、纤维间的结合强度、纤维长度以及纤维排布等因素决定，其中对于纤维自身强度的间接表示——零距抗张强度，已经被公认为衡量纤维本身强度的一项物理指标。

（2）Z向抗张强度

鉴于纸张是一种三维结构材料，纤维在纸页厚度方向上的排列呈层状或交织结构，因此在这里对纸张的三维几何方向作以定义：沿着纸机运行方向的为纸张的纵向（Machine Direction，简称MD），大多数纤维沿着这一方向排列分布，故纸张在纵向承受的牵引力较大；与纸机运行方向垂直的是纸张的横向（Cross Direction，简称CD）；纸张的厚度方向为Z向，如图2-9所示。

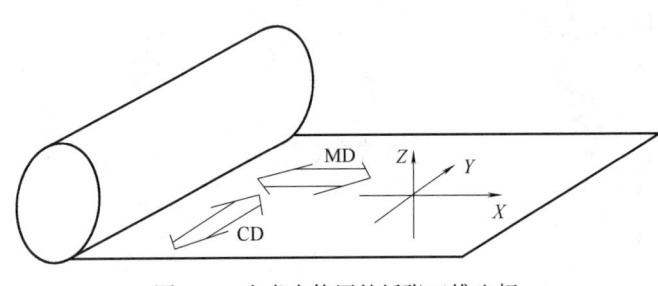

图2-9 本书中使用的纸张三维坐标

Z向抗张强度即为纸页厚度方向上（垂直于纸面方向）的层间结合强度，因此更能反映纤维间结合力的大小，可采用常规的抗张测定仪进行测定。影响纤维间结合力的因素，亦即影响Z向抗张强度的因素有：打浆度、压榨压力、填料用量、干燥温度曲线、增干强剂的使用等。

（3）湿抗张强度

湿抗张强度是纸张未完全干燥的情况下测得的抗张强度。此时，湿纸页的纤维间尚未形成氢键，纸页的强度主要来源于两个方面，一是纤维间的机械交织力，它主要取决于纤维的平均长度；二是水的表面张力，湿纸页干度越高，纤维间水膜越薄，表面张力越大。一般地，干度提高，湿纸强度也提高，除与表面张力有关外，还由于降低了纤维间水膜的润滑作用而使机械交织力增强的缘故。

湿抗张强度对纸机高速运行下的作业性能至关重要。车速越高，纸页运行时的牵引力越大，要防止断头，纸页则必须具有较高的湿抗张强度，其解决办法是适当配加长纤维浆料，提高开放引纸前的干度。

二、耐破强度

（一）耐破强度的基本意义

耐破强度是指在一定条件下，单位面积上纸和纸板所能承受的垂直于试样表面的均匀分布的最大压强，可用 Mullen 式耐破测定仪进行测定。与抗张强度类似，为了便于比较不同定量的纸张的耐破强度，耐破强度也有对应的耐破指数，即用所测得的耐破强度值除以定量。耐破指数不依赖于定量，如果纸张纤维和纤维网状结构未发生变化，则压缩指数恒定不变。

通过检测耐破强度可以预测瓦楞纸板的静态抗挤压能力。它是纸和纸板的一项物理强度指标，对于包装用途的纸板和纸箱来说，该指标更为重要，因为它可以反映在运输过程中，在静态境况下，纸箱受挤压时保护产品的能力，这对于将商品安全、顺利地运送到目的地至关重要。对于瓦楞纸板来说，面层和瓦楞芯层的耐破强度决定了纸箱的耐破强度。对于一个纸盒状产品来说，其耐破强度一半取决于纸板的弯曲挺度，另一半取决于纸板的边压强度。

纸张的耐破强度是纸张在不破坏前所能承受的最大外压程度，它受纸张伸长率和纸张结构的影响，因而，耐破度除了代表纸张的总强度和均匀性，它还反映了纸张的强韧性。纸张的抗张力是一定宽度的纵横强度的平均值，纵横差别可能很大，而耐破度是一定面积的总强度之和。耐破度是抗张强度、伸长率和撕裂度的复合函数，其应力大部分是在纸张破裂时，横跨纸幅的压力差所形成的一种张力，由于两个方向上的变形一般不等（纸张纵向应变小于横向），这就产生了纸张中的不均衡应力，导致纸张破裂时一般会呈现一条与纸张纵向垂直的裂缝。

（二）耐破强度模型

Farouk 在 1999 年提出了纸张的耐破强度模型方程，该方程中纸页的耐破强度与抗张指数相关，也与结合特征参数 RBA 有关。具体表达式如下：

$$B_I = 311 \cdot T_I \cdot \sqrt{\varepsilon_f} \tag{2-12}$$

式中　B_I——耐破指数，$kPa \cdot m^2/g$

　　　T_I——纸页的抗张指数

　　　ε_f——纤维的破坏应力

　　　311——比例系数

（三）耐破强度的表示方法

纸张的耐破强度有如下两种表示方法：

（1）耐破强度

指的是在垂直方向上对一定面积的纸和纸板进行匀速加压直至试样破裂时，所能承受的最大压力，用字母 B_S 表示，单位为 kPa。

$$B_S = \frac{p_B}{n} \quad (2\text{-}13)$$

式中 p_B——平均耐破度值，kPa

n——纸样的层数

（2）耐破指数

所测得的耐破强度值与试样定量的比值，用字母 BI 表示，单位为 $kPa·m^2/g$。耐破指数与抗张指数类似，消除了定量的影响，更加便于具有不同定量的纸张的耐破强度的客观比较。

$$B_I = \frac{B_S}{q} \quad (2\text{-}14)$$

式中 B_S——耐破度，kPa

q——纸样的定量，g/m^2

另外对于多层纸板的耐破强度，可以在耐破应力的基础上，根据线性工程力学叠加原理来估算。例如，对于一个具有对称结构的三层纸板来说，其耐破强度 BS 可由式（2-15）表达：

$$B_S = B_{S1}\frac{d_1}{d} + B_{S2}\left(1 - \frac{d_1}{d}\right) \quad (2\text{-}15)$$

式中 B_{S1} 和 B_{S2}——分别表示中间层和外层纸样的抗破坏应力，Pa

d_1——中间层的厚度，mm

d——纸板的厚度，mm。

该公式只能适用于每层压缩破坏变形相近的纸板。如果破坏应变相差很大，那么具有最低应变的一层将起到决定性作用。如果中间层破坏应变值是其他层的一半，那么当中间层达到其破坏极限应力负荷时则发生破裂，此时纸板上所有的应力将会转移到遭到破坏的其他层纸板上，但是这些层也会因为瞬间骤增的应力而遭到破坏。

三、撕 裂 强 度

（一）撕裂强度的基本意义

由于大多数纸或纸板在使用过程中经常受到撕的作用，所以撕裂强度也是评价纸和纸板产品性能的一项重要指标。许多纸和纸板的技术性能指标对它都有要求，但是，这项指标在我国印刷纸质量标准中有许多没有做出的规定，而世界上大多数国家对此项指标都有明确规定。

撕裂强度是撕裂纸或纸板一定距离时所做的功。撕裂纸所做的功通常由两部分组成，即把纤维从纸中拉出来的功和把纤维拉断的功。到目前为止我们对撕裂度的认识仍然以此为基础，撕裂功可以由公式"撕裂功 = 拉出纤维根数×拉出剥离能 + 拉断纤维根数×拉断能"表示。

纸或纸板试样在被撕开一定距离前，根据是否有预先切口，撕裂度的检测常被分为两种形式：内撕裂度和边撕裂度。内撕裂度的测定是用一种摆型的仪器 Elmendorf 撕裂仪来测定，它测定的是在仪器上的切割刀把试样切出一个切口以后，试样被撕开一定的距离所做的功。边撕裂度指的是试样在测定之前没有预先的切口，沿着纸的一边，被在同一平面内的力撕开时所需施加的力，边撕裂度高的纸内撕裂度不一定高。

撕裂度的测试最初是用来作为预测印刷或转印过程中纸张的运行断裂行为的。对印刷纸来说，虽然具有较高的边撕裂度很有必要，但更需要考虑内撕裂度。因为各种印刷纸的边缘存在个别裂口往往是难免的，纸张在使用中会不会发生撕断，将主要取决于内撕裂度的大小。内撕裂度的检验对于使用过程中受到断裂作用的纸张，如：纸袋纸、包装纸、建筑纸板、薄页纸及有些制盒纸等特别重要。内撕裂度测试方法迄今为止在造纸行业内使用最为普遍，通常人们提到撕裂度如果不是特别说明，一般就是指这种 Elmendorf 撕裂度。而一些特殊的纸和纸制品，如：钞票纸、扑克牌纸、计算机打孔纸等，则要求边缘结实坚固，即边撕裂度要高。在纸张强度的各项测试项目中，撕裂度也是最为复杂且难以为人们理解的指标。纸张产品的强度指标规定中通常含有撕裂度。

（二）撕裂强度模型

Gates 通过对单根纤维撕裂功的研究，提出了纸页的撕裂强度模型，Gates 指出纸页的撕裂指数与抗张强度结合指数（具体见抗张强度 Page 方程内容）相关，模型表达式如下：

$$X = K \cdot \text{PBSI} \cdot l_f \tag{2-16}$$

式中 　X——撕裂指数，$mN \cdot m^2/g$

　　　PBSI——抗张强度结合指数，$N \cdot m/g$

　　　K——比例系数

　　　l_f——纤维长度，m

（三）撕裂强度的表示方法

与纸张其他机械强度的表示方法类似，撕裂度也有两种表示方法：内撕裂度和撕裂指数。

（1）内撕裂度

内撕裂度是指在规定的条件下，已被切口的纸或纸板试样沿切口撕开一定距离所需的功，因为距离是一定的，故可以用力来表示撕裂度，用字母 T 来表示，单位是 mN。

$$T = \frac{SP}{n} \tag{2-17}$$

式中 　S——在试验方向上的平均刻度读数

　　　P——换算系数，即刻度的设计层数，单撕裂度一般为 16

　　　n——同时撕裂的试样层数

（2）撕裂指数

内撕裂度除以定量就是撕裂指数，用字母 X 表示，单位为 $mN \cdot m^2/g$。

$$X = \frac{T}{q} \tag{2-18}$$

式中 　T——撕裂度，mN

　　　q——纸样的定量，g/m^2

四、耐折强度

耐折度是表示纸张能够承受折叠的能力，是纸张机械强度的重要指标之一。它是指纸张受一定力的拉伸后，再经来回 180°折叠而使纸张断裂所需的折叠次数，国内习惯以往复折叠的次数表示，单位是双折次。纸张横向与纵向的抗张强度不同，所以耐折度也不同，有纵向耐折度和横向耐折度之分。按纵向裁样测试的为纵向耐折度，按横向裁样测试的为横向耐折度。一般情况下纵向耐折度比横向耐折度高。

纸张的耐折性是纸或纸板经折叠而不破裂的能力，是指某些纸被折叠时，在折叠的表面不发生裂纹、细缝、涂层剥离等不良折痕的性质，表达了纸张对"折叠使表面发生损伤或变形"的抵抗能力。耐折度表达了纸张对反复折叠以致破坏的抵抗能力，耐折性与耐折度之间既有密切联系，又有明显区别。耐折度是对纸张强度和挠性的综合度量指标。耐折度可用于检验纸张的老化变质情况，它是纸张产生变化时最敏感的标志，远在抗张强度、耐破强度和撕裂度出现变化之前就表现出来了。

耐折度对纸张的印刷适性没有直接影响，但对印品后加工适性有影响。另外，凡是在日常生活的使用中经常被往复折叠的纸张，通常对耐折度的要求较高，如：钞票纸、书皮纸、地图纸、书写纸、纸袋纸以及一般的文化印刷纸等。

第三节　影响纸页强度的因素

影响纸张强度的因素有很多，主要影响因素有：纤维超微结构、纤维表面化学组分、纤维电荷性质、纤维形态参数与形变、浆料抄造工艺以及成纸匀度与纤维排列、造纸助剂及纸张中的水分含量等，这里仅对与纤维有关的重要影响因素进行说明。

一、纤维超微结构对纸页强度的影响

纤维超微结构通过改变纤维本身的强度（即单根纤维的内在强度），最终会对纸页强度造成影响，因此它是影响纸页强度的重要参数之一。在纤维之间的结合力达到一定水平后，较好的纤维内在结合强度将给纸和纸板提供较高的物理强度。

纤维在制浆过程中，除了化学组分会发生改变，其结构也在不同程度上发生着变化。纤维超微结构研究表明纤维细胞壁，纤维素线性大分子上的分子间氢键使其有序排列并形成微细纤维，微细纤维会进一步聚合形成细纤维或纤维状的集合体。这些细纤维以一定的角度缠绕在纤维原纤轴向，并形成许多片状结晶结构，因此使得纤维具有不同的片状结晶层次结构，即纤维的初生壁和次生壁。纤维的层壁具有不同的化学组成和微纤丝取向角，不同纤维壁分层的微纤维丝取向角度不同而且它决定了纤维的力学性能。

因此，单根纤维强度与细胞壁的厚度以及细胞壁中微细纤维的角度密切相关，尤其是微细纤维的角度影响很大。纤维强度随微细纤维角度的增大而下降。由纤维素构成的微细纤维是纤维承受负荷的基体，因而纤维素的含量及其结晶度的大小对纤维本身强度有直接的影响。在制浆过程中遭受的工艺损伤也会影响纤维本身强度。

二、纤维表面化学组分对纸页强度的影响

（一）不同制浆方式对纤维表面化学组分的影响

纤维的表面化学特性是纤维所有评价指标中最基础、也是最重要的一个参数，它会影响纤维间的结合。植物纤维主要由纤维素、半纤维素、木质素和少量抽出物组成，它们在化学结构、亲水性、黏弹性以及在纤维表面的分布形态上都存在差异。纤维细胞壁可分为

胞间层（middle lamella，M）、初生壁（primary wall，P）和次生壁（secondary wall，S），其中因胞间层和初生壁紧密黏结，故常被称为复合胞间层（compound middle lamella，CML），该层内木质素含量高，且木质素的缩合程度（相对分子质量）要高于其他层。图2-10为典型木材纤维细胞壁结构及各层的化学组分含量示意图。

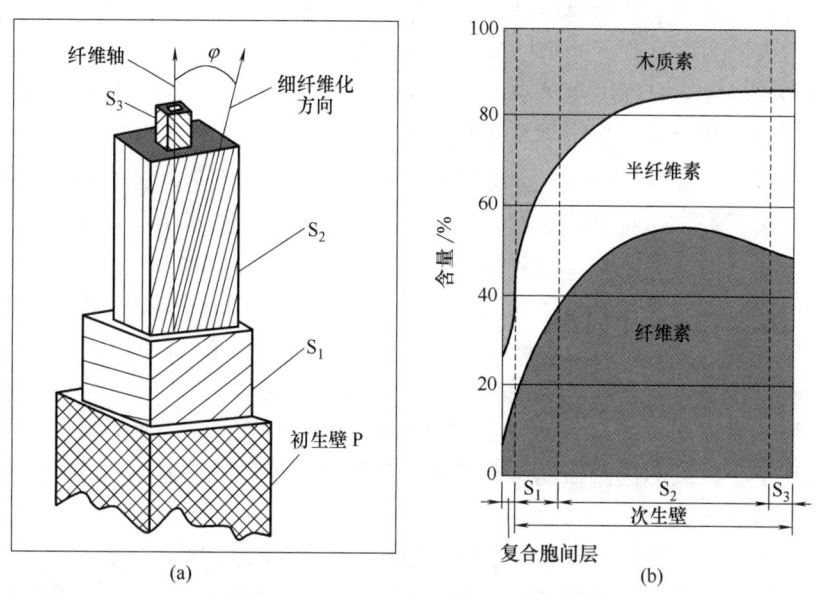

图 2-10　纤维细胞壁的结构（a）及各层化学组分含量（b）示意图

根据分离方式的不同，其化学组分差异很大。化学法制浆是通过最大限度地脱除原料中的木质素，保留纤维素，从而获得高白度的纸浆。纤维在分离过程中，有超过 90% 的木质素被脱除，胞间层和初生壁通常随木质素的溶解而消失，纤维之间完全分离开来。然而 Duchesne 等人在云杉硫酸盐纸浆纤维表面超微结构的研究中，观察到了初生壁的保留和纤维表面覆盖球状结构的残留木质素，显然这与原料和蒸煮条件有关。对于机械浆，如化学机械浆（CTMP），则主要是先通过热能或少量化学药品处理使得胞间层和细胞壁的初生层的木质素软化，再用机械的方法让纤维尽可能完整的分离出来，基本上保留了原料中的大部分木质素，即纤维细胞间的胞间层和细胞壁内的木质素。

（二）纤维表面化学组分对纤维和纸页强度的影响

（1）纤维素的影响

纤维素结构的基本特点为基元原纤形成小原纤，再通过聚集成束，最终形成大原纤（原纤聚集束）。它是纤维在分离过程中获取的主要对象，也是纤维强度的主要耐受部分。一般认为，分子间氢键的强烈结合，使得微纤维在负载受力时表现出优异的力学性能。而有学者研究指出，分子链在受到载荷时，除了纤维素分子间氢键结合，碳-氧-碳的结合键也会承担部分负荷。原生纤维的纤维素聚合度通常在 10000 以上，机械法制浆对纤维素聚合度的损伤很小，而化学法制浆会使其下降至 2000 以下，对纤维自身强度和纸页强度有直接的影响。这种化学降解作用主要取决于对纤维的作用位置，均匀降解引起的强度损失很小，而局部或非均一降解则会显著削弱纤维的强度。例如：在硫酸盐蒸煮的中间阶段和酸性亚硫酸盐蒸煮的后期阶段，均伴随有纤维的机械损伤，这显然是纤维的非均质降解所导致的。

(2) 半纤维素的影响

半纤维是由 2~4 种糖单元组成的带有短支链的不均一聚糖，其聚合度介于 50~300，约占纤维原料组成的 25%~40%。因其一般不溶于水而溶于碱液，故可通过碱水溶液抽提而从原来的或脱去木质素的物料中被分离出来。半纤维素是纤维素聚集态结构的主要填充剂，它与纤维素的紧密结合会使得原纤聚集束结构致密稳定。

尽管有关半纤维素对纤维和纸页强度的影响被广泛讨论，但大量的研究仅局限于工艺指标层面的探究，其内在增强机理仍不完全清晰。最早在 19 世纪 60 年代，Spieglberg 在其研究中就发现了纤维的抗拉强度、弹性系数和裂断长会随着半纤维素的降低而降低，另外他还特别指出了木聚糖对半纤维素提高纤维强度发挥着重要作用。Molin 等人进一步证明了硫酸盐纸浆中的高木聚糖含量对纸页抗张强度有积极的影响。

之后，研究学者们发现，当半纤维素位于纤维的表面位置时似乎更能显著增强纤维之间的结合。为了证明这一说法，Schonberg 等人在探究云杉硫酸盐浆中木聚糖作用的研究中，指出了木聚糖的位置会极大地影响纤维之间的形成与结合。Sihtola 等人将木聚糖沉积到硫酸盐浆纤维表面时，同样发现手抄片的抗张和结合强度均得到提高。此外，Sjoberg 等人更是发现了手抄纸的抗张强度与纤维表面半纤维素的含量有着某种相关性，而与纤维内部半纤维素含量无关。

有关纤维表面半纤维素对纸页性质的积极影响，其可能原因是，表面半纤维的保留或引入会增加纤维表面电荷（亦即表面酸性基团）含量，而酸性基团会促进纤维的润胀性能，从而有利于纤维之间产生更强的结合。

(3) 木素的影响

木素是由苯丙烷单元通过醚键和碳碳键相互连接形成的具有三维网状结构的生物高分子化合物，约占纤维原料组成的 15%~30%，它是纤维之间的黏合剂和硬化剂。大量的研究表明，在硫酸盐制浆过程中，制浆黑液中的溶出木素会通过再吸附和沉积，最终富集在纤维表面上，并对纤维结合和纸页强度产生影响。然而，目前有关纤维表面木质素对纤维结合性能的影响并未得出统一的结论。部分观点认为，在纸页成形过程中，纤维表面木质素的存在会阻碍纤维间的氢键结合，进而导致强度降低。这种观点是令人信服的，因为木质素憎水性比纤维素强。然而，Maximova 等人在研究木质素在云杉硫酸盐纸浆纤维表面的吸附情况时发现，木质素通过阳离子聚电解质（PDAMAC）吸附到纤维表面，不但未使纸页强度受到损失，反而显著提高了纸页的结合强度和抗张强度。

三、纤维电荷性质对纸页强度的影响

(一) 纤维电荷的来源

纸浆纤维是底物为负电荷的物质，这是因为制浆过程会残留一些半纤维素和木质素于纤维中，它们带有一定量的羧基、磺酸基、酚羟基等极性基团，其离解会导致纤维表面带上负电荷。这些阴离子基团一部分是由纤维素经蒸煮、漂白等处理后引入的，另一部分则是半纤维素中葡萄糖醛酸上固有的。这些源于植物纤维细胞壁组分或在制浆和漂白过程中引入的电荷主要取决于这些阴离子基团在常规造纸条件下的电离。通常只有羧基能在中性或弱酸性条件下电离，酚羟基需要在很高的 pH 条件下才能电离。对于原木和未经化学处理的机械浆,羧基显然是其纤维表面能够产生电荷的唯一功能基,针叶木和阔叶木的大部分羧基都来自聚木糖的糖醛酸基。在原木中,几乎所有的羧基都来源于非纤维素的多糖,而纤维素中不存在羧基。木质素本身仅含有很少了的羧基,不会超过酚羟基含量的5%。

纸浆纤维的电荷含量受制浆方法(化学法制浆或机械法制浆)的影响程度很大。硫酸盐浆电荷量通常主要取决于纸浆中残留在木聚糖上的葡萄糖醛酸和纸浆中残余木质素上的羧基,其含量随着纤维原料的种类、蒸煮温度、时间和药液浓度等工艺参数的变化而有所不同。通常阔叶木的酸性基团含量要高于针叶木,这是由于阔叶木的木聚糖和醛酸含量比较高。

在化机浆和亚硫酸盐化学浆生产过程中,亚硫酸盐的使用会使木质素中引入磺酸基,从而对纸浆电荷产生贡献。其处理条件越强烈,pH越低,残余木质素的磺化程度越高,磺酸基含量就越多。机械法制浆中羧基含量很少,化学机械浆(CTMP)的生产过程中虽然会引入一定量磺酸基,但由于一些木聚糖和抽出物的溶出,羧基含量反而会下降。

纸浆电荷的含量还受不同的漂白方法和打浆工艺的影响。二氧化氯(ClO_2)和臭氧可以显著降低电荷的量,而氧脱木质素处理能提高或稍微降低纸浆电荷量,这取决于氧脱木质素的工艺条件。在磨/打浆过程中,机械处理会使纤维发生细纤维化,增加纸浆纤维的比表面积,纤维表面电荷的量会随打浆度的提高而增加。但总电荷基本不受影响,说明纤维的总电荷量主要受纤维壁化学组成的影响,与纤维的物理变化无关。

(二) 纤维电荷对纤维润胀和纸页强度的影响

(1) 纤维电荷对纤维润胀的影响

纤维电荷对纸张强度的影响主要跟它对纤维的润胀作用有关,在此首先介绍纤维电荷是如何影响其润胀性能的。

Lindstrom 和 Scallan 等人的研究揭示,纸浆纤维上的电荷使其具有类似聚电解质凝胶的性质,而聚电解质凝胶的最基本性质就是电荷的静电斥力使其发生润胀。最大润胀效应通常发生在低离子强度的溶剂中。

当纤维处于水溶液中时,纤维细胞壁内阴离子基团的反荷离子使得细胞壁间的水成为具有一定离子浓度的溶液。同时,这些反荷离子必须处于酸基也就是这些阴离子基团的周围来维持溶液的电中性,从而使细胞壁内外产生渗透压力差。而多余的水分会在此压力差的作用下进入细胞壁内,使细胞壁在润胀扩大的同时纤维间的化学键也发生破裂,这一现象也可由唐南理论来解释。图2-11是纸浆纤维由于表面酸性基团的存在而引起的润胀示

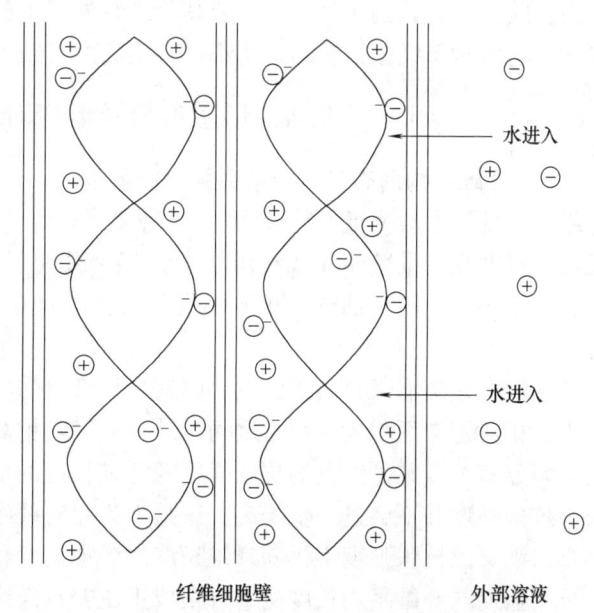

图2-11 表面酸性基团引起的纤维润胀示意图

意图。

引起纸浆纤维润胀的反荷离子通常为金属离子，金属离子的价数越高，纤维的润胀程度越小，如：$M^+>M^{2+}>M^{3+}$。同时纤维润胀程度与溶液体系 pH 密切相关，当纤维溶液体系的 pH 小于 7 时，纸浆纤维的羧基解离度降低，其在水溶液中以离子形态存在的比率减小，因此纤维的润胀程度也减弱。此外，考虑到离子在纤维细胞壁内外部溶液的分布，离子强度的增加也会降低纤维润胀。

（2）纤维电荷对纤维结合键和纸页强度的影响

纸浆纤维上酸性基团对应的反荷离子通过对纤维的润胀作用，可提高纤维的柔韧性，增加纤维间的接触位点，从而有利于纤维间的结合，进一步改善纸页强度。例如：Scallan 等人发现，采用碱处理机械浆后，纸浆纤维的酸性阴离子基团增加，纸张强度也随之增加；Engstrand 等在机械浆的过氧化氢漂白中发现，在过氧化氢用量为 4%，pH 介于 9～13，温度为 60℃，时间为 120min 的这一漂白条件下，纸浆纤维的保水值从 0.49g（水）/g（纤维）升高到 0.65g（水）/g（纤维），电荷量由原来的 90μmol/g 升高到 250μmol/g，纸张的抗张指数和比弹性模数也相应增加了 177.7% 和 117.6%。

此外，有研究者还报道纤维的表观电位对纤维的比结合强度有贡献。在该研究中，他们根据纤维的分布位置，采用专用技术分别制备了两种纸浆纤维：羧基在纤维细胞壁均匀分布的纸浆和羧基主要分布在纤维表面的纸浆；并根据光散射系数、抗张强度和 Z 向抗张强度确定了由润胀引起的结合面积的增加，以及由局域化表面效应引起的结合强度的增加。通过表面富集，比结合强度大致可增加 50%，而这显然超过了由结合面积的增加所引起的强度增加。由于该研究是采用专门研发的技术，因此，目前的现有技术还无法证实其真实性，由表面羧酸基团所致的强度增加的机理也尚不清楚。可能是离子效应所致，抑或是局域化表面润胀的增加允许更大的分子柔韧性和更紧密的分子接触及相互扩散，从而导致纤维比结合强度增加，这些都是有可能的。

在实践中，尤其是制浆、漂白或其他纸浆处理工艺中，都有增加纤维表面羧基含量的可能性，这些对于纸张强度的提高都具有很高的实践价值。

四、纤维结构形态参数及形变对纸页强度的影响

（一）纤维结构形态参数对纸页强度的影响

纸浆纤维形态对成纸的物理强度有很大的影响。通常纸浆纤维的基本形态性质包括纤维长度、宽度和纤维壁厚（或纤维粗度）三个几何尺寸。不同木材种类的纤维形态变化很大，在年轮、不同茎部分上也有不同呈现，并且还受生长条件的影响，比如早、晚材纤维。

纤维长度是影响浆料品质的主要因素。从纸页强度产生机理看，长纤维能提供更多的结合点，相对键结面积大，纤维之间的结合强度就更高；同时长纤维本身强度高，有利于应力均匀分布，因此，纸页的抗张强度随纤维长度的增加而提高。而当长度超过某一临界值时，抗张强度并不会进一步提高。这是因为此时纤维中结合点较多，拔出纤维比拉断纤维困难，纸页的抗张强度不再随纤维长度的增加而变化，而是取决于纤维自身强度。据报道，抗张强度与纤维平均长度的平方根成正比；在纤维平均长度相同时，都是中等长度的纤维抄造而成的纸，不如适当掺杂一部分短纤维的成纸强度好，这是因为后者浆料组分

中，长纤维交织成网络骨架，而短纤维充斥其中，可提高紧度和纤维的结合程度，从而获得较高的抗张强度。增加纤维平均长度，可提高纸页的耐破强度和耐折强度。

过去，人们一直认为纤维长度对撕裂度的影响很大，后来更多的理论认为撕裂度对纤维长度的依赖性随纤维结合情况而变化。纤维结合程度低，对长度依赖性大，结合程度高，对长度依赖性小。因为结合差的纸页撕裂时，较多的纤维被拉出来，其撕裂力完全用于克服拉开纤维时摩擦阻力所做的功，而此时纤维并未被拉断。而对于结合较好的纸页来说，撕裂时更多的纤维被拉断，而不是被拉出来。因此，纤维撕裂度主要受纤维拉断的控制，这与纤维本身之间的结合强度密切相关，而受纤维长度的影响较小。

纤维的宽度和纤维的细胞壁厚决定了纤维的柔韧性和可压溃性，这些性质影响着纸张的抄造过程和纤维在纸页干燥过程中的行为。比如：早材纤维的细胞壁薄、粗度较小，纤维较柔软，因此在纸页成形过程中容易被压溃，纤维之间的结合能力较强，产生更多的氢键，从而使纸页变得致密、强韧。而粗度较大的纤维，比表面积减少，纤维间结合力小，因此纸页的抗张强度也较小。粗纤维通常能产生较高的撕裂度。

（二）纤维结构形变对纸页强度的影响

卷曲、扭结、错位、损伤等有关纤维结构形变的指标也影响着纸页强度。在制浆造纸工业中，纤维的卷曲、形变、损伤可来源于浆料碎解、中浓单元操作和管道弯处的碰撞等，且壁厚的纤维会比壁薄的纤维引起更多的卷曲。纤维的形变和损伤往往是同时发生的，但是纤维形变有可能对纸张性能有好处，而纤维损伤通常是需要避免的。Page 和 Seth 等人探究了不同纤维形变类型对纤维网络的应力-应变行为的影响，结果如图 2-12 所示。

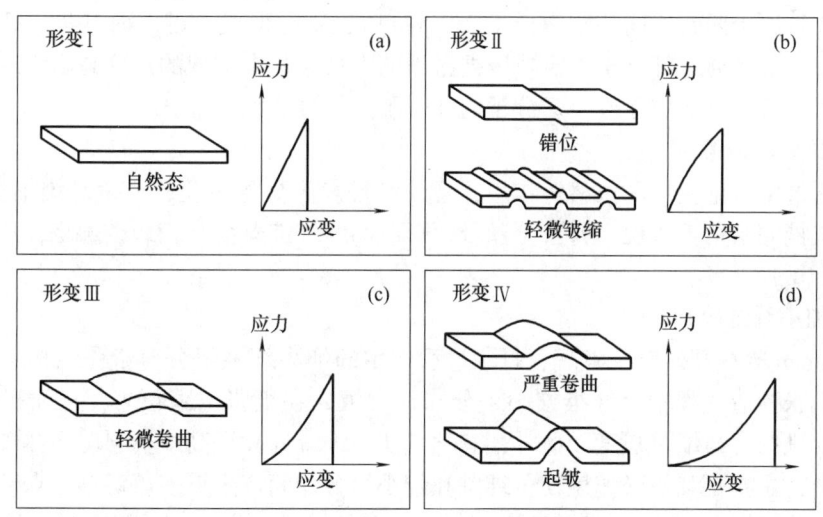

图 2-12　不同类型的纤维形变及其相应的应力-应变曲线

纤维卷曲也可称之为纤维的微压缩，它是对纤维状态的描述，可理解为纤维逐渐弯曲，在造纸过程中，纤维卷曲会降低纸页的抗张强度，卷曲程度与打浆程度有关。当卷曲指数从 0.12 增加至 0.24 时，纸张的抗张强度会下降 30% 至 50%。而纤维卷曲有助于提高纸张的 Z 向强度。

对于纸张的撕裂强度而言，纤维的卷曲对其是有利的。当卷曲指数从 0.12 增加至

0.24时，纸张的撕裂指数可增加70%。这是因为在撕裂测试中，卷曲的纤维更容易被拉出而不是会断裂，纤维被拉出来比纤维断裂消耗更多能量。此外，纤维卷曲或者其他形式的纤维形变会降低纸张的耐破度、耐折度、挺度等。

纤维扭结可认为是纤维卷曲的一种，可以描述为在纤维轴方向的一个突然改变，但是它对纸张性能有不同的影响，纤维扭结主要影响纸浆的湿强度。

纤维错位是细胞壁内的微细纤维受外界影响发生位移的结果，当一根纤维包含错位弯曲时，它形成的是一个多边形而非连续的曲线，这会导致纤维位点的不连续，从而降低纤维结合强度和纸页的抗张强度。但是错位数量的增加会提高纸页的撕裂和拉伸性能。

五、浆料抄造工艺以及成纸匀度与纤维排列对纸页强度的影响

（一）浆料抄造工艺对纸页强度的影响

良好的浆料动态抄造条件会改善纤维结合的程度，因此它是取得较高纸张强度的关键，如：增加打浆效果或者湿压榨效果。

打浆是以水作为溶剂，纤维经一定的机械剪切作用，细胞壁发生位移和形变，从而使纤维充分吸水润胀和分丝帚化，变得柔软可塑，增加了纤维的外表面积，同时，有一小部分细小纤维或纤维碎片从纤维上剥落下来，暴露出新的活性表面及大量的羟基，提高了纤维之间的结合力，所以有利于改进纸张的抗张强度。打浆增强纸张强度具体可从以下几个角度进行分析：

（1）纤维氢键形成

从纤维氢键形成的角度来说，纤维素葡萄糖单元上的羟基会吸引电负性强的氧原子，当氧原子和氢原子两者之间的距离低于0.28nm时，就会形成氢键。而打浆使纤维间形成更多的氢键主要是通过纤维素无定形区裸露出的大量羟基来实现的。这是因为纤维素结晶区域内的大量羟基已形成氢键，占分子内和分子间氢键的绝大部分。

（2）纤维机械缠结

打浆通过细胞壁变形和位移等作用，会使纤维发生分丝帚化，产生纤维细丝。因此，从纤维的机械缠结角度来说，打浆分丝帚化形成的纤维细丝会互相纠结缠绕，从而提高纤维结合与纸页强度。

（3）细小纤维碎片填充

Retulainen等在其研究中发现，打浆过程产生的细小纤维组分对纸张结构与性能十分重要。在纸张抄造过程中，纤维细小组分碎片会填充在纸张空隙位置，从而提高纸页紧度，改善纤维结合与纸页强度。此外，有学者认为纤维碎片提高纸页强度还体现在湿纸幅成形过程中，主要是其桥联作用使得纤维和细小组分之间产生更多氢键结合点。

尽管打浆初期，随着纤维表面积的增加，纤维之间的结合力增加，纸页抗张强度增加，伸长率也会增加；但是如果过度打浆，不但能耗较高，而且会导致纤维结构受到严重破坏，单根纤维强度降低，从而使纸页抗张强度、伸长率和挺度等性能均呈现下降的趋势。

而通过湿压榨提高纸页的紧度时，并不损失纸页的抗张强度。纸和纸板的耐破度是抗张强度和伸长率的函数，所以打浆和湿压榨对纸页耐破度的影响也是如此。此外，在一定范围内，撕裂度和耐折度也是随着打浆度的增加而增加，如继续提高打浆或湿压榨的压

力,撕裂度和耐折度会下降。

(二) 成纸匀度与纤维排列、交织对纸页强度的影响

纸张物理强度与成纸的匀度和纤维的交织、排列方向等有直接的关系。在纸张抗张强度的测试中,所用测试纸条的局部强度最小值决定了该测试样品的抗张强度,因此,如果纸张的成形很不均匀时,纸张的抗张强度会降低。此外,纤维是一种非均质的纤维网状结构材料,它在三维结构上的不同排布受浆流悬浮液的湍动和絮聚状态的影响。纤维排布情况会直接影响到纸页成型后纤维三维网状结构中的纤维和纤维间的结合力和结合面积,从而影响抗张强度。因此,只有纤维分布均匀、良好交织且是平面交织,才可获得较好的抗张强度和伸长率,有助于改善纸页的各项强度性能。在浆料的动态抄造过程中,要严格控制好操作工艺(比如上网浓度、浆速和网速的关系、脱水程度等),才能减少纤维的 Z 向排列,缩小纵横向纤维排列的差别,有助于获得各向均匀的抗张力和良好的伸长率,从而获得较好的纸页强度。

思 考 题

1. 纤维的结合类型有哪些?
2. 纤维间主要的结合形式是什么?
3. 纤维间结合强度如何产生,国内外学者对此有哪些相关的增强理论?
4. 纤维结合强度的表示方法有哪些?
5. 纸张的强度性质有哪些?试阐述典型的 Page 强度模型方程及其物理含义。
6. 特殊的抗张强度有哪些,试说明其含义与影响因素。
7. 影响纸页强度的因素有哪些?
8. 纤维表面化学组分有什么?各组分是如何影响纤维和纸页强度的?
9. 纤维电荷如何产生?纤维电荷对纤维润胀和纸页强度有什么影响?
10. 纤维结构形态参数及形变如何影响纸页强度?

参 考 文 献

[1] Uesaka T., Retulainen E., paavilainen L. et al., Determination of fiber-fiber bond preperties. In handbook of physical testing of paper [M]. New York: Marcel D., 2002, 1, 873-899.

[2] Sjöström, E., Wood Chemistry. Fundamentals and Applications [M]. Academic Press: New York, 1993.

[3] Tejado A, Ven T G M V D., Why does paper get stronger as it dries [J]. Materials Today, 2010, 13 (9): 42.

[4] Van Den Akker, J. A.. Formation and Structure of Paper [M]. London: B. P. B. M. A., 1962, 1, 205-445.

[5] Caulfield, D. F., Passaretti, J. D., Sobczynski, S. F., Eds., Material Interactions Relevant to the Pulp, Paper and Wood Industries [M]. Pittsburgh: Materials Research Soc., 1990: 197, 173-181.

[6] Seth, R. S., Chan, B. K., Measuring fiber strength of papermaking pulp [J]. Tappi Journal, 1999, 82 (11): 115-120.

[7] El-Hosseiny, F., Anderson, D., Effect of fiber length and coarseness on the burst strength of paper

[J]. Tappi Journal, 1999. 83 (5): 27-35.
[8] Gates, D. J., Westcott, M., On the work to pull out fibers via bond breakage during paper tearing [J]. Journal of pulp and paper science, 2001, 27 (11): 36-39.
[9] Duchesne, I., Daniel, G. Changes in surface ultrastucture ofNorway spruce fibres during kraft pulping, Visualisation by field emission-SEM [J]. Nordic Pulp & Paper Research Journal, 2000, 15 (1): 54-61.
[10] Retulainen E, Ebeling K. Fibre-fibre bonding and ways of characterizaing bond strength [J]. Appita J, 1993, 46 (4): 282-288.
[11] Retulainen, E., Niskanen, K., Nilsen, N., Paper Physics, Papermaking Science and Technology Book [M]. Finland: Finnish Paper Engineers Association and TAPPI, 1998: 16.
[12] Li, K., Reeve, D. W., Determination of surface lignin of wood pulp fibers by X-ray photoelectron spectroscopy [J]. Cellulose Chemistry and Technology, 2004, 38 (3, 4): 197-210.
[13] Li, K., Reeve, D. W., The origins of kraft wood fiber surface lignin [J]. Journal of Pulp and Paper Science, 2002, 28 (11): 369-373.
[14] Maximova, N., Osterberg, M., Koljonen, K., Stenius, P., Lignin adsorption on cellulose fibre surfaces: effect on surface chemistry, surface morphology, and paper strength [J]. Cellulose, 2001, 8: 113-125.
[15] Towers M., Scallan A M., Predicting the ion-exchange of kraft pulps using donnan theory [J]. Pulp Pap Sci, 1996, 22 (9): 332-337.
[16] Scallan A M., The effect of acidic groups on the swelling of pulps: a review [J]. TAPPI, 1983, 66 (11): 73-75.
[17] Engstrand P., Sjogren B., olander K., et al., The significance of carboxylic groups for the physical properties of mechanical pulp fiber [C]. 6th International Symposium Wood Pulping Chemistry, 1991: 75-79.
[18] Paavilainen, L., Fiber Structure, Handbook of Physical Testing of Paper [M]. New York, 2002, (1): 699-725.
[19] Ekenstedt, F., Grahn, T., Hedenberg, O., Lundqvist, S. O., Arlinger, J., Wilhelmsson, L., Variations in fiber dimensions inNorway spruce and Scots pine: Graphs and models [C]. Sweden: STFI Report PUB 13, STFI, Stockholm, 2003: 36-41.
[20] Oksanen, T., Buchert, J., Viikari, L., The role of hemi-celluloses in the hornification of bleached kraft pulps [J]. Holzforschung, 1997, 51 (4): 355-360.

第三章 纸张的光学性能

纸张由纤维、填料、胶料、水及其间隙中的空气所组成。这些成分对光线的反射、折射、散射、吸收等性能不一致，形成了纸张的光学"非均一性"结构，这就是不同纸张具有不同光学性能的根本原因。随着造纸工业的不断发展，消费者对纸的外观和视觉效果要求日趋提高，如对纸页的白度、新闻纸的不透明度、涂布白板纸的光泽度等的要求越来越高，其实这些性质都可归结为纸的光学性质。

纸张外观的许多方面，尤其是人的肉眼感觉到的外观，在印刷、书写、信息记录等方面决定了其功能和价值，也就是能否起到预期作用。而这些外观性质又主要取决于纸张的光学性质。纸张最重要的光学性质是颜色、白度（亮度）、不透明度和光泽度等。

第一节 纸张光学理论

一、光 和 色

所谓色，是光在肉眼中造成的视觉。因此，没有光就没有色。夜晚停电灯灭后一片漆黑，不用说色，什么都看不到了，由此可以说明这一点。

那么什么是光呢？光是一种电磁波。图3-1是电磁波谱图。由右向左按照波长的顺

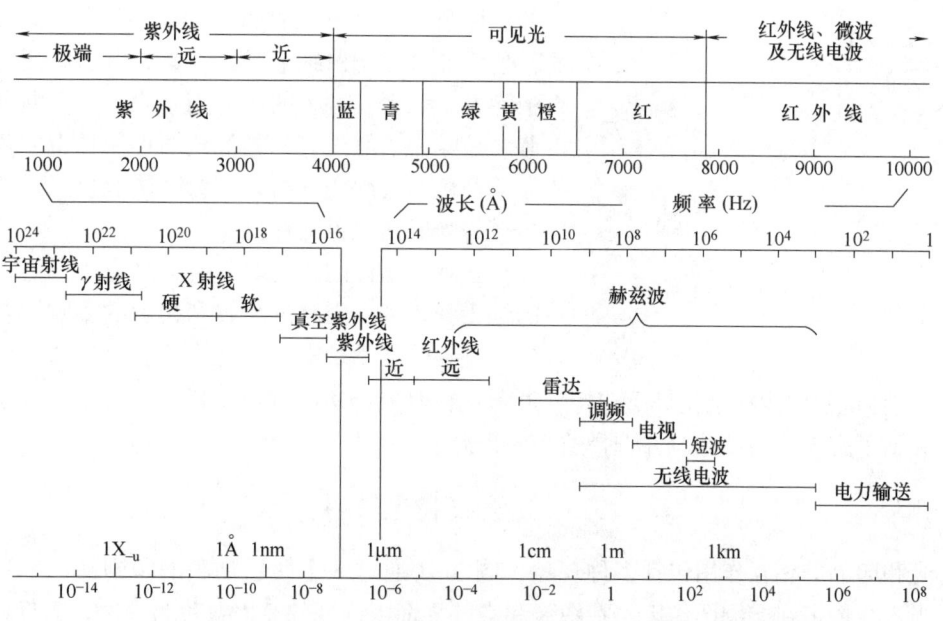

图3-1 电磁波谱图 ［包括电离放射线及非电离放射线（扩大）］

序，分别是无线电波、短波、电磁波、红外线、可见光、紫外线、X射线、γ射线以及至今尚未了解其本质的宇宙射线，这些都是电磁波。

在电磁波广泛的波长范围内，由380~780nm波长构成了可见光，也就是肉眼可以见到的日光。在日光这个波长范围内，380~780nm这个区域内，各种波长有其特有的不同颜色，可凭肉眼将它们加以区分。当波长范围很小时（如1~2nm），即单色光。如果用棱镜使可见光分光，则成为赤、橙、黄、绿、蓝、紫色。基本颜色可由表3-1的波长近似地代表。

表 3-1　　　　　　　　　可见光中各单色光的波长　　　　　　　　　单位：nm

紫	蓝	绿	黄	橙	红
400~450	450~500	500~570	570~590	590~610	610~700

注：$1nm=10^{-9}m$。

波长比400nm短的辐射光线称为紫外光，而比700nm长的辐射光线为红外光，这两种光肉眼看不见。由于颜色是由一种波长到另一种波长连续变化的，所以表3-1的数值仅是近似值。红色，由于它仅反射可见光中的红的波长，而吸收其他的波长，所以看上去是红色的。黄色，由于它吸收了紫和蓝的波长，反射出绿、黄、橙、红的波长，这些反射的光混合起来，即为可看到的黄色。白色，由于它将全部波长的波都反射出来，所以看到白色。黑色，由于它吸收了全部波长的波，所以看到黑色。因此，影响物体颜色的因素可以有四个：光源的色，物体的色，人的肉眼感觉，还有观察颜色的条件。

关于光源的色和物体的色，图3-2所示的三原色给出了区别。在图3-2中，实线表示所谓光的三原色，即红、绿、蓝紫三种色。把这些光线适当加合起来，可以合成任意颜色的光，所以称为加法混色。另一方面，虚线是所谓"油墨"的三原色，即红紫（洋红）、黄、蓝绿（青蓝）三种色。油墨涂于白纸上时，红紫是由于纸反射的光中除去了绿光，黄色的油墨则是除去了蓝紫光，而蓝绿是除去了红光等，其他色的再生是由白色中减去某种色而实现的，所以称为减法混色，这些色是相对的光的三原色的补色。

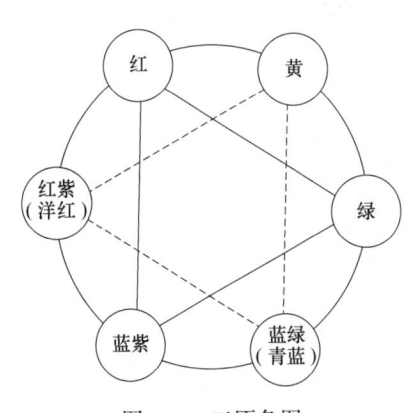

图 3-2　三原色图

在观察物体的颜色时，会受到光源的色、光源的位置和角度、观察的位置和角度的影响，若不适当，看到的就不是本来的物体色，而是"表观物体色"。这种现象就像在荧光灯下选择领带和衣料时所经历的现象一样。在观察和评价颜色时，必须了解光源的性质，并选择适当的光源。

二、光吸收和光散射

光和印品的相互作用包括多种现象，图3-3通过一个两层油墨的印刷品说明这个问题。当光线撞击在印刷图像上，在图像和空气界面上出现的反射，称为一次表面反射。一次表面反射对于印刷品的所有颜色来说，其光谱特征是相同的，都基本与入射光一样，也就是白光。而在金属表面，由于金属表面较高的折射系数的原因，反射光的光谱特征与入射光不同。在有色层中，出现光吸收。黑色油墨对光吸收没有选择性，其他带色的油墨其光吸收具有选择性。一般印刷油墨层不应该出现光散射，散射会引起光线传播方向的改变，但对于光能没有任何改变。多层印刷品中，由于折射指数差别不大，光线在油墨层之间和油墨层与纸张表面等界面之间没有明显表面光反射发生。

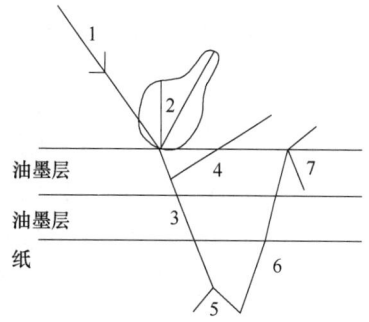

图3-3 光与印刷品之间相互作用的现象
1—入射光 2—表面反射分布 3—光线在油墨层中的传播，吸收 4—由于油墨不透明度导致光线在油墨层中散射
5—光线在纸张中的散射 6—纸张表面光反射 7—内部表面反射

纸张本身也会出现一定程度的光吸收，光散射和光吸收决定了纸张的不透明度。光的选择性吸收决定了纸张的颜色。在印刷品内部，当光线到达油墨层和纸张的界面层时，部分光发生表面反射又重新进入到油墨层中，这是内部表面反射。总的来说，印刷品的光反射包括表面反射和来自印刷品内部的反射。

任何表面的反射行为包括两个方面：a. 反射光部分占入射光强度的比例；b. 表面反射的角度分布。

光折射指数是材料的基本光学参数，增加折射指数，在任何入射角度下，表面反射光量增加。在造纸用的材料中，二氧化钛折射指数较高为2.7，大部分其他物质的折射指数为1.5~1.6之间。各种颜色的油墨和纸张的折射指数大约处于同一数量级，因此在其界面间不存在明显的光学界面，界面间的光反射可以忽略不计。表面反射的角度分布是区别不同类型表面反射的特性。对于类镜面反射，几乎所有的反射角度与入射角度相同。即使极端平滑的纸张和印刷品，也不可能发生像镜面那样的反射，这是因为纸张的反射系数比用于做镜

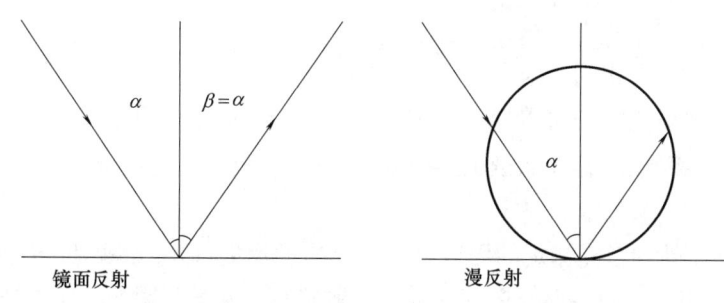

图3-4 表面反射的两种极端情况——镜面反射和漫反射

子的金属材料低了至少一个数量级。随着表面粗糙度增加，表面反射逐渐变成漫反射，如图3-4所示。

发生漫反射的表面，从任何角度观察，看起来都很明亮，即使入射光是平行光情况也是如此。这也是为什么观察漫反射表面材料眼睛觉得舒服的原因。而且漫反射表面的颜色也不随观察角度不同而不同。在平行反射表面，颜色随着观察角度变化，这是因为不同颜色光在白光中的比例不同所致。像纸张这种对光有吸收和散射的物质，其光学行为描述的最简单方法是通过两个参数即吸收系数和散射系数。

Kubelka-Munk（K—M）是解决连续辐射电磁波转移的模型，用来研究漫反射底物在单波长光照下的光学行为。光线在平坦表面如纸张上的转移，可以用两个不同的方程来描述。第一个方程与光线在介质中向下的传播有关，另一个方程与光线向上传播有关。K—

M 理论的模型如图 3-5 所示。我们来分析一下图中向下的光束 I 和向上的光束 J，在它们通过距界面为 x 处的微小部分 dx 时的光束变化量。

$$-\frac{dI}{dx}=-(K+S)I+SJ; \quad \frac{dJ}{dx}=-(K+S)J+SI \tag{3-1}$$

式中　I——向下通过 dx 部分的光束
　　　J——向上通过 dx 部分的光束
　　　S——比散射系数，cm^2/g 或 m^2/g
　　　K——比吸收系数，cm^2/g 或 m^2/g

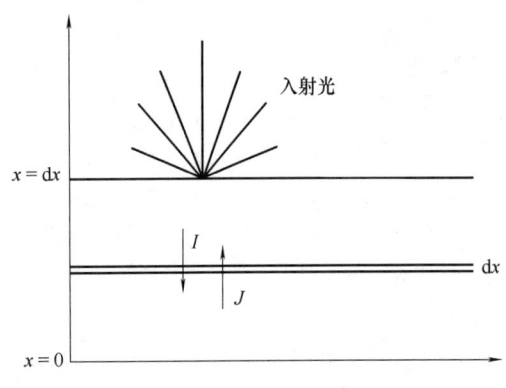

图 3-5　Kubelka-Munk 模型示意图

由于光的吸收和散射现象，光强度从 I（光通量）降低到 J（光通量），并且如果 J 发生散射的话则 I 增加。光通量 J 由于吸收现象降低，如果 I 发生散射的话则 J 增加。

通过解以上方程，可以得到两个反射术语：厚度为 d 的介质层反射与理想的无反射背景下测定反射的相对值，用 R_0 表示。无穷厚多层介质的反射，用 R_∞ 表示。分别如式（3-2）和式（3-3）所示。

$$R_\infty = 1+\frac{K}{S}-\sqrt{\left(\frac{K}{S}\right)^2+2\frac{K}{S}} \tag{3-2}$$

$$R_0 = \frac{\exp[Sd(1/R_\infty - R_\infty)]-1}{(1/R_\infty)\exp[Sd(1/R_\infty - R_\infty)]-R_\infty} \tag{3-3}$$

Kubelka-Munk 模型的重要意义在于可以通过光度计测定 R_0 和 R_∞，并根据测定的结果计算光吸收系数 k 和光散射系数 s。两个系数的单位都是 $[m^2/g^{-1}]$，后者在纸张定量单位为 g/m^2，厚度为 d 时得到的。

使用最大光强度在 457nm 处的蓝光测定的无穷厚多层介质的反射（R_∞）就是 ISO 或者 Tappi 标准的纸张亮度值（Brightness）。亮度与人眼对反射感知之间具有密切的相关性。相应的 CIE Y 值称为光亮度值（Lightness），纸张的发光与光亮度值（Lightness）之间是立方根关系。纸张不透明度则是 R_0 和 R_∞ 的比值。在光学意义上，纸张中光散射的通道限制了纸张印刷细节再现的能力。

$$不透明度 = \frac{R_0}{R_\infty} \tag{3-4}$$

第二节　纸张的基本特性及光学理论

一、光吸收和光散射

当一束光线由折射率为 n_1 的介质，通过折射率为 n_2 的光密介质（$n_2>n_1$）时，如

图 3-6 所示，在方向上发生偏折；这时，投射到物体（纸）入射面上的光能，一部分反射，一部分被物体吸收，一部分透过物体经出射面射出。

如果光线透过纸而没有吸收和散射，则是理想的透光和无色的纸；当光被纸完全吸收时，纸就不是透光的，而看起来是黑色的。显然，当光全部散射时，纸也将不会透光，而看起来是白色的。入射光有可能被转化成如下几种方式：

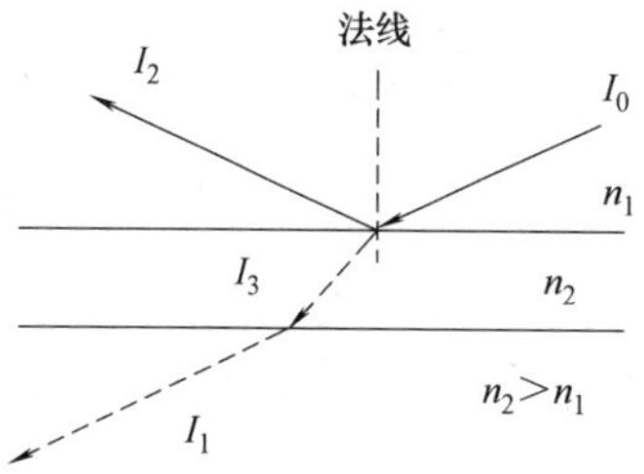

① 一部分光从纸面上呈镜面反射出去，这个反射量的大小用光泽度来评价。

② 一部分光进入纸层，形成散射光，这一性质可通过散射系数加以评价。

③ 一部分光透过纸层，形成折射光，这可以用不透明度来评价。

④ 一部分光被纸层吸收变成热能，这可用吸收系数来评价。

图 3-6 透射于物体入射面上的光能的分配示意图
I_0—入射光　I_1—折射光
I_2—反射光　I_3—散射光

实际上，除上述四种的情况外，还有一种极为重要的光形成漫反射。当一部分光进入纸张内部，并在各个方向上反射出数量相同的光，形成半球形的漫反射，它可用漫反射因数度量。纸张的多数光学性质都是以此来进行计算和评价。

图 3-7 是在同一条件下抄造的手抄片，在其相应的定量下厚度及密度的差异。相对于 1 来说，2 的密度低，即为松厚度高的纸。这种倾向表现为图 3-8 和 3-9 中光学特性的差异。对于反射率特性来讲，1 的反射率随定量上升，在定量为 $200g/m^2$ 时达到饱和（变化趋缓），而另一方面，2 的反射率在约 $50g/m^2$ 时饱和。这种差异是由色调的不同及纸页密度的差异引起的。同样，光的透射率特性也有很大差异。2 的不透明性明显地大，另外，由于光的颜色所造成的差异，则是蓝光最容易吸收，透射率小。

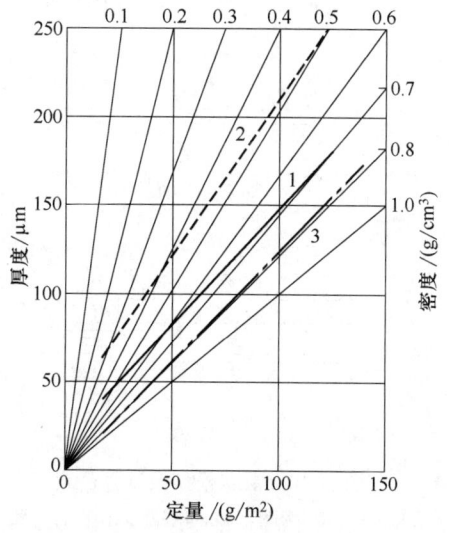

图 3-7 纸的定量与厚度的关系
1—LBKP 手抄片　2—新闻纸用浆的手抄片　3——种机制纸

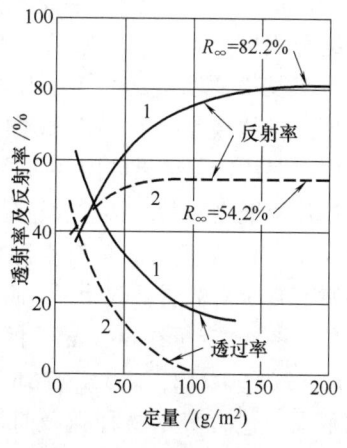

图 3-8 纸的透射率与反射率
1—LBKP 手抄片　2—新闻纸用浆的手抄片

上述的例子还表明，在相应的纸页定量下，光的反射量和透射量的比例，也因浆的种类及光色的种类不同而异。另外，浆料的打浆度，填料、胶料及染料的添加量，也对其有很大的影响。

纸在光学特性上的另一个特征，如图3-9所示，在相应的定量下，光的对数透射率的关系不一定为直线关系，相反却往往如图3-9中所示的非直线关系，在研究纸的光透射性时需予以注意。呈非直线关系的一个理由，是因为纸在光学上为高散射性物质。像这样对纸的反射及透射特性、白度及不透明度等进行定量研究的尝试，作为有代表性的光学理论来说，库贝尔卡—门柯（Kubelka-Munk）的理论是比较著名的，在实践上也经常得到利用。

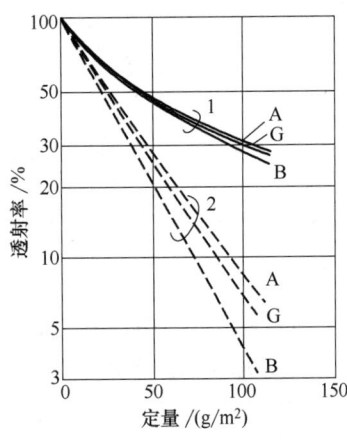

图3-9 纸的3色光的透射率特性
1—LBKP 手抄片 2—新闻纸用浆的手抄片 G—绿光 B—蓝光 A—琥珀色光

二、纸页结构与光学常数

形成纸层的纤维，有许多是被压溃成扁带状的。其代表性的厚度为 $5\sim8\mu m$，宽约 $25\sim30\mu m$。另外，由打过浆的纤维可分丝形成许多小纤维，加填的纸页中还存在许多填料粒子。高白度纸页中的纤维及粒子呈"水的白色"，光线即使通过了纤维和粒子，也几乎不发生吸收，而是由于多次反复的反射和折射，产生近乎完全的光散射，结果呈现出高白度和不透明性。因此，在每个纤维及粒子等的固体界面间，还必须存在着空隙（光学非结合面积），比如纸页受到强烈的压榨，或者将其浸入水中，纸即失去其白度和不透明度，这就证明了这一点。

1972年，研究人员认为，已经形成手抄片及纸页的大量纤维是相互平行地层叠起来，在厚度方向形成层状，即假定为"层状模型"，并研究了单位层厚及层叠的层数、各层间的结合程度、折射率、吸收系数等与纸页的反射率及不透明度的关系，取得了很多研究成果。层状模型及计算公式如图3-10所示，反射率的计算结果如图3-11所示。如果以手抄片及纸页的断面状态表达图3-10中的层状模型，可假定光学有效空隙的层数，即分割厚度时所得的层叠数为 n，而平均单位层厚为单层厚 t。定量约 $60g/m^2$ 的漂白浆手抄片，n 大致为 $6\sim12$，t 为 $4\sim7\mu m$。这里所体现的范围，包含着木材种类及打浆度不同所造成的差异和变化。

而且还证明，单层漫反射率 r 为 0.09～

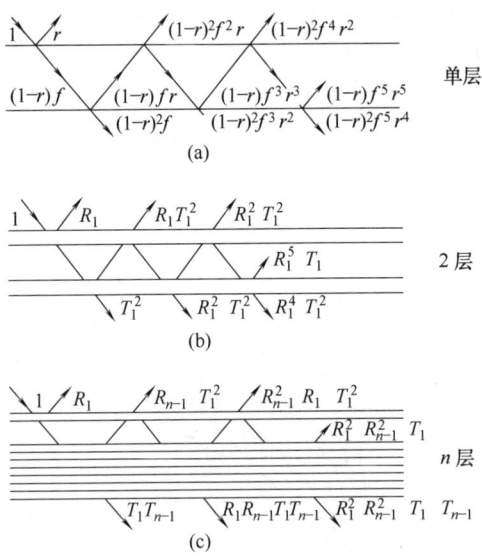

图3-10 层状模型及计算公式
R—多层漫反射率 r—单层漫反射率 f—漫透射率 n—层叠数 T—单层厚度
（a）单层 （b）2层 （c）n层

0.10（9%~10%），而漫透射率 f 则漂白浆为 0.998~0.9997（99.8%~99.97%），磨木浆为 0.98（98%），采用这些数值来计算反射率，其计算值和实测值颇相一致。如表 3-2 和表 3-3 所示，上述的漫反射率 r 和折射率有密切关系，而且和纤维素折射率 1.53 时的漫反射率大体一致。

分析一下 Scallan 等的上述设想与前述的 K-M 理论的光学二常数之间的关系，可得出下式结果：

$$S = \left(\frac{2r}{1-r}\right)\frac{n}{q} = \left(\frac{r}{1-r}\right)A_0 \quad (3-5)$$

$$K = 2a\frac{nT}{q} = 2av \quad (3-6)$$

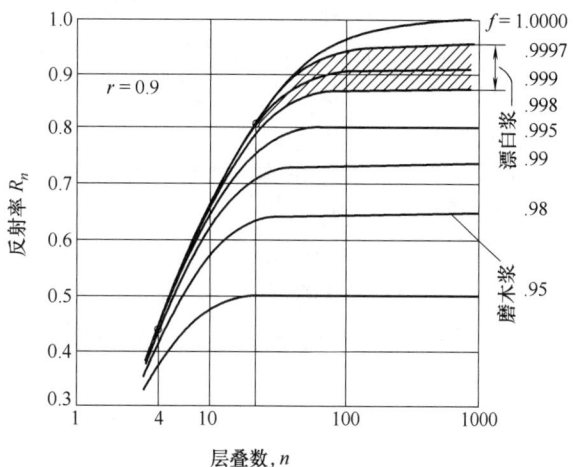

图 3-11 层数 n 所对应的反射率 R_n 的计算结果（$f = 0.95 \sim 1.0000$）

r—单层漫反射率 f—漫透射率

式中　q——定量，g/m^2

　　　A_0——光学非结合面积，m^2/g

　　　v——纤维素的比容，$0.667 cm^3/g$

　　　S——比散射系数，cm^2/g 或 m^2/g

　　　K——比吸收系数，cm^2/g 或 m^2/g

　　　r——单层漫反射率

　　　T——单层厚度，μm

　　　a——单层吸收系数，cm^{-1}

　　　n——层叠数

对于 Scallan 的结果来说，漂白浆约为 $1 cm^{-1}$，半漂浆为 $15 \sim 201 cm^{-1}$，未漂浆约为 $150 cm^{-1}$。

表 3-2 折射率与漫反射率的关系

折射率	漫反射率 $r(-)$	亮度 $R(-)$
1.3	0.061	0.895
1.4	0.077	0.907
1.5	0.092	0.915
1.6	0.106	0.921
2.0	0.161	0.937
2.4	0.210	0.947
2.8	0.255	0.953

表 3-3 某些造纸原料的折射率

空气	1.00
水	1.33
纤维素	1.53
石蜡	1.43
淀粉	1.53
动物胶	1.53
亚麻仁油	1.48
木素	1.61

比散射系数是一个可由物质的漫反射率和非结合面积来确定的光学常数，折射率越高的物质，比散射系数越大。而且空隙多，即纸层表观密度低（松厚度高）的纸，其光学非结合面积大，比散射系数 S 值即增大。而就比吸收系数来说，则与物质本身的吸收系数直接相关。

现在我们把纤维素的物理常数代入公式（3-5）和式（3-6），则可得到 $A_0 \approx 10S$、

$a \approx 3K/4$（K—比吸收系数，cm^2/g 或 m^2/g）的关系。漂白阔叶木浆手抄片的 S 值，因打浆度等因素而不同，但大致为 $350cm^2/g$，因此 A_0 为 $3500cm^2/g$。定量为 $60g/m^2$ 的手抄片，其每克质量的正反两面的面积为 $333cm^2/g$，因此上述的 A_0 是该值的 10 倍多。

这就是说，纸层内部能使之产生反射和散射的空隙面积竟是如此之大。纸很少是由单一的原料生产的。因此在解决纸的不透明度等涉及原料配比问题时，便需要研究混合原料或复合原料的光学特性。

这里介绍其基本处理方法，为了使现象简化，对一种浆中加入一种填料的加填纸作一下分析。现假定纸浆和浆中填料的比散射系数分别为 S_f、S_p，比吸收系数分别为 K_f、K_p，定量及加填量分别为 q_f、q_p，而加填纸的相应参数 S、K、q 则一般可用式（3-7）至式（3-9）表示：

$$Sq = S_f q_f + S_p q_p \tag{3-7}$$

$$Kq = K_f q_f + K_p q_p \tag{3-8}$$

$$q = q_f + q_p \tag{3-9}$$

式中 Sq 称为散射能，而 Kq 称为吸收能。上述关系表明各成分有加成性。由这三个式子可以得到下式：

$$S = S_f + (S_p - S_f)\frac{q_p}{q} \tag{3-10}$$

$$K = K_f + (K_p - K_f)\frac{q_p}{q} \tag{3-11}$$

该二式等号右边的第二项表示填料添加的效果。q_p/q 是填料的添加率。

图 3-12 表示漂白亚硫酸盐浆（BSP）手抄片中添加二氧化钛的效果。图中直线是估

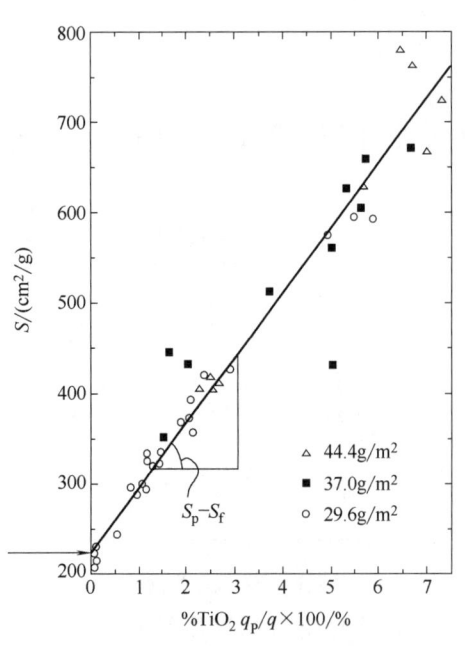 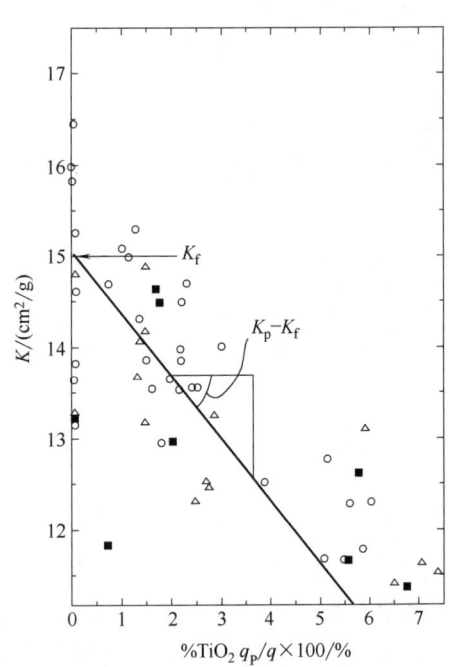

图 3-12 二氧化钛的添加效果

注：BSP 手抄片 CSF 300mL

$S_f = (200 \pm 5)\ cm^2/g \quad K_f = (15.0 \pm 0.3)\ cm^2/g \quad S_p = (7750 \pm 65)\ cm^2/g \quad K_p = (-55 \pm 9)\ cm^2/g$

定的，其与纵轴的交点为 S_f 和 K_f，各直线的斜率分别是 S_p-S_f 和 K_p-K_f，因此可求出纸中填料的 S_p 和 K_p。

光学特性会因填料的种类，纸料的种类、添加率、抄造条件而变化，不一定像式（3-10）、式（3-11）及图3-12那样呈直线关系。因此，预先在典型的条件下抄成纸页，以实验的方法确定光学常数，便可以有一个大概的估计。表3-4列出了各种填料的种类和性质，而图3-13是加填纸的光学特性举例。

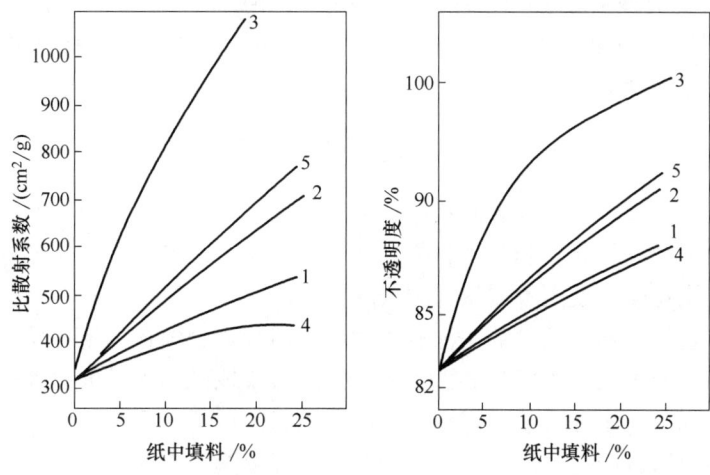

图3-13 加填纸的光学特性举例（LBKP，350CSF，定量 $70g/m^2$）
1—瓷土 2—碳酸钙 3—二氧化钛 4—滑石粉 5—氢氧化铝

表3-4 主要填料的种类及性质

种类	化学组成	粒子形状	粒径/μm	相对密度	折射率	白度/%
瓷土（高岭土）	$Al_2O_3 \cdot 2SiO_2 \cdot 2H_2O$	六角片状	0.1~3	2.58	1.55	80~90
瓷土（蜡石白土）	$Al_2O_3 \cdot 4SiO_2 \cdot H_2O$	六角片状	2~5	2.84	1.55	82
轻质碳酸钙	$CaCO_3$	立方体	0.5~1	2.7	1.49~1.66	90~97
重质碳酸钙	$CaCO_3$	纺锤形	1~5	2.7	1.49~1.66	90~95
金红石二氧化钛	TiO_2	不定形	0.2~0.5	4.2	2.70	97~98
锐钛矿二氧化钛	TiO_2	四角形	0.2~0.5	3.9	2.55	98~99
滑石粉	$3MgO \cdot 4SiO_2 \cdot H_2O$	四角形	3~8	2.7	1.57	70~85
氢氧化铝	$Al(OH)_3$	片状	0.5~1	2.4	1.57	98~99
锻白	$3CaO \cdot Al_2O_3 \cdot 3CaSO_4 \cdot 32H_2O$	六角片状	3	—	—	—
硫酸钡	$BaSO_4$	针状	0.5~2	4.35	1.65	98
硅酸钙	$80SiO_2:7CaO$	圆柱状	1~5	2.1	1.62	90~95
二氧化硅	SiO_2	球状	2~10	2.3	1.40~1.49	90~92
硅藻土	$83SiO_2:4Al_2O_3$	球状	0.1	2.08	1.50	96
硫酸钙	$CaSO_4$	硅藻状	1~5	2.96	1.58	96
氧化锌	ZnO	无定形	0.3~0.5	5.6	2.01	97~98
硫化锌	ZnS	针状	0.3~0.5	4.0	2.37	97~98
塑料颜料	$-[CH_2CHC_6H_5]_n-$	球状	0.5	1.05	1.59	—

第三节　纸张的光学性能与影响因素

当一束光线照射纸页时，一部分光反射，一部分光线透射而另一部分光线吸收。由这种光所分解成的各项的相对的数量以及由反射或透射所产生的散射的数量决定了纸张的光学性质。决定纸张光学性质的重要因素包括：

a. 采用纸浆的类型；b. 漂白程度；c. 所用的填料或表面涂料；d. 所用的染料或有色的颜料；e. 纸料的制备和纸页成型方法；f. 含有的少量成分，如树脂及填料等；g. 改变纸页表面状态的整饰处理。

一、纸张的光泽度及影响因素

光泽是涉及光泽度、光亮或表面映像能力的性质。光泽度是一种不能用基本术语表达的一种定性的性能。它与光亮和眩光有关。在心理感觉上，光泽度和光亮意味着令人愉快的效果；而眩光则意味着使人不愉快，刺眼的效果。

光泽度可以这样来描述纸页的一种表面性质，即纸页表面在特定的反射角下所发射的光线多少的性质，超过在此角度下的扩散为反射。形象地说，光泽度是表达纸张表面在反射入射光能力方面与一个理想镜子相比的程度。理想的镜子，几乎能使照射到该表面的所有光线都以镜面反射方向进行反射。与此相反的情况就是完全扩散或"无光泽"的表面，则任何角度的光线反射都是相同的。多数纸张的表面既不完全光泽，也不完全无光泽，而介乎其中。有三种光泽度在造纸工业中有很多的应用：镜面光泽、平视光泽和对比光泽。

（一）镜面光泽

当光线照射到物体表面时，其中一部分以与入射角相同的反射角进行镜面反射。若该平面为光学平坦时，照射在该表面的平行光束将全部以与相同于入射角的反射角的平行光束进行镜面反射。若表面不是光学平坦的，则平行光线以不同的入射角照射物体，在此条件下，反射光不再平行，以许多方向反射，形成漫反射。

当纸页表面完全粗糙时，就会出现这种情况。若纸页被压光时，将会增加其平坦面积，光泽度就会提高。随压光程度的加强，会形成更多平坦的表面，光泽度就会更高。

将颜料涂布纸贴在磨光的表面上进行干燥或将纸压光，获得光学平坦的表面（反射表面的光波长与入射光线的波长之差别不能超过1/16），使其达到高光泽。

光泽度可以在不同入射角下进行测定，但纸页大多数测定光泽度是在入射角为75°（与纸页平面成15°）下测定的。表面的镜面反射光线的数量随入射角的加大而增加。若入射角太小，所有纸的镜面反射都很小，要测定光泽度的差别很困难；若角度太大，所有纸的镜面反射都很大，要测定光泽度的差别也困难。对大多数纸，75°是比较好的角度。然而也有例外，施蜡纸要在20°下测定。对高光泽、颜料涂布纸75°也不是很合适的。对这些纸常用较低的角度。但对所采用的角度也并未做到公认的一致。有些仪器在45°测定，有些仪器在60°测定。

（二）平视光泽（掠面光泽）

对整饰程度低的未涂布纸，即使以75°那样高的角度测定光泽度也很低，而这些纸有时在85°测定。在这样高的角度下，光线刚好掠过纸页，结果通常称之为平视光泽或掠面光泽。

（三）对比光泽

对比光泽是测定镜面或镜子方向的反射光与所有其他方向的反射光之间的对比。这是镜面反射光与总反射光之间的比，以百分数表达。通常可用以比较低光泽未涂布纸的光泽度。它与纸张因镜面反射光产生炫耀光泽的强度有关。高的对比光泽度说明了为何总反射率低的黑纸却常常表现出高光泽度。对纺织品而言，对比光泽度常被称作光亮。

由纸面的反射率与已知反射率的物体进行对比来测定光泽度。通常用一块抛光的黑玻璃作为通用标准。在75°入射角时，抛光黑玻璃的镜面反射约为入射光的26%，但仪器的读数可调节在100的位置。当插入纸样时，则纸的光泽度可直接由仪表上读出。如纸页的镜面反射为入射光的13%时，则读数为50，纸的光泽度报告为50%。

之所以用黑玻璃，还须说明另外的原因。因为镜面反射由光学平晶表面的镜面反射的光线的数量、受光的波长、入射角和物体的折射率所控制。因为镜面反射是表面的现象，所以不受物体颜色的影响。然而，射到光泽度仪器的光度计的光线是由光学平晶表面镜面反射的光线部分和平行于镜面反射光的漫射光部分的总数组成。当用黑玻璃作标准时，由于黑颜色吸收了进入玻璃的所有光线，因而不存在扩散反射光线；所以作用于光度计的光线全部是镜面反射光，并可以计算其数量。若用奶白色玻璃作标准时，其镜面反射光的量是与黑玻璃相同的，但同时一定附加有漫射光的反射光；漫射光的数量取决于散射的数量。因此，以黑玻璃作标准要好得多。

（四）印刷光泽

许多印刷者需要光泽的纸，因为光泽、高平滑的表面与好的印刷性能是互相关联的。光泽度与高光学平滑度有联系，但并不总是和物理平滑相一致，因为纸面具有光泽而又十分粗糙是可能的。例如，往光泽的油漆中加沙子，沙子会使油漆膜变得十分粗糙，但其光泽度却不会降低。一般的观察者会不自觉地把光泽度相同而粗糙的纸降等对待。

当纸张被印刷时，油墨会填充纸面上某些低凹的点而成为光滑平坦的表面。这种表面能使投射在它上面的光线的一部分产生镜面反射。该镜面反射的光线的数量决定了印刷光泽度。镜面反射光不受反射物体颜色的影响，因而若用白色光作入射光时，反射的光线也将是白色的。然而，一部分光线将透入油墨膜中并产生散射和反射，而以油墨颜色的散射反射光表现出来。因而在测定光泽度的光线中有两种光组成，即镜面反射的白光和有色扩散反射光中的，在出射时恰好平行于镜面反射光束的那部分有色扩散反射光。

影响印刷品光泽度的主要因素是纸张的表面平滑度、吸墨性、光泽性。纸张的表面平滑度，它表示的是当一定面积的纸在一定的压力下，在该纸张与玻璃之间的间隙中，通过一定容量的空气所需的时间，以秒（s）为计算单位。各种纸张的表面平滑度是不同的，如图3-14所示。纸张平滑度的高低实际上表现为纸张表面空隙的大小。因此，平滑度的高低对成品的光泽影响较大。平滑度高的纸张，对于油墨有良好的接触性，能保证

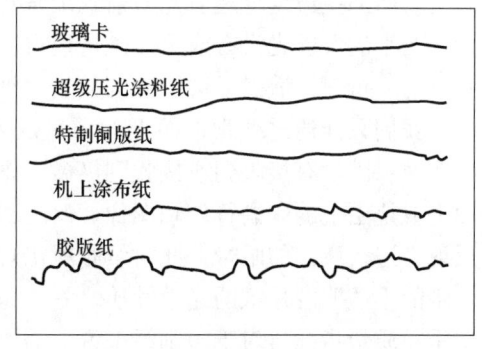

图3-14 不同纸张的表面平滑度

网点完整地再现，使成品具有较好的光泽。油墨转移到纸张表面后，在纸张上所形成的墨膜表面平整度也相应较高，经光线照射后，形成一定的"镜面反射"，表现出一定的亮度。反之平滑度差、表面粗糙的纸张，印迹墨膜高低不平，对光只能形成漫反射，成品也就缺乏光泽。

纸张的吸墨性，是指纸张对油墨连结料的吸收性能，越是粗糙的纸张，其纤维间隙越大，对连结料的吸收能力越强。不同类型纸张的吸墨性是不同的，如表3-5所示。纸张的吸墨性过大，油墨层在纸面上干燥中，油墨的连结料被大量吸收后，颜料等颗粒浮于印迹表面，形成漫反射，故不能产生光泽。纸张的吸墨性过小，连结料渗透少，可得到色彩鲜艳光泽高的印刷品，但同时也易产生干燥慢，易粘脏，晶化等不良现象。

表3-5　　　　　　　　　　　不同纸张的吸墨性

纸张品种	吸墨性/%	光泽度/%	表面效率/%
进口(1)150g/m² 铜版纸	43.2	62.3	59.55
进口(2)150g/m² 铜版纸	39	54.8	57.9
国产(1)150g/m² 铜版纸	43.2	35.9	46.35
国产(2)150g/m² 铜版纸	41.5	25.5	42
国产(3)150g/m² 铜版纸	58.5	25	33.25
国产65g/m² 画报纸	65	27.3	31.15
国产胶版纸	85	13.8	14.4

注：表面效率可由光泽度和吸墨性的算术平均值表示，即[(100-吸墨性)+光泽度]/2。

纸张本身光泽度的优劣也决定了印刷品的光泽度的大小。涂料纸表面的光泽如何，主要取决于造纸时所用的增光材料相对纸张的加工精度。增光材料有硬脂酸铝、石蜡等。精加工的方法是超级压光，采用上述方法加工出来的纸张具有光滑的平面。

二、纸张的不透明度及影响因素

(一) 纸张不透明度及形成机理

组成纸张的主要成分是纤维素纤维，而纤维素是一种具有单斜晶系结构的物质，能够透过各种色光。在纤维与空气、纤维与填料以及填料与空气之间存在着许多不同的界面，当白光照射到纸面上时，其中只有一部分光线直接从纸面上反射回来，而其余的光照射进纸内，进入纸内的这部分光透射过纸页，大部分光又从四面八方反射回照射面，进入我们的眼帘。而那些极少量透射光照射到纸张背面上或该纸张下面垫层上的印刷符号和图像，它们所产生的反射光没有或更极微量地再次几经折射而反向透射过纸页进入我们的眼帘。这些反射、折射、散射、透射光的数量随纸的结构及其成分的性能而异。当纸张不透明度高时，我们只能通过纸张正面上的大量反射光，感觉到纸张正面上的洁白色泽和印刷符号、图像；因没有接收到或接收到极微量来自纸张背面上的反射光，从而我们看不到纸张背面上或垫层上的印刷符号和图像。反之，当纸张不透明度低时，就会有来自纸张背面上的反射光进入我们的眼帘，此时纸张就出现透影现象。

纸的不透明度是纸的光学性质之一，也是印刷纸、书写纸、证券纸及一些工业用纸的一项重要质量指标。对于印刷纸来说，需要不透印，则一面的油墨不渗透到另一面，以保证印刷的质量，否则影响到另一面字迹或画报的清晰。对于书写纸来说，要求有一定的不透明度，以利于纸张的两页书写。为测出这种性质，一般以不透明度表示。对于印刷纸、书写纸要求其不透明度越高越好。S（cm^2/g）被定义为纸的单位质量对光能的散射量称为比散射系数，K（cm^2/g）被定义为纸的单位质量对光能的吸收量称为比吸收系数，而R_∞是纸张经充分重叠至光不透过为止时的反射率（即白度计测定的白度），S、K、R_∞及$\dfrac{R_0}{R_\infty}$关系的Stenius图见图3-15。由该图可清楚地看出，增大比散射系数S，即能显著地提高纸的不透明度，同时也可知，若比散射系数增加得少，而大大增加比吸收系数K，则不透明度虽有提高，但白度（R_∞）反而下降了。因此说，导致光散射的纸中光学非结合面积的大小、纤维和填料粒子散射光的能力是形成不透明度的主要因素。

严格地讲，理想的不透明仪，必须采用理想的100%反射率的白底衬板以及反射率为零的黑体吸收底板。但是没有理想的白衬底板。

《GB/T 1543—2005 纸和纸板 不透明度（纸背衬）的测定（漫反射法）》规定的不透明度测定方法（纸背衬）适用于近白色的含荧光增白剂或不含荧光增白剂的纸张试样，使用仪器为SBD白度仪和爱利夫（Elrepho）光学性能测定仪，使用有效波长550nm（绿光）。

所以通常我们测得的纸的不透明度C_∞是以单张试样在衬以"全吸收"的黑色衬垫上的对绿光（550nm）反射能力（R_0）与完全不透明的若干张试样做的厚垫子上的单张试样的相

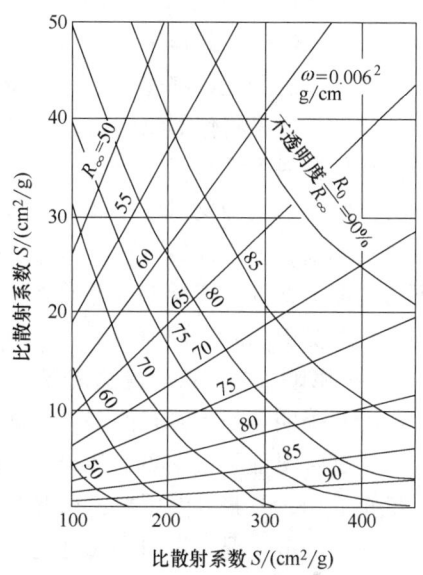

图3-15 Stenius图$\left(S、K、R_\infty 及 \dfrac{R_0}{R_\infty}关系图\right)$

ω—纤维粗度

应的反射能力（R_∞）（即白度）的比率，也就是严格定义上的印刷不透明度。即：

$$不透明度\ C_\infty = \frac{R_0}{R_\infty} \times 100\% \tag{3-12}$$

式中 C_∞——试样纸不透明度

R_0——单张试样置于黑色天鹅绒上的反射率

R_∞——若干张重叠试样的反射率

不透明度C_∞为"0"的表示理想的完全透明的纸；C_∞为"100"的表示完全不透明的纸。

不透明度是由点的穿透的光线决定的。一种理想的不透明的纸对所有可见光是绝对不会透过的。恰当地说，用于包装照相底片的黑纸可叫作"不透明纸"，大多数纸板对于其实际用途来说也是"不透明的"。而"不透明"这个词用在许多纸上却是很不严格的。"不透明"是相对的，其不透明度大多在60%~90%之间。不透明度是印刷纸、证券纸、书写纸的重要性质，通常为这些纸的技术指标的一部分。视觉上觉察不透明度的最小差别在0.3~0.6个单位。

TAPPI 不透度是黑色空腔作底衬的单层纸页的反射率与有效反射率为 89% 的白底板作衬底的单层纸页的反射率之比；有时标作 $C_{0.89}$ 也可由以下方程式表示：

$$\text{TAPPI 不透明度}(C_{0.89}) = \frac{R_0}{R_{0.89}} \qquad (3-13)$$

多年来，TAPPI 不透明度为最通行的不透明度测量方法。若式（3-12）中的 R_∞ 为 89% 时，则印刷不透明度和 TAPPI 不透明度的测量值相同；若 R_∞ 大于 89% 时，则印刷不透明度比 TAPPI 不透明度低；若 R_∞ 小于 89% 时，则印刷不透明度比 TAPPI 不透明度高。通常 R_∞ 小于 89%，故印刷不透明度比 TAPPI 不透明度高。R_∞ 越低，其差值越大。

虽然，不透明度的测量值可以由 R_0 和 $R_{0.89}$ 或 R_∞ 的值由理论上计算出来，但实际上很少这样做。而是将仪器调到以白色底衬或用多层纸作底衬时 100 的读数；然后，在黑衬空腔同样位置放上纸页，取读数。由于比率的分母已调节为 100，则黑衬底得到的读数即为不透明度。若纸的反射率很低，仪器不能调节至白底衬或纸层底衬的读数为 100 时，仪器要尽量调高，使之读数可达到 90、80 或 70；然后再用黑底衬的读数除以调整值，以求出不透明度。在其他仪器上测得的亮度的数值不能作为计算印刷不透明度的 R_∞ 值；须采用同一仪器测 R_0 和 R_∞ 的值。

（二）影响纸张不透明度的因素

影响不透明度的因素有许多。根据 Kubelka-Munk 理论，不论是增加散射能力或是吸收能力，都将增加不透明度。以下一些因素都是比较重要的：定量、表观密度、纤维结合、纸页成形、打浆、湿压榨、压光、填料量、填料种类、填料折射率、填料粒子的大小、填料的分散情况、填料在纸中分布、填料与纤维的光学接触、填料的颜色、是否涂布、纤维的种类、纤维直径、纤维胞腔尺寸、纤维碎屑的数量、在纤维中木质素和其他杂质量、是否有染料、有色颜料、淀粉、石蜡和胶黏剂等添加物的存在、纸页反射率、不透明度测量时所用光线波长以及测定仪器的几何特性等。所有这些可变因素对散射能力或吸收能力都有影响，因而都影响不透明度。

(1) 反射率对不透明度的影响

反射率受吸收系数与散射系数比值决定，可以通过增加吸收或减少散射来降低反射率。但实际上，反射率的变化几乎总是由吸收而不是由散射的变化引起的。因而从实际的观点出发，可以认为反射率的减少几乎总是引起不透明度的增加，反射率每减少 2 个单位时，不透明度增加近 1 个单位。

(2) 染料对不透明度的影响

染料对不透明度有显著的影响。在很少量的白色涂料范围内，纸中纤维，填料和染料各自独立的吸收和散射光线，故增加了不透明度值。染料对薄的深颜色黑纸不透明度影响很显著，这可能是因为不透明度几乎全部基于光线的吸收。对于加入少量颜料的白纸，虽然也造成了不透明度的增加，但影响不是太明显。一般说来，蓝色和绿色纸对光的散射能力强，不透明度高，而黄色染料对不透明度影响最小。红色纸的不透明度比蓝、绿色的纸低。

(3) 纸张定量对不透明度的影响

很明显，纸张的定量大，纸就比较厚，其非光学接触面积就大，不透明度就高。随定量的增加，不透明度可接近 100，定量增加而不透明度增加是因为散射能力的提高。

(4) 纸张抄造情况对不透明度的影响

纤维素对光线吸收很少，因此均一相的纤维素纸页（如赛璐玢）是非常透明的。一般来说纸张都不是均一相的，而是由空气间隙所隔离的单根纤维构成。没有填料的纤维素纤维抄造的纸页，其不透明度的形成是由光线经空气到纤维再回到空气的一次性散射光线的结果。当纤维之间结合紧密时，光线由某一纤维穿过空气到另一根纤维或由某一纤维直接到另外的纤维时不发生散射或散射程度低，称为光学接触。因此，对于其他方面都相同的两张纸页，要想测定其纤维结合的相对量，通用的方法就是比较它们的散射系数，散射的降低即说明了结合的增加。

纸张的不透明度是与纤维间结合面积成反比的，打浆处理对纸张不透明度会产生两种截然相反的结果。我们假设，某种纸浆通过打浆以后，纤维对光的吸收系数不变，则纸张的散射系数是单位质量的纤维比表面积的正向线性函数，纸张的不透明度与纤维比表面积也是正向的线性关系。因此通过打浆，增加了纤维的比表面积，在所增加的面积处，增加了光线的散射，从而增加了纸张的不透明度。但是另一方面，打浆的结果增加了纤维的结合面积，增加了纤维间的光学接触面积，导致不透明度的下降。

对大多数纸浆来说，由于打浆增加纤维的结合面积使散射系数下降，比纤维比表面积增加而使散射系数增加影响更大，所以打浆会降低纸张的不透明度，这也是生产透明纸为什么要把打浆度打得很高，使纤维分丝、帚化好的道理。

α-纤维素含量特别高的纸浆打浆后纤维间结合程度增加不多，而纸浆比表面积都增加，因而导致不透明度的增加。

湿压榨提高了纸张的紧度，减少了纸张中的空隙，增加了纤维之间的结合力，使纸中的纤维发生较多的光学接触，所以湿压榨降低了纸张不透明度。

压榨后的纸页还含有60%左右的水分，它要通过烘干加热除去多余的水分，得到符合要求的纸张。纸页烘干过程中由于水蒸气的不断蒸发，使纤维形成氢键互相靠拢，纸页的面积和体积产生收缩，增加了纤维的结合面积，紧度增加，为此烘干过程使纸的散射系数降低，因而也降低了纸张的不透明度。

生产文化用纸的纸机安装有机械压光机，进压光机前纸页水分一般都在6%以下，据研究若纸页水分在小于6%时进行机械压光，尽管提高了紧度，但纸中纤维并不能产生附加的光学接触面积，它的散射系数变化很小。所以干压光提高表现密度的纸页，其不透明度变化不大。若在通蒸汽润湿情况下的超级压光机上进行压光或将纸页在高水分含量下进行压光时，纸张纤维的光学接触面积大大增加，不透明度将大幅度降低。

(5) 表观紧度对不透明度的影响

纤维素的密度接近 $1.55g/cm^3$，而纸的表观紧度通常小于 $1.0g/cm^3$，这是因为纸张中包括有大量的空隙。通过打浆、湿压或压光可增加纸页的表观紧度，此时光学接触增加较多，因而不透明度较低。表观紧度有时也用"实体组分"的概念表达。多数情况下，在一般的紧度范围内，纸的不透明度随着实体组分的增加而几乎成线性下降。实际上，随着实体组分的增加，不透明度经过一个最大值。因为当实体组分很低时，接近纯空气，这时纸的不透明度为零；当实体组分很高时（达到1.0）纸接近纯纤维素，其不透明度也为零。

（6）浆料化学组分对不透明度的影响

不管何种浆料，其化学组分均由纤维素、半纤维素及木质素等组成的。

纤维素是由 D-葡萄糖基组成的，纤维素本身吸收光线很少，因此均一相的纤维素纤维纸张应该是非常透明的。但一般的纸张不是均一相的，而是由纤维、填料、空气组成的，因此在纸张内部形成了大量的纤维素—填料、纤维素—空气、填料—空气的界面，当光线照到纸张上时，由纤维组成的纸张就不透明了。

对于 α-纤维素含量较高的浆料来说，经过打浆后纤维间结合程度增加较少，而纸浆的比表面积却大量增加，为此纸张的不透明度增加较多。这就是配用 α-纤维素含量高的棉花浆来提高某种纸张不透明度的原因。

半纤维素是植物细胞中伴随纤维素而存在的多糖类，主要由木聚糖和葡萄糖甘露聚糖而组成，是非均一聚糖。与纤维素不同，半纤维素大部分是非结晶性的，其亲水性好，容易吸水润胀，因此半纤维素含量高的纸浆抄成的纸张对光线的散射能力就小，纸张的不透明度就低，比如由草类纤维生产的纸张，其不透明度就低。图 3-16 反映了漂白亚硫酸盐桦木浆（BSP），用 NaOH 溶液进行抽提，除去浆中半纤维的含量后，光比散射系数变化情况，可以看出随着半纤维含量的降低，比散射系数增大。

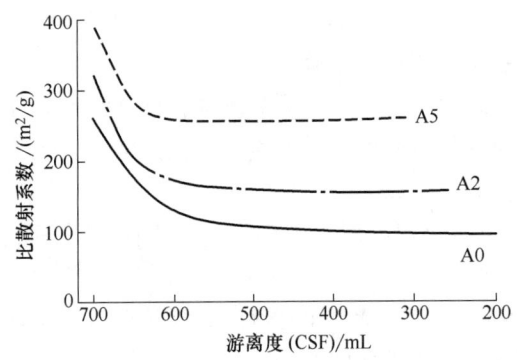

图 3-16　不同半纤维素含量的浆料的比散射系数
A0—桦木 BSP　　A2—2%NaOH 抽提的桦木 BSP
A5—5%NaOH 抽提的桦木 BSP

木质素比纤维素有较高的折光率，吸收光的能力也较强。因此在同样的打浆度和加填条件下，木素含量高的浆抄造的纸张比木素含量低的浆抄出的纸不透明度高。用本色浆抄造的纸比用漂白浆抄造的纸的不透明度高。磨木浆不仅含木素较多，而且纤维短小，结合力差，成纸松厚，孔也多，有利于光的吸收和散射，所以成纸不透明度高。阔叶木浆纤维较短，与针叶木浆相比，打浆较难细纤维化，成纸纤维结合差、紧度小，不透明度较大。

（7）纤维种类对不透明度的影响

造纸所用原料分为木材纤维与非木材纤维。木材纤维分为针叶木纤维和阔叶木纤维；非木材纤维又分为草类纤维、韧皮纤维与种毛纤维。不同的纤维原料其光学性能不同，这是因为不同原料纤维的直径、纤维细胞腔尺寸、细胞壁的厚度不同所致。与针叶木相比，阔叶木纤维的直径要小得多，纤维细短，细胞壁比较厚。据研究，1g 阔叶木浆和 1g 针叶木浆相应地含有（10~20）百万根纤维和（2~4）百万根纤维，因此用同样质量的浆料抄造纸张，其外表面积及内表面积（腔）都不一样，对光的折射、散射能力也不一样，用阔叶木浆抄的纸比用针叶木浆抄的纸就大得多，所以纸的不透明度也高得多。同时，由于阔叶木纤维细胞壁较厚，打浆过程很难帚化，减少了纤维之间的光学接触状态，对提高不透明度有利。

至于纤维的长度，它不影响纤维—空气界面横向排列的数量。在纸页的抄造过程中，由于铜网的牵引作用，几乎所有的纤维都平置于纸页的平面上，而照射到纸面上的光线只是穿过横向的纤维,所以纤维长度对纸张的不透明度影响较小。

此外,草类纤维由于半纤维素含量高,抄成的纸张不透明度低;棉花纤维的α-纤维素含量高,几乎不含半纤维素,为此用棉浆抄成的纸张其不透明度高;麻纤维其α-纤维素含量也高,半纤维含量少,为此用麻浆抄造的薄叶纸其不透明度也高。

(8) 不同制浆方法对不透明度的影响

同一种木材纤维,其制浆方法不同,则浆料的不透明度就不同,见表3-6。从表中可以看出,硫酸盐浆比亚硫酸盐浆对光的散射能力大,这是因为BSP浆中半纤维素含量比BKP浆多,而且含有较多的亲水性的糖醛酸,易吸水润胀,打浆比较容易帚化,这样由BSP浆生产纸张,其纤维结合面积就增加,其光学接触点就多,所以不透明度就低。同样的道理,用烧碱法制浆的草类纤维浆料生产的纸张,其不透明度就比酸法制浆的草浆要高。对于磨木浆来说,在磨木的过程中,形成了大量的、直径小的纤维与碎片,增加了纤维比表面积,为此增加了非光学接触面积,同时由于磨木浆的木素含量较高,对光的吸收率高,而且磨木浆纤维不容易帚化,对光的散射能力大,为此用磨木浆生产的纸张其不透明度高,表3-7为纤维的大小对磨木浆比表面积和不透明度的影响。

表3-6 不同纤维原料的光学性能

不同浆料(漂白浆)		$R_\infty \times 100$ 反射率/%	比吸收系数 $K/(cm^2/g)$	比散射系数 $S/(cm^2/g)$
针叶木亚硫酸盐浆	未打浆	75.1	12.8	310
	400mL CSF	72.1	12.8	235
	100mL CSF	70.0	12.8	205
针叶木硫酸盐浆	未打浆	74.8	14.9	350
	400mL CSF	72.0	14.9	275
	100mL CSF	71.0	14.9	250
阔叶木硫酸盐浆	未打浆	74.5	19.3	442
	400mL CSF	72.0	19.3	355
	100mL CSF	71.5	19.3	326
针叶木磨木浆	100mL CSF	72.0	34.8	640
阔叶木磨木浆	100mL CSF	72.0	45.1	830

表3-7 纤维的大小对磨木浆比表面积和不透明度的影响

纤维级份	比表面积/(cm/g)(镀银法)	印刷不透明度 R_0/R_∞/%
12~20	11400	79.8
12~35	12500	85.0
12~65	13900	87.4
12~150	24100	91.1
12~细小纤维	47400	98.8
12~0	34200	92.6

(9) 填料对不透明度的影响

填料比纤维的散射系数大、亮度高,所以加填会提高纸的不透明度和白度。又因为在加填的纸中,填料散布在纤维之间,填充孔隙,使纸面取得更好的均匀性和平滑度,同时，减少了纤维之间的接触面，增大了纤维表面的光学非结合面积，使光线在填料和空气间的界面处发生的散射比在其他界面处大，从而大大提高了成纸的不透明度。

填料的散射系数与填料的种类有关，从而填加不同种类的填料，尽管用量相同，但对提高不透明度的效果不同，如图3-17所示。二氧化钛的散射系数远高于其他填料，所以对提高成纸的不透明度效果显著，是高效填料，其用量可少，对纸张物理强度影响较小。但因其价格较高，仅限于在薄页纸和高级纸中使用，例如，生产$28g/m^2$字典纸，一般施加$5\%\sim7\%TiO_2$和$30\%\sim35\%CaCO_3$。

填料的形状和粒度也影响散射系数的大小，这是因为填料的比表面积与其形状和粒度有关，比表面积越大，散射能力也就越强。当减小颗粒尺寸时，光线穿过空气-填料界面的次数增加，因而散射增加。然而，若是填料不是真的分散，而是有许多颗粒互相形成光学接触，则散射系数将会下降。

有关填料最佳粒径有一种流行说法，认为填料最佳粒径为照射光波长的一半，但这只适合球形粒子的填料。填料最佳粒径取决于照射光线波长、填料粒子形状和填料的折射指数等因素。由于每种填料不是单一的粒径分布，而是各种不同粒径粒子的混合，且许多填料粒子形状不是球形，因此填料的最佳粒径须由实验确定。例如，使用波长为457nm蓝光照射时，对于球形填料粒子，最佳光散射粒径约为$0.25\mu m$，球形的二氧化钛最佳粒径为$0.2\sim0.3\mu m$。实验还显示，标准高岭土和层离高岭土最佳粒径分别为$0.6\sim0.7\mu m$和$0.9\sim1.0\mu m$，菱形和玫瑰花形沉淀碳酸钙最佳粒径分别为$0.4\sim0.5\mu m$和$0.9\sim1.5\mu m$。滑石粉最佳光散射粒径为$1.0\sim1.2\mu m$。

填料最重要的不透明特性是折射率。当高折射率的材料内的光线射到该种材料与其周围的低折射率材料之间形成的分界线时，部分光线将进入（被折射至）周围介质中，而部分光线又返回到材料内，因为光线由高折射率材料进入到低折射率的介质时，它是以一个比入射

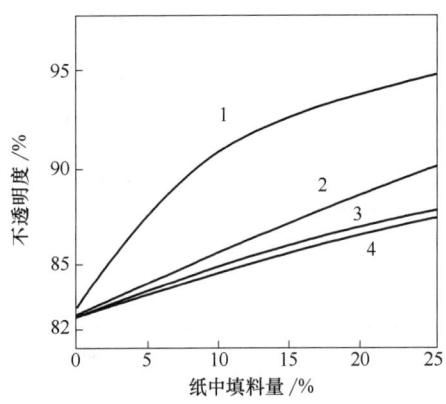

图3-17　纸中填料量和不透明度的关系
1—二氧化钛　2—碳酸钙　3—瓷土　4—滑石粉

角大的角度弯曲而偏离法线。当入射角增加时，反射角也增加，所以最终折射光线都会沿着材料与周围介质之间分界线，这时的入射角即所谓的临界角，亦即折射角为90°时的入射角。入射角大于临界角时入射光线将全部返回到高折射率的材料之中。

同一填料，其晶形结构不同，对光的散射能力不一样。比如作为卷烟纸用的填料轻质碳酸钙，由于生产工艺不同其形状不一样，有纺锤体、柱状体等，柱状体的比表面积小，对光的散射能力低，纺锤状的晶形结构对光的散射能力强，纸张的不透明度高。

生产一般文化用纸采用滑石粉作填料，施加适当的量成纸即可达到对不透明度的要求。由于轻质碳酸钙的粒度小于滑石粉和重质碳酸钙，所以轻质碳酸钙对不透明度的提高幅度较大。据此，可用轻质碳酸钙部分替代或全部替代滑石粉作填料，以达到成纸对不透明度的更高要求。但碳酸钙在酸性介质中分解，产生气泡，除在中性施胶条件下可安全施加碳酸钙外，在其他条件下，要注意控制上网纸料的pH在碱性范围内，为施加碳酸钙创

造条件。对于蜡纸，由于纸中的空气被蜡所代替，故折射率显得很重要。高岭土、滑石粉等对一般纸张来说，可以增加不透明度，因它在空气界面能散射光线。但在蜡纸中，滑石粉、高岭土或其他折射率接近 1.5 的颜料，空气-颜料界面代之以蜡-颜料界面，在此界面上折射率的差别是很小的，因此纸页接近于透明。

三、纸张的白度及影响因素

在衡量纸浆、纸及纸板的白色程度时，往往用到白度和亮度这两个术语。但是，白度（whiteness）和亮度（brightness）是两个不同的概念。

白度是指在白色光的范围内（380~780nm）纸浆及纸等产品的显白反应，是以全光即白色光作为光源，照射到纸样后，检测纸样吸光后漫反射出来的光量。如果纸样对各色光都没有吸收，即全部漫反射出来，白度即为 100%，但由于浆中有色物质吸收部分光，一般白纸测得的白度为 50%~90%。白度通常是采取目测对比来测定。在我国造纸工业中，白度和亮度两个术语长期混用，而且往往是用白度这个词代替了亮度，但英文还是用 brightness 而不用 whiteness。纸的白度不仅决定着纸的外观价值，同时白的纸可获得印刷后的反差，因此是印刷质量上的重要性质。

纸对光的反射特性的差异一般都反映在短波长区域（400~500nm）内分光的反射率不同，如图 3-18。如果采用对蓝光具有感度的受光器进行测定，就可以明显地反映出白度的差异，因此把主波长为 457nm 的蓝光反射率定义为许多测白度仪器的白度。

国际标准化组织（ISO）标准即 ISO 11476 "纸和纸板—CIE（国际照明委员会）白度测定 C（单束紫外线）/2°（室内照明条件）"。该标准是对两年前颁布的 ISO 11475—1999 纸和纸板—CIE 白度测定 D65/10°（室外照明）的补充。当测定含有荧光增白剂纸张时，两种方法规定了在调节仪器紫外线光源的一种常规方法，以便获取再现性。两种方法之间的主要差异在于照射到纸样上的紫外线光源的强度不同。新标准 ISO 11476 中规定了 CIE 光源中 C [UV(C)] 光源的调节比 ISO 11475 标准中规定的紫外线调节相对较低。

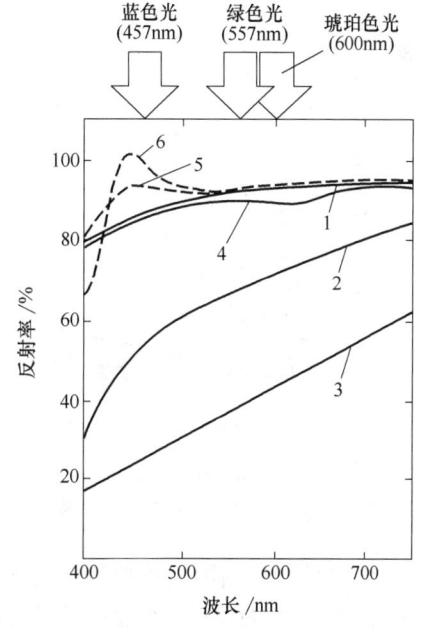

图 3-18 纸的分光反射特性
1—高级文化用纸 2—新闻纸 3—牛皮纸
4—带蓝色的高级文化用纸
5—荧光增白纸（3000°K 光源） 6—同 5，氙光源

因为我国用白度代替亮度，凡符合 ISO 标准规定的纸浆、纸及纸板的亮度，都可以称 "ISO 白度（brightness）"，一般都是使用 Elrepho 白度计。

根据 Kubelka-Munk 光学理论的式（3-14），即：

$$R_\infty = 1 + \frac{K}{S} - \sqrt{\left(1 + \frac{K}{S}\right)^2 - 1} \tag{3-14}$$

式中所采用的 R_∞ 是纸页多层叠合起来直到光不透到背面时所具有的反射率,也称为固有反射率(reflectivity)。如果光源为 475nm 的蓝光,这里的 R_∞ 就是白度。因此凡能影响纸页比散射系数 S 和比吸收系数 K 的因素都影响白度,如图 3-19 所示。从图 3-19 中可以看出,纸浆的比吸收系数越低,比散射系数越高,则纸浆的白度越高。要降低吸收系数可以通过适当控制漂白工艺来达到,由白度高的浆料生产出来的纸张,其白度也高。

木质素对光的吸收能力较强,漂白后浆料木质素含量低,因此白度较高。通过打浆,对浆料的散射能力产生了两种截然不同的影响。一方面打浆增加了纤维的比表面积,则增加了光的散射能力。另一方面,通过打浆,使纤维充分吸水润胀,同时纤维表面起毛、帚化,增加了纤维的结合面积,从而增加了纤维的光学接触面积,降低了纸张对光线的散射能力。这两种截然相反的综合结果,降低了纸张对光线的散射系数,为此降低了纸张的白度,见图 3-20。

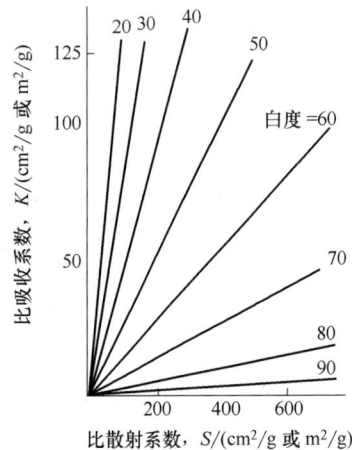

图 3-19　纸张的比吸收系数(K)、比散射系数(S)及白度(%)的关系

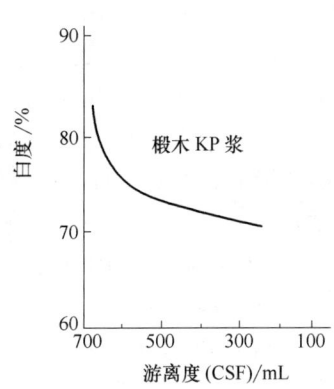

图 3-20　纸浆游离度(mL)与白度(%)的关系

文化用纸、印刷用纸及卷烟纸等纸张都要加入一定量的填料,填料对纸张白度的影响,一是填料本身的折光率都比纤维素高,对光的散射系数高,因此加填可以增加纸张的白度;二是填料的加入增加了填料-纤维和填料-空气的界面,增加了对光的散射系数,因此纸张白度增加;三是填料本身的白度一般都比纸浆高,可以增加白度。

在浆料中添加荧光增白剂后,为什么能提高纸张的白度呢?荧光增白剂大多数为二氨基芪二磺酸盐,从化学结构上来看,它为共轭双键结构的有机化学物,具有激发荧光的胺基磺酸类基团,以及能吸收紫外线的芳香胺、脂肪胺或衍生物的基团。

荧光增白剂的增白机理,主要它具有能吸收和反射光线能力的碳碳双键的共轭性质,增白剂中的芳香胺吸收了白光中的紫外线,激发出可见的蓝光,从而增加了纸张表面对蓝光的反射;同时反射出来的可见蓝光能抵消纸浆中的黄光,从而提高了纸张的白度。

纸浆中的木质素能吸收波长 400~500nm 紫外光,而降低纸浆对光线的反射率,故纸浆中木质素含量越高,荧光增白剂的增白效果越差。荧光增白剂只对具有一定白度的纸浆产生增白效果,纸浆本身白度越高,其增白效果越好。一般认为对于磨木浆和白度低于 65% 的浆料,起不到增白效果。

思 考 题

1. 纸张中纤维的相对键合面积与纸张光散射系数有什么关系？
2. 纸张的光学性能（白度、不透明度等）与纸张结构有什么关系？
3. 纸张的匀度对其光学性质有什么影响？
4. 从纸张的白度、不透明度、光泽度、散射性质等光学性能角度分析纸张对印刷品质量的影响。
5. 结合纸张光学特性和纸张中加填工艺，思考"上蓝增白"的原理。
6. 结合纸张光学特性，思考如何理解"视觉白度"。
7. 思考纸张加工过程中可通过哪些方式改善纸张的光学特性，例如透明地膜纸和不透明地膜纸。
8. 根据纸张的光学特性，试思考这种光学特性在哪些前沿领域具有潜在应用前景。

参 考 文 献

[1] 胡开堂，主编. 纸页的结构与性能 [M]. 北京：中国轻工业出版社，2006.

[2] Farnood R. Optical properties of paper: Theory and practice [J]. Pulp Pap. Fud. Res. Soc. Bury, 2009: 273.

[3] 周景辉，主编. 造纸及其装备科学技术丛书：纸张结构与印刷适性 [M]. 北京：中国轻工业出版社，2017.

[4] Sobotica W. The Value Of Different Standards And Measurement Systems To Determine The Optical Properties Of Paper And For Standardized Color Reproduction [C] //Neugebauer Memorial Seminar on Color Reproduction. SPIE, 1990, 1184: 158-167.

[5] Aydemir C, Kašiković N, Horvath C, et al. Effect of paper surface properties on ink color change, print gloss and light fastness resistance [J]. Cellulose chemistry and technology, 2021, 55 (1-2): 133-139.

[6] Reimer M, Zollfrank C. Cellulose for light manipulation: methods, applications, and prospects [J]. Advanced Energy Materials, 2021, 11 (43): 2003866.

[7] Hubbe M A, Pawlak J J, Koukoulas A A. Paper's appearance: A review [J]. BioResources, 2008, 3 (2): 627-665.

[8] GB/T 1543—1988 纸不透明度测定法（纸背衬）[S]. 北京：中国标准出版社，1988.

[9] Hubbe M A, Pawlak J J, Koukoulas A A. Paper's appearance: A review [J]. BioResources, 2008, 3 (2): 627-665.

[10] Alcaraz de la Osa R, Iparragirre I, Ortiz D, et al. The extended Kubelka–Munk theory and its application to spectroscopy [J]. ChemTexts, 2020, 6: 1-14.

[11] Hubbe M A, Pawlak J J, Koukoulas A A. Paper's appearance: A review [J]. BioResources, 2008, 3 (2): 627-665.

[12] Zhu H, Fang Z, Preston C, et al. Transparent paper: fabrications, properties, and device applications [J]. Energy & Environmental Science, 2014, 7 (1): 269-287.

[13] Kinnunen-Raudaskoski K, Salminen K, Lehmonen J, et al. Increased dryness after pressing and wet web strength by utilizing foam application technology [J]. Tappi J, 2016, 15 (11): 731-738.

[14] 张艳, 曾靖山, 胡自豪, 等. 四种竹材制浆性能及其在过滤基材中的应用研究 [J]. 中国造纸, 2024, 43 (7).

[15] Abd El-Sayed E S, El-Sakhawy M, El-Sakhawy M A M. Non-wood fibers as raw material for pulp and paper industry [J]. Nordic Pulp & Paper Research Journal, 2020, 35 (2): 215-230.

[16] Lin J, Shamey R, Hinks D. Factors affecting the whiteness of optically brightened material [J]. JOSA A, 2012, 29 (11): 2289-2299.

[17] Mäkinen M O A, Jääskeläinen T, Parkkinen J. Improving optical properties of printing papers with dyes: A theoretical study [J]. Nordic Pulp & Paper Research Journal, 2007, 22 (2): 236-243.

[18] Karlsson A, Enberg S, Rundlöf M, et al. Determining optical properties of mechanical pulps [J]. Nordic Pulp & Paper Research Journal, 2012, 27 (3): 531-541.

[19] Schneider W D H, Dillon A J P, Camassola M. Lignin nanoparticles enter the scene: A promising versatile green tool for multiple applications [J]. Biotechnology Advances, 2021, 47: 107685.

第四章 纸张的吸收和憎液性能

纸张的吸收和憎液性是纸张与液体接触时的行为,能够反映纸张吸收或抵抗液体的特性。吸收性是指纸张对液体(通常是水或墨水)的吸收能力。憎液性是指纸张抵抗液体吸收的能力。在书写、印刷、生活、包装和其他许多纸张应用中,纸张的吸收和憎液性能非常重要,因为它们会影响纸张的使用性能和最终产品的质量。

纸张的吸收性取决于纸张本身的物理和化学特性。以下几个关键因素会影响纸张的吸收性能:

毛细孔隙度:纸张内部的纤维结构形成了许多微小的孔隙和通道,液体通过毛细作用进入这些空间。孔隙度较高的纸张通常具有更好的吸水性。

表面粗糙度:表面粗糙的纸张有更多的表面积和更多的毛细通道,有助于液体的吸收。

纸张的厚度和密度:较厚和密度较低的纸张可以含有更多的空气,并有更多的空间来吸收液体。

化学处理:纸张在制作过程中可能会加入一些化学添加剂,比如填料和润湿剂,它们可以影响纸张的吸收能力。有时为了减少吸水性,可能会在纸张上施加疏水性的涂层。

纤维类型和处理:不同类型的木浆(比如阔叶木浆和针叶木浆)和再生纤维造纸时的处理方式(如漂白、打浆等)会改变纸张的吸水性。

良好的吸收性对于印刷纸张是必要的,因为它允许墨水迅速吸收并干燥,减少涂抹,保持图像的清晰度。然而,在某些应用中,如包装材料,可能会期望纸张具有较低的吸收性,以保护内容物不受湿气和液体的影响。根据不同的应用需求,纸张的吸收性能可以通过造纸工艺来进行调整。

纸张的憎液性指的是纸张对液体(如水或油墨)的排斥能力。具有高憎液性的纸张不易被液体渗透和吸收。这种性质对于某些特定的应用非常关键,如要求防水或防油的包装材料。纸张的憎液性也受多种因素影响,例如:

涂层:纸张表面涂覆一层防水材料可以显著增加其憎水性。

表面处理:通过化学处理,使纸张表面具有较低的表面能,从而减少液体与纸张的接触。在纸张生产上,可以通过添加疏水性树脂、蜡、硅化合物等物质到纸张表面或纸浆中来提升憎液性。

纸张紧度:紧度大的纸张具有较小的孔隙,使其更难吸收液体,从而具有更高的憎液性。

不同用途的纸张对其吸收和憎液性能要求也不同。例如在印染行业中,以转移类纸为载体,要求载体纸要具备一定的吸液性能;卷筒纸、面巾纸等生活用纸则要求纸张具备良好的吸液性能;在印刷美术、艺术类行业中,产品对纸张吸墨速度和吸墨后干燥速度要求很高。而在食品行业中,例如一次性纸杯、牛奶包装盒等产品,要求纸张具有良好的憎液性能和憎液稳定性，尤其对盛装饮料、牛奶等液体的纸张，要求包装产品必须具备防水、防渗漏功能。

第一节　纸页组分的亲液性和憎液性

纸页主要由天然植物纤维、填料和胶料等多种功能性添加剂组成，其结构具有各向异性和多孔性特点，本身具有亲水性。植物纤维主要由纤维素、半纤维素和木质素组成，针叶木纤维素平均含量为40%~48%、半纤维素平均含量为25%~30%和木质素平均含量为26%~30%，而阔叶木纤维素含量约为42%~48%，半纤维素32%~36%和木质素20%~25%。非木材纤维木质素含量大多数比较低，目前只有竹子与针叶木接近；棉纤维的纤维素含量接近100%。传统化学法制浆过程，尽量保护碳水化合物不发生水解，最大限度地保留纤维素，控制半纤维素含量，除去木质素。因此，经过制浆处理后得到的浆料保留了大量的纤维素，尽可能多的半纤维素和微量木质素。

一、木质纤维本身亲液和憎液性特性

1. 纤维素的亲液性和憎液性

纤维素是由D-葡萄糖基通过1,4-β-糖苷键构成的链状高分子化合物。每个葡萄糖分子上均含有3个游离羟基，分别处于葡萄糖环的2、3、6位碳原子上，如图4-1所示。羟基的存在会使纤维素大分子内和分子间形成氢键。同时，因为纤维素游离羟基对极性溶剂有强吸引性，所以纤维素具有很强的亲液性。对纤维素进行改性，可以改变其吸液性能。如利用羧基取代纤维素分子中羟基，实现纤维素羧基化，则纤维吸湿性得到明显提高。虽然羧基的亲水性要比羟基的小，但引入羧基后，能够加大纤维素分子之间的间距，促进氢键的断裂，纤维比表面积增大，更多的羟基能够游离出来，最终提高纤维素吸湿性。

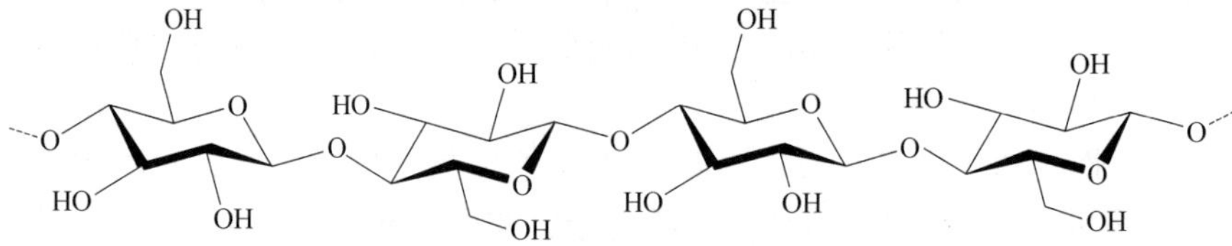

图4-1　纤维素分子结构

吸着等温曲线能够表征纤维素吸附和解吸过程。以棉纤维为例，从图4-2可以看出，随着相对水蒸气压的增大，棉纤维吸湿量迅速增加，吸水后纤维素会发生润胀，润胀后的纤维素干燥后，其对应的X射线谱图几乎没有变化，说明润胀并没有改变纤维素结晶结构，只在无定形区内吸附水分子，结晶区并没有吸附。相对湿度在不超过60%时，水分子部分吸附在原来游离的羟基上，另一部分吸附在因氢键破坏而游离出来的羟基上，这就导致相对湿度会超过60%，同时由于纤维的进一步润胀，游离出更多的羟基，水分子吸附中心将会变多。而相对水蒸气压比较高时，多层吸附会使纤维吸水量增加幅度变大，因此纤维素对水的吸附与解吸等温曲线呈现为"S"形。相对湿度在达到饱和后会渐渐降低，纤维吸收的水分降低，但在整个解吸过程中，不论相对水蒸气压如何变化，纤维解吸过程中水分含量都要高于吸附时水分含量。这是因为在吸湿过程中，原本干燥状态下的纤维素无定形区域的分子间氢键不断打开，水分子与纤维素间的氢键逐渐代替纤维素分子间的氢键，形成新的氢键后，纤维素分子间氢键仍部分保留。在纤维解吸过程中，纤维在水脱除后发生收缩，纤维素无定形区分子之间的氢键只有部分重新形成，很难还原到初始干燥状态，脱水过程中会受到内部阻力作用，部分水无法立刻解吸出来，产生滞后现象。只有在相对水蒸气压在0%时，吸附曲线与解吸曲线才会合二为一，纤维回复到初始状态。

纤维素纤维吸附的水可分为两部分：一部分水进入了纤维素无定形区，与纤维素的羟基形成氢键结合，这部分水称为结合水。另一部分水会进入纤维之间的孔隙和细胞腔中，形成毛细管水和多层吸附水，这种水称为游离水。

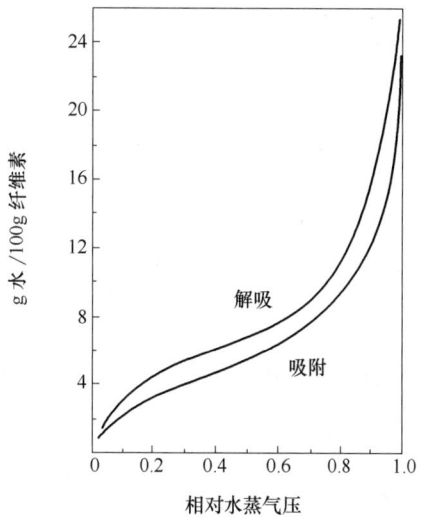

图4-2 棉纤维的吸着等温线

2. 半纤维素的亲液性和憎液性

半纤维素是由两种或两种以上糖组成的不均一聚糖化合物，主要连接方式为β-1,4醛缩合键，大多带有短的侧链，如图4-3所示。构成半纤维素主链的单糖主要包括：木糖、葡萄糖和甘露糖；半纤维素侧链单糖主要有：葡萄糖、木糖、阿拉伯糖和半乳糖等。化学结构具有支链的半纤维素在物理结构上是无定形的，半纤维素聚合度较多分布在150~200，其分子链远远短于纤维素链。无定形的半纤维素分子更容易游离出大量的羟基，其首位和次位羟基具备很强的亲水性，因此半纤维素的亲液性强于纤维素。

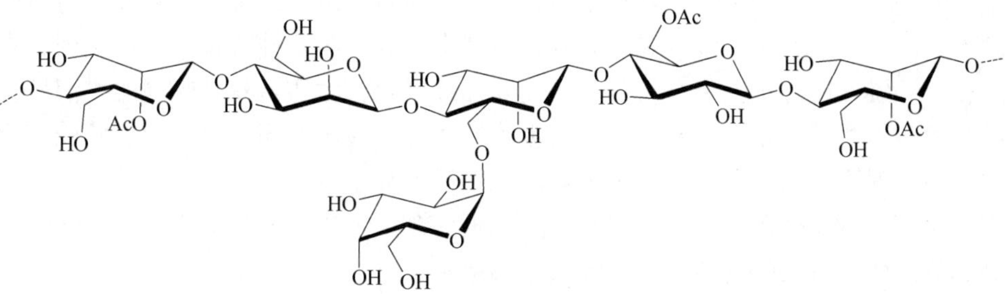

图4-3 半纤维素分子结构

3. 木质素的亲液性和憎液性

木质素是具有三度空间结构的高分子聚合物，由苯基丙烷结构单元通过碳-碳键和醚键等连接而成，如图4-4所示。经官能团和元素定性定量分析，可得出木质素的经验式。

如云杉磨木木质素的经验式为：

$C_9H_{7.68}$（酚OH）$_{0.29}$（脂肪族OH）$_{0.86}$（羰基的O）$_{0.16}$（芳基烷基醚的O）$_{0.67}$（二烷基醚的O）$_{0.37}$（OCH_3）$_{0.96}$

芦苇天然木质素的经验式为：

$C_9H_{8.86}$（酚 OH）$_{0.42}$（脂肪族 OH）$_{0.97}$（羰基的 O）$_{0.25}$（芳基烷基醚的 O）$_{0.69}$（二芳基醚的 O）$_{0.72}$（OCH_3）$_{1.25}$

从云杉磨木木质素和芦苇天然木质素的经验式可以看出，木质素自身包含多种官能团，比如羟基、甲氧基和羧基，这些极性基团可以与水分子形成氢键，所以木质素具有一定的亲水性。然而，木质素的亲水性并不像纤维素那么强，因为其结构中也含有非极性的碳环结构，使得木质素亲水性要弱于纤维素和半纤维素。同时，由于木质素结构中还包含有疏水基团，如长链烷基，这为其提供了较强的憎水性。

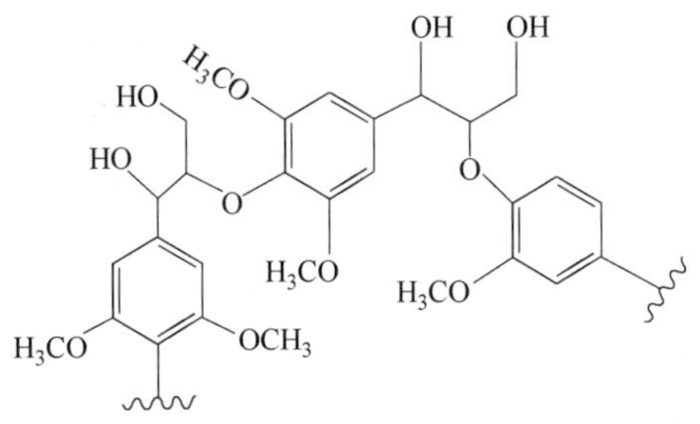

图 4-4 木质素分子结构

由于植物纤维的主要组分纤维素、半纤维素和木质素都具有吸水性，所以植物纤维本身具有良好的吸湿性能。包括水以及其他的许多极性液体都会使纤维发生润胀、吸附现象。

二、纸浆类型和配比对纸张吸液和憎液性能的影响

影响纸页吸液和憎液性能的因素有很多，如纸浆的种类和配比、填料、施胶剂、涂料种类和用量、纸页的结构等。

纸浆是生产纸张的基础原料，其主要来源有：木材（原生阔叶材、针叶材纸浆）、非木材（稻草、麦草、蔗渣等原生纸浆）和废纸（再生纸浆或称废纸浆）。根据制造过程的不同，纸浆可以进一步分为机械浆、化学浆和半化学浆等。不同种类和配比的纸浆会对纸张的性能产生显著的影响，包括吸液性和憎液性。

1. 纸浆类型对纸张吸收和憎液性能的影响

纸浆对纸张吸液和憎液性能的影响从化学成分上主要取决于两个因素，一是浆料纤维素纤维纯度，二是浆料中半纤维素和木质素含量。浆料纤维素纤维纯度越高，对应的吸液性能越大；反之，浆料半纤维素和木质素含量就会越高，吸液性能越小。这是因为在打浆过程中，半纤维素比纤维素更容易分丝帚化和细纤维化，木质素具有较高的憎液性，因此高半纤维素和木质素含量的浆料抄出的纸吸收性能低。在不考虑纸页孔隙、施胶、填料等影响因素的情况下，纸浆种类对纸张吸收性能的影响如下。

① 机械浆：通过物理方法把木材磨成纤维，制作过程中木质素基本上没有被去除，因此制成的纸张具有较强的憎液性但吸液性较差。

② 化学纸浆：通过化学溶液处理木材，去除大部分木质素和杂质，得到的纤维纯度高，制成的纸张具有较好的吸液性和强度，但憎液性较低。硫酸盐浆和亚硫酸盐浆是两种主要的化学纸浆。

③ 半化学纸浆：结合了机械和化学方法，木质素的去除程度介于机械纸浆和化学纸浆之间，因此其性能也介于两者之间。

④ 再生纸浆：采用回收的废纸作为原料。回收过程中会加入一些化学物质洗涤和脱墨，但通常不能完全去除木质素和所有的印刷油墨，所以再生纸浆制成的纸张其吸液性和憎液性取决于原始纸张种类和回收过程的效果。

如果纸浆用于抄造吸收类纸张，在纸浆生产过程中，漂白工段应尽可能地保留纤维

素,提高α-纤维素含量,使纸浆达到较高的平均聚合度。同时最大限度去除纸浆中的木质素,降低半纤维素含量。在吸收纸抄造过程中,配加精制浆可提高纸的吸收性。此外,纸浆中抽取物含量增加,纸张的吸液速率和性能显著降低。

纸浆对纸张吸收性能的影响还取决于纤维种类。原生木浆纤维长(针叶木1.8~2.2mm),在抄纸时,纤维易互相搭桥,造成纤维之间孔隙变大,暴露更多的羟基吸水基团,有利于提高纸张的吸液性能;原生草浆纤维较短,抄纸时纤维相互靠得近,结合力大,纸张紧度大,吸液性能小。

阔叶浆(纤维长度0.6~1.0mm)和针叶浆相比,纤维较短,纤维本身强度差,但抄造成纸后阔叶浆吸水性优于针叶浆。采用马尾松针叶木和枝丫材、混合阔叶木生产装饰板底层纸时,针叶和阔叶不同配比下对应的吸水性如图4-5所示。阔叶木比例增加,纸张吸水性提高。

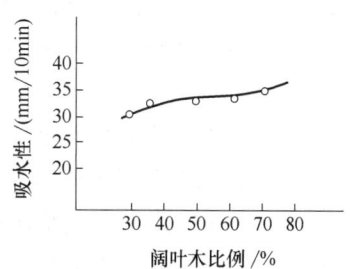

图4-5 针叶和阔叶不同配比下对应的吸水性

与针叶木浆相比,棉浆纤维更长且宽度仅为针叶木浆的1/2,纤维之间孔隙空间更大,吸液阻力低,因此棉浆抄造的纸吸收性比木浆优异;对纯竹浆而言,提高筛选效率后,更多的杂细胞被去除,纤维间容积增大,成纸吸液量增大。

草类纤维内部组织疏松,有利于吸油量增加,木材纤维内部组织相对紧密,吸油较难。对木材纤维来说,阔叶木纤维短,易吸油,针叶木纤维长,难吸油。

在实际生产中,往往会把不同种类的纸浆按照一定比例配抄成纸,纸浆配比对纸张吸收性能也会产生一定程度的影响。纸张含更多的化学纸浆(特别是漂白的硫酸盐纸浆)通常会有更好的吸液性,适用于需要高吸墨性和印刷性能的用途,如印刷纸和书写纸。含有较高机械浆比例的纸张憎液性会增强,但可能会牺牲一些强度和白度。这类纸张适合用于制作需要一定憎水性的产品,如包装材料。

纸张吸液过程主要包括两个阶段:第一阶段,液滴接触到纸张表面的瞬间,在液体表面张力的作用下,液体几乎没有任何阻力的迅速渗透到纸张纤维间孔隙,此过程非常短促,此阶段实际上是一个快速渗透过程;第二阶段,渗透到纤维之间孔隙的液体被纤维细胞壁吸收,然后扩散进细胞腔。液体在扩散过程中遇到的阻力较大,因此扩散时间也较长,此阶段称为液体慢速的扩散过程。综合考虑纸张吸液的两个阶段,吸液时间取决于慢速扩散过程所需的时间。

原生纸浆纤维具有较大的压缩性,且纤维间结合力较强。对比再生纸浆纤维,原生纸浆纤维间的孔隙较小,因此在纸张吸液过程中,进入纤维间孔隙的液量相对较少,即只有一少部分液体在快速渗透阶段为纸张所吸收,剩余大部分液体只能进行慢速扩散过程,因此原生浆纸张的液体吸收时间较长,如图4-6所示。

针叶木漂白硫酸盐浆和阔叶木漂白硫酸盐浆反复回用后,纤维不断压缩,细胞壁的润胀性能下降,纤维间结合力随之降低。经过两个因素的协同作用,导致再生纸浆纤维间孔隙增大。此外,反复回用对纤维本身的破坏作用导致纤维的结构形态发生不可逆变化,表现为纤维细胞壁的逐渐断裂。采用扫描电镜观察回用后纤维的变化,发现针叶木纤维和阔

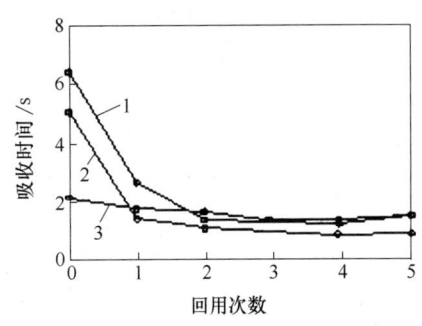

图 4-6　纤维回用对液体吸水时间的影响
1—NBKP　2—LBKP　3—BCTMP

叶木纤维在反复回用后，细胞次生壁外层发生剥离，一次回用后，纤维次生壁外层和中层就能分层，反复回用三次后，纤维径向发生龟裂，细胞壁内部空隙增大。回用后的纤维细胞壁内部空隙增大使其在渗透阶段能够容纳更多的液体，大部分液体进行快速渗透过程，只有一少部分液体在慢速扩散阶段被纸张吸收。

此外，用冷冻后再解冻的纸浆所抄造的纸，松厚度大，吸收性能高。试验表明：打浆度为19°SR，在-5℃下冷冻，含水量为90%的纸浆，抄成手抄片，这些手抄片同未经冷冻过的同样纸浆的手抄片比较，松厚度增加3%，吸收性增加13%。

2. 纸浆种类对纸张平衡水分的影响

平衡水分是纸张生产、储存和使用过程中的重要指标之一，也是纸张吸收性的一种表现。影响纸页平衡水分大小的因素有很多，除环境温度、湿度等外部影响因素外，首要因素是纸料的配比，其次是填料种类和数量。在同一空气湿度下，纸料配比中木浆含量提高，纸的平衡水分随之增大，而填料含量增大，其平衡水分减少。机械磨木浆生产的纸张和未漂化学木浆生产的纸张相比，前者有吸收更多水分的倾向。在不同相对空气湿度下，不同纸种的平衡水分如表4-1所示。

表4-1　　　　　　　　　　不同纸种的平衡水分

纸种	定量/(g/m²)	空气相对湿度/%					
		20	35	45	55	65	75
		纸的平衡水分/%					
新闻纸	50	6.5	7.5	8.2	8.7	9.3	10.0
凹版印刷纸	65	6.0	7.2	7.7	8.3	8.7	9.2
25%磨木浆印刷纸	80	5.2	5.7	6.3	6.5	7.3	7.9
不含磨木浆印刷纸	80	5.0	5.6	6.0	6.7	7.0	7.5
含破布浆的打孔卡片纸	100	3.5	4.1	5.0	5.4	5.7	6.2
不含磨木浆表面施胶印刷纸	80	4.7	5.2	5.8	6.3	6.7	7.3
不含磨木浆的涂布纸	129	3.8	4.5	5.2	5.5	5.8	6.5
含磨木浆的涂布纸	120	4.1	4.8	5.5	5.9	6.3	6.9

未漂木浆纤维木质素含量比漂白木浆纤维含量高，前者倾向于吸收更多的水分。当用漂白方法对未漂木浆纤维进行脱除木质素处理时，云杉亚硫酸盐浆纤维的吸湿性明显减小，如表4-2所示。

由于填料不具备吸湿性，纸张填料添加量增加能降低平衡水分。纸张添加10%填料后，纸张水分从7.0%降到6.3%。

表4-3列出了高岭土和不同纸张在不同空气相对湿度下的平衡水分。

表 4-2　　　　　　漂白对云杉亚硫酸盐浆纤维吸湿性的影响　　　　　　单位：%

25℃时的相对湿度/%	未漂		漂后		25℃时的相对湿度/%	未漂		漂后	
	解吸	吸收	解吸	吸收		解吸	吸收	解吸	吸收
95	32.50	22.27	30.70	20.00	53	—	—	8.13	6.50
87	20.90	14.60	19.03	13.47	40	6.63	5.57	5.93	5.07
74	14.43	10.50	13.28	9.89	12	2.77	2.40	2.30	2.07
56.5	9.43	7.23	—	—					

表 4-3　　　　　　各种纸和填料的平衡水分

名称	施胶度/mm	紧度/(g/cm³)	灰分/%	空气相对湿度/%				
				40	55	65	75	85
				纸的平衡水分/%				
高岭土	—	—	—	0.79	0.95	1.05	1.20	1.25
滤纸	—	0.50	—	5.9	6.8	7.8	8.4	11.1
电解纸	—	0.48	—	7.05	8.33	9.25	10.15	12.75
新闻纸	—	0.56	5.0	7.8	8.6	9.05	10.4	12.2
A级字典纸	0.25	0.80	21.0	4.6	5.3	6.0	6.5	8.6
凸版纸	0.25	0.64	14.0	6.4	7.0	8.1	8.7	10.5
打孔卡片纸	0.50	0.91	—	7.55	8.3	9.3	11.3	
凹版印刷纸	0.50	1.09	20.6	4.9	5.75	6.25	6.7	8.5
火柴标签纸	0.75	0.75	4.0	6.2	7.3	8.2	8.6	11.1
160g/m² 书皮纸	0.75	0.80	8.0	7.6	8.9	10.0	10.8	12.5
练习本封皮纸	1.00	0.96	8.8	5.8	6.8	7.3	7.9	10.2
牛皮瓦楞纸	1.00	0.58	—	7.1	8.3	9.2	9.9	12.6
仿羊皮纸	1.00	0.71	—	6.27	8.33	9.12	9.6	12.4
卷烟包装纸	1.25	0.58	80	7.6	8.7	9.6	10.2	12.2
一号练习本纸	2.00	0.87	7.4	5.8	6.8	7.8	8.1	10.2
二号练习本纸	1.25	0.86	8.7	6.6	7.4	8.3	9.0	10.8
壁纸	1.50	—	6.0	7.0	7.8	89	9.7	11.2
一号书写纸	1.75	0.96	6.51	6.0	6.8	7.7	8.3	10.7
纱管纸	2.00	0.85	4.0	6.3	7.9	9.1	10.1	12.1
120g/m² 书皮纸	2.00	0.85	10.0	5.8	6.9	7.8	8.5	9.6
图画纸	2.00	0.62	8.0	6.0	6.7	7.6	8.2	9.7
地图纸	2.00	0.96	5.0	5.7	6.7	7.3	8.0	10.1
一号平版印刷纸	2.00	0.77	8.9	6.1	6.8	7.5	8.0	9.9
卷烟纸	—	0.63	—	7.2	7.8	8.9	9.3	11.5
电容器纸	—	1.30	—	8.2	9.3	10.2	11.0	14.3
电缆纸	—	0.70	1.0	7.02	8.2	9.4	9.9	12.8
植物羊皮纸	—	0.80	—	8.1	8.9	9.4	11.0	12.4

由表 4-3 可看出，由植物纤维构成纸张的吸湿性比高岭土高很多。在天然植物纤维中，纸浆中的半纤维素含量高对应平衡水分就会高，如果纸浆中有很少量甚至没有半纤维素，这类纤维的平衡水分会急速降低。由于磨木浆的得率很高，浆中的半纤维素和木质素

含量较高,所以磨木浆具有特别高的平衡水分。新闻纸的主要成分以磨木浆为主,因此新闻纸有很高的平衡水分,棉纤维主要组分是纤维素,几乎不含半纤维素和木质素,因此棉纤维平衡水分最低。未漂纸浆半纤维素和木质素含量高于漂白浆,未漂纸浆生产的纸的平衡水分会比由相应的漂白浆抄造的纸高。

三、造纸助剂对纸页吸液和憎液性的影响

在抄纸过程中或成纸后加工过程中加入特定功能的助剂能够提高或赋予纸张特定的性能。如纸张的亲液和憎液性能、白度、物理强度等。随着近些年制浆造纸产业的发展,制浆造纸助剂几乎贯穿所有制浆造纸生产工序中,其主要特点为:使用量少,总体用量只占纸张质量的1%~2%;效果显著,可有效改善制浆和抄造条件,提高纸浆和成纸产量和性能。

制浆造纸中使用的化学助剂如表4-4所示,可以分为三大类:制浆助剂、造纸助剂和加工纸助剂。其中制浆助剂用于优化纸浆生产过程,可缩短蒸煮时间、降低碱用量、提高纸浆得率、促进废纸脱墨进程等。造纸助剂用于改善纸浆抄造条件,提高机器运行速度,控制树脂障碍,并减少蒸汽消耗等。加工纸助剂被用于赋予成品纸各种性能,改善纸张强度和光学性能,提高印刷适性等。

表4-4 制浆造纸助剂种类及分类

助剂种类	助剂名称	常用助剂
制浆助剂	蒸煮助剂	蒽醌及醌类衍生物、表面活性剂等
	漂白助剂	氨基磺酸、EDTA等
	废纸脱墨助剂	氢氧化钠、硅酸钠、脱墨剂、表面活性剂等
造纸助剂	助留剂和助滤剂	铝盐、聚丙烯酰胺、聚乙烯酰胺、聚甘露糖半乳糖、阳离子淀粉、壳聚糖及其改性物等
	干强剂	淀粉及改性淀粉、聚丙烯酰胺、聚乙烯酰胺等
	湿强剂	三聚氰胺甲醛树脂、脲醛树脂、聚乙烯亚胺、聚酰胺多胺环氧氯丙烷等
	消泡剂/除氧剂	聚醚类、脂肪酸酯类和有机硅类等
	染料和增白剂	双三嗪氨基二苯乙烯类、香豆素类等
	分散剂	聚氧化乙烯、聚丙烯酰胺、海藻酸钠等
	浆内施胶剂	松香胶、强化松香、分散松香胶、中性施胶剂(如阳离子松香胶)、AKD、ASA等
	表面施胶剂	改性天然高分子(改性淀粉、羧甲基纤维素等)、合成高分子(聚乙烯醇、聚丙烯酸酯、苯乙烯马来酸酐共聚物等)、蜡乳液、海藻酸盐等
加工纸助剂	涂布黏合剂	天然高分子(淀粉、阿拉伯树胶、明胶、骨胶、豆胶、酪素、皂荚等)、改性天然高分子(羧甲基纤维素、氧化淀粉、羟乙基淀粉等)、合成高分子(聚乙烯醇、丁苯胶、丁腈胶、聚醋酸乙烯酯、聚丙烯酸酯、改性醇酸树脂、聚氨酯、酚醛树脂等)
	防潮光亮剂	甲基硅油、石蜡、氧化聚乙烯蜡、丙烯胶树脂等
	防腐剂	含硫、卤、汞、锡等的有机化合物、杂环酯类化合物等
	交联剂	甲醛、乙二醛、柠檬酸、氨基树脂(三聚氰胺、脲醛树脂)、金属盐类等

1. 施胶剂对纸页亲液性和憎液性的影响

纸张本身具有较强的亲液性，被水浸泡饱和后便会失去其大部分强度，可满足卫生纸等纸种的亲液性需要。对于需要一定憎液性的纸种而言，可通过向浆料内部添加施胶剂或在纸张表面涂覆施胶剂，从而使纸张获得一定的憎液性能。与此同时，施胶还能提高纸页强度和统一印刷性，减少纸页两面差、防止卷曲。纸张憎液性能的好坏取决于施胶方法、施胶剂的种类及用量，凡影响施胶度的因素均会对纸张的憎液性能产生影响。常用施胶方法分为浆内施胶和表面施胶。浆内施胶是指在浆料中加入施胶剂使纸或纸板具有憎液性能的工艺方法，在浆中均匀混入比表面积自由能较低的胶体悬浮液，并与纤维表面的亲液基团——羟基产生架链结合，使其附着在纤维网络之中，抑制流体通过纤维内部和纤维之间毛细管的穿透速度，实现降低水等渗透液对纸张的渗透，显著提高整个纤维系统对液体的接触角，提高纸张的憎液及抗液能力。浆内施胶剂有松香胶类（松香胶、强化松香胶和分散松香胶等）与中性合成施胶剂烷基烯酮二聚体（AKD）、烯烃基琥珀酸酐（ASA）两种，目前国内主流施胶方法为使用中性施胶剂 AKD、ASA 等进行浆内施胶，相较于松香胶类施胶效果更持久，更耐储存。

表面施胶是指将纸或纸板表面涂抗水性物质，以改善纸张的憎液性能等力学性能并降低孔隙率。将疏水性涂料或胶液粘在施胶辊上，并由计量棒控制上胶量，涂料或胶液通过施胶辊转移到纸页表面。施胶过后的纸页经过气垫、红外干燥器和热风干燥烘箱迅速得到干燥，并且红外干燥器之后第一根辊镀有特氟龙等摩擦系数极低涂层防止涂料或胶液粘辊。工业上使用的最主要的表面施胶剂是淀粉及其改性产品，其次还有动物胶、甲基纤维素、羧甲基纤维素、聚乙烯醇、蜡乳液和部分共聚物如苯乙烯-马来酸酐（SMA）、聚氨酯和苯乙烯-丙烯酸酯等。当使用聚乙烯醇、羧甲基纤维素和动物胶等价格较为昂贵的施胶剂时，表面施胶更具优势。

浆内施胶和表面施胶均可有效提高纸页的憎液能力，因而影响施胶效果的因素如纸页性质、施胶剂种类和数量等会间接影响纸页的亲液能力和憎液能力。纸页的 pH、含水率、打浆度和孔隙率等性质直接影响纸页本身的吸收性能，打浆度高、孔隙率低的纸页一般纤维结合比较紧密，紧度较高，不利于施胶剂的渗透和结合。一般来说，液体在多孔介质（如纸）中的流动或渗透是由气液界面上的毛细管力驱动的，毛细管力的曲率和表面张力的差异导致液体流动或渗透能力的不同。用 Lucas-Washburn 方程来描述渗透距离与时间的关系：

$$L(t) = \sqrt{\frac{rt\gamma\cos\theta}{2\mu}} \tag{4-1}$$

式中　t——时间

$L(t)$——t 时间后液体渗透距离

　　r——平均毛细管半径

　　γ——液体表面张力

　　θ——毛细管与液体接触角

　　μ——液体黏度

施胶剂的性质对施胶效果影响最为明显，传统的酸性松香-明矾施胶剂对纸页纤维有降解作用，较长时间后，纸页的憎液性、机械强度下降，易老化、变黄、变脆，更易碎。

新型阳离子松香施胶剂是通过阳离子聚电解质保护胶体作用稳定松香粒子的最佳中性施胶方法。阳离子松香因其自留着性降低了明矾使用量，提高了施胶效率。烷基烯酮二聚体（AKD）和烯烃琥珀酸酐（ASA）等合成施胶剂更适应中性/碱性环境，在使用碳酸钙作为填料时不会产生气泡。AKD 施胶剂通过酯键与纤维素反应，与纤维素表面产生很强的共价键，具有很好的耐酸性和碱性渗透性，特别适用于需要长时间防水的产品。AKD 施胶的纸张在加速老化测试后仍能保持其原有的亮度和强度，因而常用于证券纸和高档书写纸生产。AKD 施胶效率较高，低至 0.05%~0.3%（基于纸浆）的添加量即能满足纸页所需要的憎液性能。目前已经开发出一系列的 AKD 水性施胶剂，包括阳离子型 AKD 施胶剂、阴离子型 AKD 施胶剂、阳离子淀粉型 AKD 施胶剂、合成聚合物型 AKD 施胶剂等。

ASA 施胶剂是除 AKD 施胶剂外另一种纤维素活性施胶剂，目前已被广泛接受用于碱性施胶流程，ASA 施胶剂可满足不同类型纸张的施胶需求。ASA 施胶剂的反应活性大于 AKD 施胶剂，可与纤维素中存在的羟基形成共价酯键，无须加热处理且固化时间更短，可在更宽 pH 范围内应用。ASA 施胶剂的用量略高于 AKD 施胶剂，通常在稀释到流浆箱浆料浓度后添加到造纸浆料中。但总体而言，使用 ASA 施胶剂进行整体施胶比使用 AKD 施胶剂的施胶效率更高，成本更低。ASA 在高温和高 pH 的条件下会在压榨部形成沉积物，影响纸机正常生产并降低施胶效果。

聚合物施胶剂（PSA）的发展在经济和技术方面都取得了较好的成果。PSA 由疏水性聚合物核心外加亲液性胶体保护层组成，施胶过程中胶体保护层在液体中膨胀产生的较大的应力保障聚合物在纸张表面均匀分散，创建亲液/疏水基质，从而改善复印、喷墨、激光喷射和胶印效果。PSA 通常与淀粉溶液一起使用，调整施胶系统的操作参数，如不同的渗透深度和渗透速度以应用于不同制浆条件下的各种纸张类型，具有较宽的 pH 适用范围，且施胶过程中不需要消泡剂。除了较强的施胶性能之外，PSA 施胶剂的使用还提高了纸页荧光增白剂的效果。

淀粉是表面施胶中最常用的增强类施胶剂，其价格远低于动物胶和其他化学品。在世界范围内，造纸产业中超过 65% 的淀粉总量用于表面施胶。除了可以增加纸页表面强度外，淀粉施胶剂还可以减少纸页形变，并改善纸页的其他性能。马铃薯、小麦和玉米淀粉是最常用的淀粉，天然或未变性淀粉溶液黏度太高不适用于普通表面施胶，而且淀粉是高分子水溶性物质，结构中含有亲液基，在纸页表面成膜后难以抵挡液体的渗透，需要用黏度较低的变性淀粉和其他的表面施胶剂配合使用来达到纸张产品的要求。目前变性淀粉主要有氧化淀粉、酸解聚淀粉、取代淀粉、阴离子淀粉、阳离子淀粉、接枝淀粉、疏水淀粉等。

羧甲基纤维素（CMC）是一种由羧甲基基团（—CH_2—COOH）与构成纤维素主链的葡萄糖单体的某些可替代羟基结合而成的纤维素醚类衍生物。CMC 可以更均匀地处理纤维状和非纤维状物质，提高与羟基和羧基的附着力，在纸页表面形成很好的封闭性和抗油性，从而提高含木浆和不含木浆纸页的憎液性能，同时 CMC 可与脲醛树脂等混合使用以进一步增强纸页的憎水性能。

聚乙烯醇（PVA）是由醋酸乙烯酯水解制成，是乙烯基树脂中的一种水溶性树脂。聚乙烯醇的溶解度和成膜特性随羟基取代乙酸基团的程度而变化。PVA 施胶后形成的薄膜具有非常高的拉伸强度、透明度、柔韧性和耐油性。PVA 可以与脲醛树脂或铬化合物

（醋酸铬、重铬酸铜或重铬酸钠）共用进一步提高纸页憎液性能。添加少量的碱稳定的硅胶也可增加纸页憎液性。

蜡乳液可与淀粉结合使用于浆液槽或浆料压榨机上。也可单独使用或与淀粉混合使用于压光上浆。在压延施胶中，蜡起到润滑剂的附加作用，防止淀粉粘贴纸板表面。蜡乳剂主要有阴离子型、酸稳定型和非离子型等，它们具有较低的润湿能力，可减少乳液对纸张的渗透，有效防止纸页过湿从而降低生产成本。

海藻酸盐是由β-1,4-D-甘露糖醛酸和α-1,4-L-古洛糖醛酸组成的聚合物，是从马尾藻或褐藻类海带中提取的一种结构成分。可用碱处理含有大量羧基的海藻酸得到水溶性的海藻酸盐。海藻酸盐是一种成膜型施胶剂，当作为表面施胶剂使用时生成的薄膜清晰而坚硬，但缺乏韧性，而且对水溶液较为敏感，具有亲液性。

2. 涂料对纸页亲液性和憎液性的影响

除浆内施胶和表面施胶外，另一种可增强纸张产品憎液性的重要方法是涂布。涂布所需的涂料主要由颜料、胶黏剂以及各种功能性添加剂组成，其中颜料可占涂料绝干总重的80%~95%，其次是胶黏剂，功能性添加剂最少，仅占2%左右。颜料是涂料中含量最丰富的成分，因此颜料也自然是影响涂料性能的最重要因素，常用颜料有高岭土、碳酸钙、滑石粉、二氧化钛等被用来遮盖纸页纤维、填补孔隙，从而提高纸页亮度、白度、不透明度和平滑度。涂料中的胶黏剂包括多种合成物质如丁苯二烯、丙烯酸酯或聚醋酸乙烯酯和天然物质如淀粉、酪蛋白和大豆蛋白。胶黏剂的主要任务是将颜料颗粒黏结在一起之后固定到纸页表面，并在涂料脱水后填补涂料颜料之间的空隙。乳胶胶黏剂使纸页涂层具有更高的耐水性、更好的柔韧性、更高的光泽度和更好的印刷性。但淀粉等水溶性胶黏剂在与水接触时容易失去黏结力并溶解在水中。可通过将水溶性胶黏剂与不溶性黏合剂混用，或通过在黏合剂周围建立不溶性网络如添加部分防水剂，加速涂层固化。三聚氰胺甲醛树脂和脲醛树脂含有的亚氨基、羟甲基以及甲氧基甲基等基团与纸张涂布黏合剂如淀粉和聚乙烯醇的羟基以及乳胶的羧基发生反应，可以有效提高纸页涂层的耐水性能。涂料中的功能性添加剂还有分散剂、增稠剂、防水剂、润滑剂、消泡剂、荧光增白剂以及防腐剂等，可影响和控制涂层的流变性、保水性以及物理和光学表面结构性能。

3. 填料对纸页亲液性和憎液性的影响

造纸填料的应用也会对纸页性能产生影响，在纸张中添加填料不仅可以降低造纸原料成本，节省干燥部蒸汽消耗，还能有效提高纸页的白度和平滑度。随着植物纤维价格的不断上涨和地区性的纤维短缺，制浆造纸生产过程中将会使用更多的填料，然而填料会对纸页的性能，如亲/憎液性、强度等产生影响，需要从填料亲/憎液性、比表面积、颗粒形态等方面进行考虑。

填料种类的不同决定了其具有不同的亲液性或憎液性，目前主流的矿物填料是高岭土、$CaCO_3$和滑石粉。$CaCO_3$、高岭土等具有亲液性，滑石粉具有疏水性。加填时所用填料的亲液性越好，纸张的施胶难度越大，要达到一定的施胶度时所需要的施胶剂用量也越大。反之，如果填料的疏水性越好，加填纸就相对越容易施胶，要达到一定施胶度时所需要的施胶剂用量也会较小。$CaCO_3$是造纸填料市场中使用量最多的填料，其次是高岭土和二氧化钛等。$CaCO_3$可赋予纸张各种优异性能，如较高的不透明度和白度、较好的光反射系数等，是生产高档纸张的理想填料。但碱性的$CaCO_3$会与传统的酸性松香-明矾施胶剂

发生反应释放出 CO_2 而产生大量泡沫；同时松香皂还会与 $CaCO_3$ 反应产生沉淀，不仅严重影响施胶效果和成纸质量，而且给纸机的正常运行带来阻碍。随着废纸和再生纤维的大量回用，使回用纤维中的 $CaCO_3$ 被带入抄纸系统，在酸性施胶中会导致施胶困难。随着造纸行业从酸性造纸和酸性施胶逐渐升级为更经济环保的中、碱性造纸和施胶，$CaCO_3$ 的使用量逐渐加大，并且作为 AKD 施胶纸张的填料时能够将碱度调到 AKD 最佳使用范围。

填料相较于纸浆纤维而言具有更小的体积和更大的比表面积，在施胶时其对施胶剂的吸附能力远大于纸浆纤维，致使部分施胶剂更易黏附在填料周围从而减弱对纸浆纤维憎液能力的提升。原因在于施胶剂需要通过与纤维直接发生反应固着到纤维表面才能发挥施胶作用，当部分施胶剂吸附在填料周围时减少了施胶剂在纤维表面的吸附和反应，因此达不到原有的施胶效果，为达到相同施胶效果需要消耗更多的施胶剂，造成资源的浪费。并且，在成形区网布脱水时，填料容易连带施胶剂被抽离纸页表面，进一步减弱施胶效果。

填料的颗粒形态也会对纸页憎液性能有所影响，随着施胶温度的升高，AKD、蜡等施胶剂的流动性会不断加强，在较高温度状态下部分液态 AKD 会流向具有多孔结构的轻质 $CaCO_3$（PCC）的微孔中。对于 TiO_2、硅石和塑料等球形填料或重质 $CaCO_3$（GCC）等实心颗粒填料则不会产生负面影响。此外小粒径的填料混合在纸页中产生更强的毛细管效应，提高了纸页的多孔性和液体渗透性能，影响施胶效果，从而影响纸页的憎液性。

现代造纸行业为提高产品生产率和产品质量、减少环境污染，对制浆造纸助剂的使用量不断增加。制浆造纸助剂是造纸企业中的精细化学品，具有很高的社会效益和经济效益。制浆造纸过程中助剂的使用要求并不是一成不变的，通常需要根据产品质量要求进行多种助剂的协同使用，从而提高纸页生产效率，减少造纸过程所需的助剂总量。因此现代造纸行业中制浆造纸助剂对于纸页的亲液性和憎液性的影响是错综复杂的，需要进行综合分析。

第二节 纸页的吸收性能

一、纸页结构对吸收性能的影响

1. 孔隙率和紧度的影响

纸页内部疏松度是指纸页内部所有空隙所占总空间的百分比，在很大程度上影响纸页吸收能力。在疏松度的基础上更好地引入紧度概念。纸张紧度是指每单位体积的纸或纸板的质量，以 g/cm^3 计。即：

$$\rho = \frac{q}{d \times 1000} \tag{4-2}$$

式中 ρ ——纸张紧度，g/cm^3

q ——纸的定量，g/m^2

d ——纸的厚度，mm

体积指的是纸张所有实体组分和纸页内部空隙空间体积的和。

纸页定量相同的时候，紧度越大会相对应内部空隙越小。紧度实际意义上不是用来描述纸页内部空隙占比，更多是相对比较意义。所以，要用到孔隙率来定量表示纸页多孔程度。

孔隙率除了能表示纸的结构外,也能影响纸的其他指标,比如气体的透气度、对液体(包括水、溶液等)的过滤和吸收。高孔隙率和低紧度,纸页吸收性能会加强。纸页孔隙率在很大程度上影响吸液、憎液相关功能纸的应用。

通过 V_1 和 V 之比来求纸页孔隙率 W(%),即:

$$W = \frac{V_1}{V} \tag{4-3}$$

式中 V——纸页面积乘厚度,cm^3
V_1——纸页总孔隙体积,cm^3
W——纸页孔隙率,%

若用密度来表示,式(4-3)也可以写成:

$$W = \frac{V_1}{V} = \frac{V-V'}{V} = 1 - \frac{m/\rho'}{m/\rho} = 1 - \frac{\rho}{\rho'} \tag{4-4}$$

式中 ρ——可见紧度。可通过公式(4-2)确定。V 中只包含部分孔隙体积,因此 ρ 值实际上不是纸张实体部分紧度,g/cm^3
ρ'——纸张真正紧度,即纸张试样质量 m 与其实体体积 V' 之比,可以理解为纸张中纤维、填料和其他物质的平均紧度,g/m^3

(1) 纸张孔隙率的测定

由于直接精准测量纸中实体部分体积存在一定的难度,可以利用密度瓶等类似的设备实现间接测量。瓶真空状态下,结果是已知密度的液体填充满纸张内部所有空隙,再通过式(4-8)求得纸试样真正紧度。

总质量 m_T 包括纸的质量 m_P、瓶的质量 m_C 和填充液的质量 m_L 三部分之和,因此所充液体的质量为:

$$m_L = m_T - m_P - m_C \tag{4-5}$$

密度瓶内液体的体积为 V_L:

$$V_L = \frac{m_T - m_P - m_C}{\rho} \tag{4-6}$$

式中 ρ——填充液体的密度

密度瓶容积为 V_C,纸页实体体积 V' 表示为:

$$V' = V_C - V_L = V_C - \frac{m_T - m_P - m_C}{\rho} \tag{4-7}$$

所以纸页真正紧度为:

$$\rho' = \frac{m}{V'} = \frac{m}{V_C - \frac{m_T - m_P - m_C}{\rho}} \tag{4-8}$$

表 4-5 为利用式(4-3)检测到的几种纸张的孔隙率。

从表 4-5 中孔隙率数据对比体现出来的差异性可知,三种不同的纸用水测定出来的孔隙率要比用石蜡油测定的高一些,这可能是因为水羟基和纤维羟基之间的极性作用,使水容易浸入纤维间空隙,石蜡油具备非极性且本身相对分子质量很大,所以更难浸入纤维间空隙。

表 4-5　　　　　　　　　　　　　　　几种纸的孔隙率

液体	纸种		
	铜版纸	胶版纸	新闻纸
水	0.412	0.507	0.658
石蜡油	0.385	0.5000	0.649

仅依靠孔隙率这一个指标还不能够深入了解液体在纸张内部渗透状态，孔隙率仅反映纸页多孔性，借助纸张内部毛细管大小和分布能够更好地了解液体如何向纸张内部渗透。

（2）毛细管分布和测定

纸内部毛细管的复杂性既体现在毛细管孔径大小的差异性，又体现在排列方向的纵横交错，仅根据过往简易几何模型无法精确模拟。通过对问题不断简化的方法可以实现模拟准确性的提高，假设毛细管均彼此平行的垂直于纸面，对假设简化后的纸页毛细管体系模型进行分析，再通过不断地减少模拟结果与实测数据二者之间的偏差，来判定该体系是否具备可行性。

第一步假设：表面单位面积上，毛细管半径为 r，个数为 $N(r)$，半径介于 r 到 $r+\mathrm{d}r$ 毛细管数量为 $N(r)\mathrm{d}r$。

第二步假设：表面单位面积上，毛细管半径为 r，容积为 $V(r)$，半径介于 r 到 $r+\mathrm{d}r$ 毛细管体积为 $V(r)\mathrm{d}r$。

表面单位面积上可得：

$$\pi r^2 N(r)\mathrm{d}r = V(r_4)\mathrm{d}r \tag{4-9}$$

此时，可由式（4-9）积分得到纸页单位面积毛细孔容积，那么纸张的孔隙率 W 为：

$$W = \int_0^\infty V(r)\mathrm{d}r = \int_0^\infty \pi r^2 N(r)\mathrm{d}r \tag{4-10}$$

将黏度为 η、表面张力为 γ 的液体涂在纸的表面，液体和纸张之间的接触角 $\alpha=0°$，在此基础上进一步分析涂层厚度（相当于毛细管长度）l（cm）与纸张吸液状态的关系。为了简化问题，进行如下的假定。

① 在单位面积上，占比 a 且半径为 r 毛细管参与吸液，毛细管个数 $aN(r)$。

② 所有毛细管吸液后的渗透高度为 h cm。

如果所涂液体全部吸入纸页内部，则：

$$\int_0^\infty \pi r^2 h \cdot aN(r)\mathrm{d}r = l \tag{4-11}$$

将式（4-10）代入式（4-11），得：

$$l = haW \tag{4-12}$$

所以：

$$h = \frac{l}{aW} \tag{4-13}$$

因此原始液层厚度、毛细管吸液体积占比和孔隙率三者共同决定液体渗透高度 h。

在吸液完成时间为 t，纤维与液体的接触角为 0 的情况下，可得：

$$h^2 = \frac{r \cdot \gamma \cdot t}{2\eta} \tag{4-14}$$

将公式（4-13）代入式（4-14），则：

$$r = \frac{l^2}{a^2 W^2} \cdot \frac{2\eta}{\gamma t} \tag{4-15}$$

因此半径为 r 的毛细管在吸液后,计算后其体积为 $\pi r^2 h$,对于纸面原始涂层厚度 l,等同于 A_r 面积上进行吸液:

$$\pi r^2 h = A_r l$$

$$A_r = \pi r^2 \frac{h}{l} = \frac{\pi r^2}{aW} \tag{4-16}$$

在原始液涂布厚度为 l 的纸面上,毛细管半径介于 r 和 $r+\mathrm{d}r$ 之间,其吸液量等同于面积为 $\mathrm{d}A$ 上的吸液量,即:

$$\mathrm{d}A = \frac{\pi r^2}{aW} \times aN(r)\mathrm{d}r = \frac{\pi r^2 N(r)}{W}\mathrm{d}r \tag{4-17}$$

将式(4-9)代入式(4-17):

$$\mathrm{d}A = \frac{V(r)}{W}\mathrm{d}r \tag{4-18}$$

吸液量与时间变化对应关系用式 $(\mathrm{d}A)/(\mathrm{d}t)$ 表示:

$$\frac{\mathrm{d}A}{\mathrm{d}t} = \frac{V(r)}{W}\frac{\mathrm{d}r}{\mathrm{d}t} \tag{4-19}$$

由式(4-15)可得:

$$\frac{\mathrm{d}r}{\mathrm{d}t} = -\frac{2\eta l^2}{a^2 W^2 \gamma}\frac{1}{t^2} \tag{4-20}$$

将式(4-20)代入式(4-19),整理后可得:

$$V(r) = -\frac{\mathrm{d}A}{\mathrm{d}t}\frac{a^2 W^3 \gamma t^2}{2\eta l^2} \tag{4-21}$$

吸液过程中的纸面液体涂布量与时间的变化关系可用式 $(\mathrm{d}A)/(\mathrm{d}t)$ 表示。

纸面吸液量会影响纸面光泽度,因此纸面光泽度对时间的变化率可用来间接反映 $(\mathrm{d}A)/(\mathrm{d}t)$ 值。$(\mathrm{d}A)/(\mathrm{d}t)$ 的计算方法如下:若 R_0 为涂布后纸面瞬时反射率,R_e 为毛细管吸收涂布液后纸面反射率,R_t 为吸液时任意时刻纸面反射率。因此,纸面液量高低可通过反射率的变化来表示。即式(4-22):

$$A = \frac{R_t - R_e}{R_0 - R_e} \tag{4-22}$$

因入射光强相同,可用式(4-23)表达:

$$A = \frac{I_t - I_e}{I_0 - I_e} \tag{4-23}$$

式中 I_0——涂布纸面瞬时反射光强度

I_e——纸面完全吸收涂布液后反射光强度

I_t——吸液中任意时间纸面反射光强度

已知纸张孔隙率 W 为33%,20℃下石蜡油黏度为73.8Pa·s以及对应液体表面张力35.1mN/m,涂布石蜡油厚度 $28.4\times10^{-4} \sim 54.7\times10^{-4}$cm。石蜡油涂布后,利用式(4-23)和在不同时刻检测反射光强度数据计算出 A 值,得到 A-t 曲线,如图4-7所示。根据 A-t 曲线斜率进一步求出 $(\mathrm{d}A)/(\mathrm{d}t)$ 值。

根据式(4-15)可知,毛细管半径 r 和 l^2/t 成正比,如式(4-21)所示,毛细管分

布 $V(r)$ 与$-(dA/dt)\cdot(t^2/l^2)$ 成正比。在图 4-7 中，得到不同的 t 相应的$-(dA/dt)$ 值和 l^2/t，然后得到$-(dA/dt)\cdot(t^2/l^2)$ 值。进一步得到以 l^2/t 为横坐标和$-(dA/dt)\cdot(t^2/l^2)$ 为纵坐标的容积分布曲线，如图 4-8 所示。所以$-(dA/dt)\cdot(t^2/l^2)$ 与毛细管容积成正比，图 4-8 反映出毛细管分布状态，在 $l^2/t=10^{-8}\text{cm}^2/\text{s}$ 附近会出现极大值。

从图 4-7 曲线 A 可知，利用油膜涂布厚度 $32.4\times10^{-4}\text{cm}$ 来求出气孔量分布 $V(r)$。

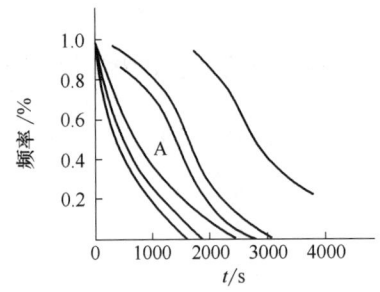

图 4-7 不同涂层厚度的 $A\text{-}t$ 曲线

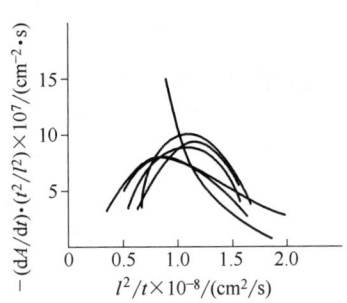

图 4-8 气孔量分布示意

由式（4-15）可得到：

$$a^2 r = \frac{2\eta}{W^2\gamma}\cdot\frac{l^2}{t} \tag{4-24}$$

由于 $l^2/t=10^{-8}\text{cm}^2/\text{s}$ 处存在极大值，所以：

$$\frac{2\eta}{W^2\gamma}\cdot 10^{-8}=a^2 r_{\max} \tag{4-25}$$

也可以通过油浸透试验来求出其中的 $r_{\max}$。

根据纸张在不同时刻的吸油高度，作图得到 $h\text{-}t^{1/2}$ 直线。图 4-9 就是卡片纸在煤油（$\gamma=25.7\text{mN/m}$, $\eta=0.017\text{Pa}\cdot\text{s}$）中的吸油 $h\text{-}t^{1/2}$ 线图。

由此可知：

$$h=\sqrt{\frac{r_{\max}\cdot\gamma}{2\eta}}\cdot\sqrt{t} \tag{4-26}$$

因此可由 $h\text{-}t^{1/2}$ 线性关系求出斜率值，代入式（4-25）确定渗透系数 Q 值。

图 4-10 是根据上述方法计算 $V(r)$ 和 r 值得到的关系图。利用液体在毛细管分布体系的吸引作用，对理想牛顿流体向纸内部进行引导渗透，虽然与纸吸液状态有一定差别，但通过假定液体为理想牛顿流体的研究方法得到的数据结果仍具备参考价值。

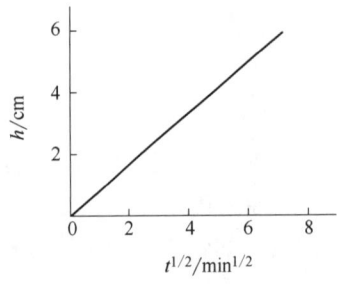

图 4-9 吸油时间与深度线性关系

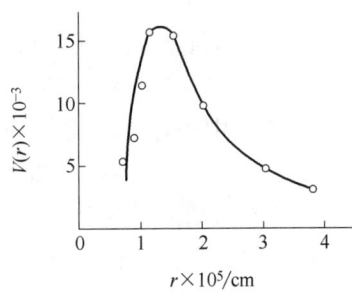

图 4-10 气孔量分布曲线

在分析纸的孔隙率时，并不仅仅是将毛细管都假定为圆柱形，更要考虑到实际意义上的毛细管是形状各异且长度不同。在实际意义上，模型里的毛细管有效半径等同于具备同毛细压力的圆柱形管半径平均值。可理解为通过半径的空气量和通过单位面积上孔隙的空气量是等同的。但此数值可以比较不同纸相对孔隙率，并不能用来描述孔隙形状、大小和分布。

2. 纸页中纤维排列的影响

在吸液过程中，纤维排列方向是影响液体扩散方向的决定性因素，同时，纤维排列方向对纸的吸收性也有影响。纸中纤维排列方向主要呈纵向，毛细孔也呈现相同规律，同时表面细小纤维含量低且多孔。纸张吸液时方向性的选择与其孔隙分布是相一致的，纸张的孔隙在长、宽、厚三个维度上分布存在较大差异。纸在纵向方向上，孔隙有效半径最大，在厚度方向上，孔隙有效半径最小。厚度方向为纵向的1%~30%，纸横向有效孔隙半径约为纵向的60%~98%，故纸页纵向吸液能力最大。

3. 纤维内渗透与纤维间渗透

纸内液体渗透主要包含两种方式：一是纤维间渗透，二是纤维内渗透。纤维间渗透速度主要受毛细渗透多种因素影响。纤维内渗透速度受纤维结合力影响，二者成正比关系，纤维结合力的存在也能保证纤维内部渗透通道具备连续性。在打浆过程中，打浆度的增加会降低从纤维间渗透入纸中的水分，反而会提高从纤维内渗透入纸中的水分。对未憎液改性的纸张而言，在非常短的时间内液体就会从正面渗透到反面，这将很难区分开来纤维间和纤维内水分渗透。

二、纸页的吸液机理

纸页吸液能力主要包含两个部分：一是对水的吸收能力；二是对其他液体吸收能力。影响纸页吸液能力主要有两个因素：一是极性吸附，纸纤维中含有大量的游离羟基，纤维羟基可以和水分子羟基形成氢键作用，进而产生极性吸附；二是毛细作用，纸张是在造纸机上抄造后形成的网状物，主要由天然纤维和相关填料助剂构成，纤维和纤维之间、纤维和填料助剂之间存在等同于毛细管的毛细间隙，通过毛细间隙的吸附作用，液体吸附在毛细间隙内。

纤维上大量游离羟基与液体羟基之间形成的氢键物理作用是形成极性吸附的根本原因。毛细作用和液体流体力学特性紧密相关，因此要从流体力学角度来解释毛细管的吸附现象。

如图4-11，将半径为r的毛细管垂直于液面，浸入液面以下且高出液面一定高度h，已知液体表面张力为γ，液体接触壁面与液体接触角为θ，表面能的存在使得液体分子之间产生紧缩作用进而减小液体的表面积，从图4-11所示的弯曲液面可知，表面张力对毛细管中液体产生向上拉力F：

$$F = 2\pi r\gamma \cdot \cos\theta \tag{4-27}$$

毛细管作用产生的向上拉力将毛细管内液面拉至高度h，此时管内外产生压差Δp，即：

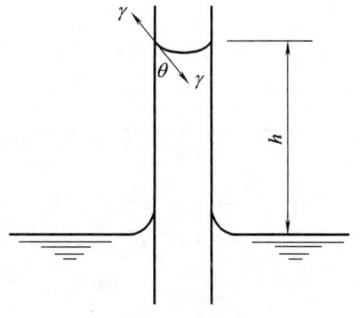

图4-11 毛细管吸附现象

$$\Delta p = \frac{2\pi r\gamma \cdot \cos\theta - \pi r^2 \rho h g}{\pi r^2} \tag{4-28}$$

式中 ρ——液体密度

g——重力加速度

在单位时间内，毛细管中液面高度 h 的变化，用流量 q 表示，即：

$$q = \pi r^2 \cdot \frac{dh}{dt} \tag{4-29}$$

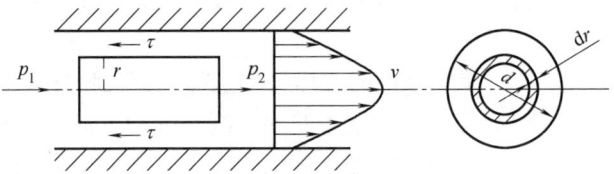

图 4-12 流体在毛细管中的流动图

假定液体为层流状态的理想牛顿流体，又假定毛细管中的压力保持不变，那么流体在毛细管中的流动状态可根据图 4-12 来分析。在毛细管中取半径为 r 且长度为 l 的微圆柱体进行力学分析。做匀速直线运动的层流体在轴向上受到的外力之和为零，即：

$$(p_1 - p_2)\pi r^2 - \tau \cdot 2\pi r l = 0 \tag{4-30}$$

切应力 τ 为：

$$\tau = -\eta \frac{dv}{dr} \tag{4-31}$$

式中 η——液体黏度系数

这里的负号表示的是速度随着 r 增大而减小。

将 τ 代入式（4-30），令 $p_1 - p_2 = \Delta p$，则：

$$\Delta p \pi r^2 + 2\pi l r \eta \cdot \frac{dv}{dr} = 0 \quad \frac{dv}{dr} = \frac{-\Delta p \pi r^2}{2\pi l \eta r} = \frac{-\Delta p}{2\eta l} \cdot r \tag{4-32}$$

对式（4-32）进行积分，其边界条件为：

$$r = \frac{d}{2} \quad v = 0$$

流体本身具有黏性，靠近微管中心位置，流速最大，沿半径方向越往外扩展，流速逐渐变小，直到管内壁流速为零。故：

$$v = \frac{\Delta p}{4\eta l}\left(\frac{d^2}{4} - r^2\right) \tag{4-33}$$

由式（4-33）可知：当毛细管中液体流动属于层流时，液体流速沿着管径方向会按抛物线分布。

在半径 r 处且厚度 dr 的微环面上，毛细管单位时间内的流量 dq 为：

$$dq = v \cdot 2\pi r \cdot dr \tag{4-34}$$

积分：

$$q = \int_0^{\frac{d}{2}} v \cdot 2\pi r \cdot dr = \int_0^{\frac{d}{2}} \frac{\Delta p}{4\eta \cdot l}\left(\frac{d^2}{4} - r_2\right) 2\pi r \cdot dr \tag{4-35}$$

得：

$$q = \frac{\pi r^4}{8\eta \cdot l}\Delta p \tag{4-36}$$

式（4-36）可知，在单位时间内，微管流量与其半径 r 四次方和端压差成正比，与其长度和液体黏度成反比。

毛细管吸液现象根据 Hagenbach 定律进行分析，根据式（4-29），式（4-36）可写成：

$$\pi r^2 \frac{dh}{dt} = \frac{\pi r^4}{8\eta h} \cdot \Delta p \tag{4-37}$$

式中　h——毛细管液面高度

代入得到：

$$\frac{dh}{dt} = \frac{1}{8\eta h}(2r\gamma\cos\theta - r^2\rho h g) \tag{4-38}$$

当毛细管内液体上升速度无限接近零时，液面高度也会达到极限。

$$h_\infty = \frac{2\gamma\cos\theta}{r\rho g} \tag{4-39}$$

将式（4-39）代入式（4-38）中，可得：

$$t = \frac{8\eta}{r^2\rho g}\left[-h - h_\infty \ln\left(1 - \frac{h}{h_\infty}\right)\right] \tag{4-40}$$

展开对数部分，进行极限，再将第二项以后舍去，则：

$$\frac{dh}{dt} = \frac{1}{8\eta h}(h_\infty - h)r^2\rho g \tag{4-41}$$

接触角 $\theta = 0$，引入毛细管平均半径后，式（4-26）可写为：

$$h = \sqrt{\frac{r\gamma}{2\eta}t} \tag{4-42}$$

$$h = \sqrt{\frac{r\gamma \cdot \cos\theta \cdot t}{2\eta}} \tag{4-43}$$

式（4-42）和式（4-43）可用来分析流体表面能对毛细管吸附作用的影响。毛细管中流体渗透高度和渗透时间平方根成正比，与液体黏度平方根成反比。

纸的密度介于 0.5~0.6g/cm³，相对紧度约为 0.5~0.8，比纤维素的密度（1.5g/cm³）低，孔隙率约 70%。孔隙主要包含：a. 贯通全层纸的开放细孔，是真正的空隙；b. 仅与纸张一面相通的凹陷；c. 不与表面相通且包裹在纸内部，空气和空间组成的空腔。纸张纤维多孔性和其结构本身的吸收特性的二者结合赋予纸张良好吸液性能。

第三节　纸页的憎液性能

一、纸页的憎液性机理

纸页中植物纤维的三种主要组分纤维素、半纤维素和木质素都具有亲液性，纸页表面存在大量的亲水性羟基，同时纤维间存在众多相当于毛细管的间隙使纸具有多孔性，因此纸页本身具有一定的亲液性。随着纤维素纸基材料应用范围的不断拓展，对纸页产品的憎液性和机械强度提出一定要求，然而纸页的亲液性不利于自身机械强度的保持。纸页遇水后，水分子会迅速渗透并破坏纤维之间的氢键结合导致纸页机械强度下降，因此需要纸页具备一定抗拒液体渗透的性能。纸页的憎液性是指纸页或纸页表面与水等溶剂互相排斥的物理性质，是纸页表面的一项重要性能，可以通过接触角即液体/蒸汽界面与纸页接触的夹角角度来进行表征。如图4-13所示，θ即为液体与纸页表面的接触角。

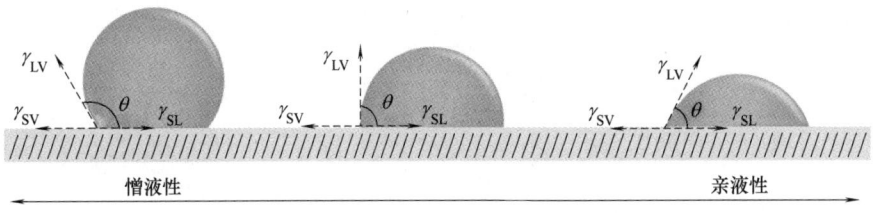

图4-13 Young氏方程模型图

如式（4-44）所示，用于表征纸页表面亲液性和憎液性最相关和最基本的理论模型是Thomas Young于1805年提出的Young氏静态接触角（static contact angle，SCA）和动态接触角（dynamic contact angle，DCA）方程：

$$\cos\theta_Y = \frac{\gamma_{SV} - \gamma_{SL}}{\gamma_{LV}} \tag{4-44}$$

式中　θ_Y——Young氏方程表面平衡接触角

　　　γ_{SV}——固体-蒸汽界面的表面张力

　　　γ_{SL}——固体-液体界面的表面张力

　　　γ_{LV}——液体-蒸汽界面的表面张力

$\theta = 90°$是判定纸页表面是否亲水的临界角，通过对接触角θ进行界定可以确定纸页的亲液性和憎液性。当$\theta < 90°$时纸页表面表现为亲液性，在亲液的表面上液滴会尽可能地浸湿表面并渗入纸页的孔隙使其饱和。当$\theta \leq 10°$时纸页表面表现为超亲液性，表明液体在纸页表面上的完全扩散。当$\theta > 90°$时纸页表现为憎液性，此时液滴被疏水表面排斥，呈近似球形。在$\theta > 150°$时纸页表现为超疏水性，表明液体在纸页表面几乎没有渗透和扩散。一般而言水及其周围气体环境的表面张力是固定的，因此由式（4-44）可知纸页表面张力的降低会导致接触角θ的增大。Young氏方程仅适用于平坦光滑且基本均质的理想固体表面，因此具有一定粗糙度的非均质纸页表面的实际接触角与Young氏方程计算接触角有所差异。

因此必须考虑表面粗糙度对表面接触角的影响，Wenzel于1936年提出表面粗糙系数概念并建立表面张力、表面粗糙系数和接触角之间的关系公式：

$$\cos\theta_w = r\cos\theta_Y = \frac{r(\gamma_{SV} - \gamma_{SL})}{\gamma_{LV}} \tag{4-45}$$

式中　θ_w——Wenzel方程表面平衡接触角

　　　θ_Y——Young氏方程表面平衡接触角

　　　r——表面粗糙系数

　　　γ_{SV}——固体-蒸汽界面的表面张力

　　　γ_{SL}——固体-液体界面的表面张力

　　　γ_{LV}——液体-蒸汽界面的表面张力

表面粗糙系数 r 表示实际固—液接触面积与表面几何接触面积之比，表面粗糙系数的提出直接改变了固—气表面张力和固—液表面张力对表面接触角的作用和影响，导致粗糙固体表面接触角与理想固体表面接触角大小有所不同。对于粗糙固体表面而言，实际固液接触面积总是大于表面几何接触面积，因此 r 总大于 1。由式（4-45）可知，若表面接触角 $\theta > 90°$，则疏水性随粗糙度的增加而提高，若表面接触角 $< 90°$，亲水性随粗糙度的增加而提高。表面粗糙度是纸页憎水性的第二个关键影响因素，纸页良好的憎水性需要更高的表面粗糙度和更低的表面张力。

如图 4-13 和图 4-14 所示，Young 和 Wenzel 方程模型均假设液滴与光滑或粗糙表面处于均匀接触状态。而如图 4-15 所示，Cassie 和 Baxter 则提出当固体表面粗糙系数过高时，固体-液体界面的表面张力 γ_{SL} 高于固体—蒸汽界面的表面张力 γ_{SV}，因此更利于空气存在于固体—液体界面的凹槽之间。若空气或另一种流体存在于液滴与粗糙凹槽之间时会阻止液体渗透到粗糙孔隙中从而减少液滴与固体表面的接触面积，提高表面憎液性。Cassie 和 Baxter 在 1944 年将 Young 和 Wenzel 方程模型整理和推导得到 Cassie-Baxter 方程如式（4-46）所示：

$$\cos\theta_{CB} = f_s \cos\theta_Y + f_v \cos\theta_Y \tag{4-46}$$

式中　θ_{CB}——Cassie-Baxter 方程表面平衡接触角

　　　θ_Y——Young 氏方程表面平衡接触角

　　　f_s——固体-液体界面接触面积占液体全部接触面积的分数

　　　f_v——蒸汽-液体界面接触面积占液体全部接触面积的分数，$f_s + f_v = 1$

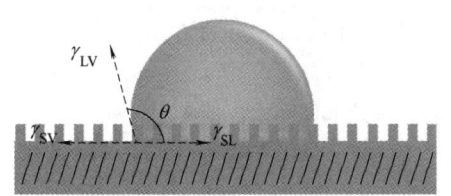
图 4-14　Wenzel 方程模型图

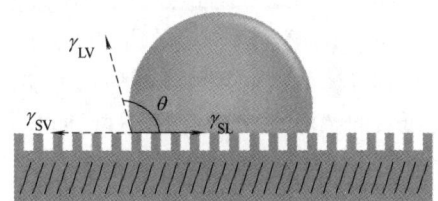
图 4-15　Cassie-Baxter 方程模型图

当固体-液体界面接触面积趋于零时，f_s 与 f_v 之比趋于无穷大。Cassie-Baxter 接触角 θ_{CB} 的值最大，趋向于 180°。这意味着粗糙固体表面的液滴呈球形，达到了理想的超疏水性。但仍然需要考虑粗糙结构的影响，因此引入粗糙系数 r 对 Cassie-Baxter 方程进行修正。由于粗糙表面上存在一些双层结构甚至多层结构，而实际中液-气界面又存在一定曲率，因此需要对方程进行简化如下所示：

$$\cos\theta_{CB} = f_s \cos\theta_Y + f_v \cos\theta_Y = rf_s \cos\theta_Y - f_v \tag{4-47}$$

由式（4-47）可知，表面粗糙度的增加使 f_s 降低，从而导致 Cassie-Baxter 接触角的增加，具有表面张力和多层表面形态的材料表面可以对液滴表现出较强的憎液性能。由上述模型可知影响纸页亲水性和憎水性的因素主要有表面张力、表面粗糙度、纸页均匀性等。

液滴在超高粗糙度表面上具有较强的流动性，但液滴与固体表面之间存在的分子相互作用或因表面粗糙和不均匀导致存在一定的失稳性和迟滞性，此状态下接触角在一定范围内变化。除了静态接触角之外，滑动角（Sliding Angle，SA）和接触角迟滞（Contact Angle Hysteresis，CAH）也是研究纸页表面亲液性和憎液性的重要参考之一。SA 表示具有一定重量的水滴开始滑动时的临界角，CAH 表示前进接触角（θ_{adv}，代表表面憎液程度）和后退接触角（θ_{rec}，代表表面亲液程度）之间的差异，两者都是定义表面动态疏水性的标准。通常而言，超疏水表面除要求静态接触角大于 150°之外，还需要 SA 或 CAH 小于 10°。静态接触角（SCA）是在液体—固体—空气界限处测量的，而动态接触角（DCA）是在固体表面上不断增大或减小的水滴处测量的。动态接触角（DCA）用于测量增大或减小液滴尺寸时的接触角迟滞，以表征液滴在固体表面上移动的能力。在接触角前进过程中，当有液滴接触固体表面时，液滴的尺寸增大；而在接触角后退过程中，当液滴从固体表面移除时，液滴的尺寸减小。Furmidge 于 1962 年提出关于滑动角与接触角迟滞的经验方程式：

$$F=\frac{(mg\sin\alpha)}{d_{液滴}}=\gamma_{LV}(\cos\theta_{rec}-\cos\theta_{adv}) \tag{4-48}$$

式中　F——液滴周长单位长度的线性作用力
　　　m——液滴的质量
　　　g——重力加速度
　　　α——滑动角
　　　$d_{液滴}$——液滴直径
　　　γ——液滴表面张力

由式（4-48）可知，接触角迟滞 CAH 代表液滴在固体表面的黏附力大小，并直接影响着滑动角 SA 的大小且与之成正比关系，表面分层结构可以减小滑动角和接触角滞后。由于 $m/d_{液滴}$ 的值会随着接触角的变化而不断改变，所以即使接触角滞后相同其滑动角也不一定相等，液滴的接触角滞后与滑动角并不等同。

纸页的亲液性和憎液性还可通过计算纸页与液体之间的附着能来表示，公式如下所示：

$$E=\gamma_{液}(1+\cos\theta) \tag{4-49}$$

式中　E——固体—液体界面之间的附着能
　　　$\gamma_{液}$——液体的表面张力
　　　θ——表面平衡接触角

由式（4-49）可知，接触角 θ 大小与固-液界面附着能 E 成反比，接触角 θ 越大则附着能 E 越小，固体表面的憎液性越强。并且由式（4-49）和表 4-6 可知，通过测量固体表面与液滴之间的接触角可以计算固体的表面张力。

表 4-6　　　　　　　　　　常用液体和聚合物的表面张力

名称	表面张力/(mN/m)	名称	表面张力/(mN/m)
三氟乙酸	13.63(24℃)	甲醇	22.55
己烷	17.91(25℃)	丙酮	23.32
异辛烷	18.77	环己烷	24.98
庚烷	20.30	四氢呋喃	26.40(25℃)
三乙胺	20.66	氯仿	27.16
异丙醇	21.79(15℃)	甲苯	28.53
乙醇	22.32	氯苯	33.28

续表

名称	表面张力/(mN/m)	名称	表面张力/(mN/m)
N,N-二甲基甲酰胺	36.76	聚乙烯	31
吡啶	36.88	聚苯乙烯	33
水	72.80	聚乙烯醇	37
聚四氟乙烯	18	聚氯乙烯	39
聚偏氟乙烯	25	淀粉	39
聚丙烯	29	纤维素	44

纸页的亲液性和憎液性还体现在液体在纸页中的流动速度或渗透距离，毛细管力的曲率和表面张力的差异导致液体流动或渗透能力的不同，可用 Lucas-Washburn 方程来描述渗透距离与时间的关系：

$$L(t) = \sqrt{\frac{rt\gamma\cos\theta}{2\mu}} \tag{4-50}$$

式中　$L(t)$——t 时间后液体渗透距离

　　　r——平均毛细管半径

　　　γ——液体表面张力

　　　θ——毛细管与液体接触角

　　　μ——液体黏度

由式（4-50）可知，纸页结构和液体性质对液体的浸透距离和速度起决定性作用，在纸页结构和液体性质不发生变化时，液体对纸页的浸透效果取决于固体-液体界面之间的接触角 θ。

二、纸页憎液性能的影响因素

（一）原料的影响

纸页是由纸浆抄造而成的，纸浆中各类物质对液体的吸收能力和纸页中各类物质间孔隙结构直接影响到纸页的憎液性能。通常来说，原料的纤维长度越长，其憎液性能越差。长的纤维在抄片时容易形成大的纤维间空隙，导致液体的吸收更利于进行。相反，如果原料的纤维较短，纤维之间会形成紧密结合，纸页空隙小、紧度高，憎液性能好。另外，由于纤维素具有亲液性，原料中纤维素的含量也会对纸页的憎液性能造成较大影响。如果浆料中 α 纤维素含量高，则它的吸收性能好，憎液性能差。半纤维素具有分子链短、亲水性好等特点，在抄片时可以与纤维表面以及半纤维素之间通过羟基形成良好结合，使得纸页的紧度升高，从而使纸页的憎水性能增强，因此原料中半纤维素会对纸页的憎液性能产生有利影响。此外，半纤维素含量高的浆料在打浆时容易分丝帚化形成细小纤维，导致纸页更加紧实，纤维间孔隙变小，所以抄造出来的纸片憎液性能较好。

木材原料成浆后纤维长，在抄造时纤维间交错互搭，容易形成空隙，增大了纤维的吸水面积，暴露了更多的吸水基团，不利于纸页的憎液性能。针叶木浆与阔叶木浆相比，纤维较长，强度好，成纸后憎液性能优于阔叶木所抄造的纸张。针叶木和阔叶木不同配比与吸水性能的关系如图 4-16 所示。

与木材原料相比，草类原料具有纤维长度较短、半纤维素含量高的特点，草浆所抄得的纸张结构紧实，孔隙小而少，具有良好的憎液性能。但是草类原料纤维组织疏松，容易

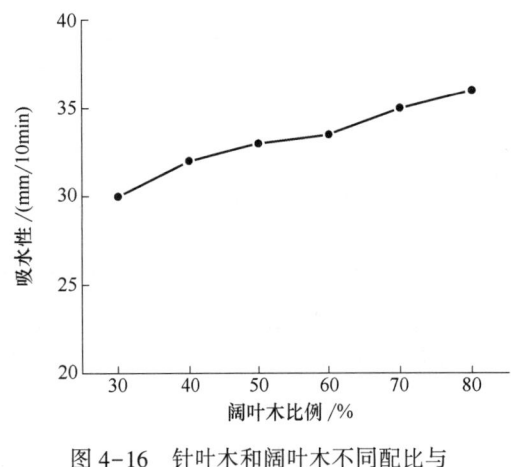

图 4-16 针叶木和阔叶木不同配比与吸水性能的关系

增加油类物质的吸收量。

对于棉浆原料,其纤维长,但宽度很低,在吸收液体时阻力小且纤维之间形成的空隙较大,所以棉浆抄造成的纸页吸液能力强,憎液性能差。

二次回用纤维作为制浆造纸原料的一种,在憎液性能上与初级纤维存在较大差异。纸页对液体的吸收大致由两个过程组成:第一阶段为液滴接触纸张时,液滴迅速渗透到纤维与纤维之间,时间短、阻力小,称为快速吸收阶段,是一个渗透的过程;第二阶段为液体被吸收进入细胞壁,进而通过扩散进入细胞腔,此阶段阻力大、时间长,称为慢速吸收阶段,是一个液体扩散的过程。回用纤维在抄造的过程中不容易被压缩,纤维间结合力变小,纤维间空隙变大,液体主要通过快速渗透过程被吸收,而通过扩散作用被吸收的液体迅速减少,使纸页液体吸收的时间变短。研究还发现,纤维经过多次回用后,纤维形态发生巨大变化,细胞壁出现明显分层甚至纤维径向开裂,细胞壁内部空隙增加,所以在液体渗透阶段容纳的量更多,但在液体吸收阶段所吸收液体的量变少。

另外,浆料如果经过了冰冻过程,也会影响纸页的憎液性能。湿浆经过冰冻后水的体积膨胀,使得纤维局部破裂和松散,从而使抄造的纸页纸质松厚,憎液性能变差。

(二) 制浆方式和打浆的影响

1. 制浆方式的影响

对于同一种原料,不同的制浆方式对浆料的组分和纤维形态产生显著的差异,在纸页的憎液性能上就会产生较大差异。对于化学法制浆来说,其蒸煮过程温度高、化学处理条件剧烈,浆料中木素和半纤维素溶出较多,浆料中纤维素含量高,这就使得纸页对液体的吸收性能变强,憎液性能下降。而高得率浆在制备过程中保留了大部分的半纤维素和木素,半纤维素在纸张中可以起到一种类似于胶黏的作用,使纤维间的结合紧密,紧度提高,从而高得率浆纸张憎液性能优异。

2. 打浆度的影响

打浆度的大小可以表示纤维切断、分丝帚化、细纤维化的程度,从而可以预测纸张的憎水性能。一般来说,打浆度的增加会使纸页的憎水性能增强,这是因为随着打浆度的升高,抄造成的纸张纤维之间的结合更加紧密,纤维的比表面积增大,纸页上的空隙变少,紧度上升,憎液性能增强。图 4-17 为使用木浆生产装饰纸时打浆度和纸张吸水性的关系。图 4-18 为漂白硫酸盐针叶木浆打浆度对吸收高度的影响。

3. 打浆方式的影响

打浆方式主要包含以下四种:长纤维游离打浆、长纤维黏状打浆、短纤维游离打浆、短纤维黏状打浆。长纤维游离打浆以疏解为主,适当切断纤维,尽可能保持纤维长度。短纤维游离打浆要求高度切断纤维,避免纸浆的润胀和细纤维化。长纤维黏状打浆要求纤维

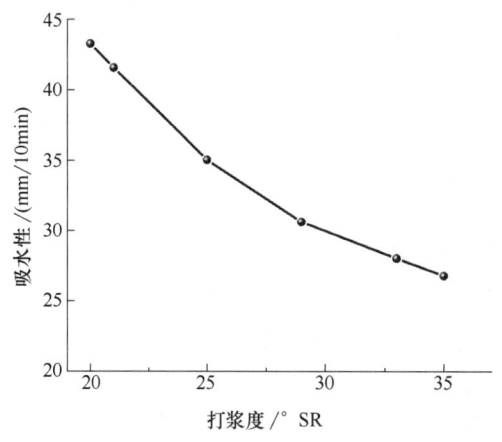
图4-17 纸浆打浆度与纸张吸水性的关系

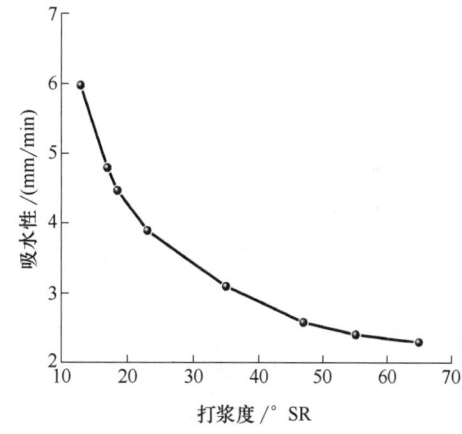
图4-18 针叶木KP浆打浆度对吸水性的影响

高度细纤维化，良好的润胀水化，尽量避免切断纤维。短纤维黏状打浆要求纤维高度细纤维化，润胀水化，并进行适当的切断。其中黏状打浆以纵向分裂纤维，使纤维分丝帚化为主，纤维变得柔软可塑，成纸紧度大，纸页憎液性能较好，但分丝帚化好的浆料吸油量较高。游离打浆以横向切断纤维为主，纤维间空隙大，所得浆料滤水性能较好，纸页疏松，憎液性能下降。

4. 浆内施胶的影响

浆内施胶是将施胶剂加入纸料中且在造纸机湿部采用适宜的方法将其保留在纤维上的施胶方法。施胶的目的是使纸或纸板具有抗拒液体扩散和渗透能力，是改变纸张憎液性能的关键因素。浆内施胶剂主要由松香胶、强化松香胶、中性施胶剂以及反应型施胶剂（AKD、ASA）等组成。

浆内施胶时的浆料性质、施胶剂性质、填料量以及施胶过程的pH和温度都会影响施胶效果，进而影响纸页的憎液性能。对于同一种浆料，合适的磨浆和高打浆度更易施胶。不同浆料纤维中的半纤维素含量是不相同的，半纤维素含量高，纤维表面负电性大，对胶料的吸附能力大，容易施胶，则容易增强纸页的增液性能。比表面积越大的胶粒不易凝聚成大颗粒或产生胶团，在覆盖纤维表面时覆盖的面积多，施胶效果就好，增液性能也能得到增强。在相同胶料用量下，纸料中的填料和细小纤维越多，施胶效率越低。填料是亲水性物质，比表面积大，在纸页中易被水湿润，须在填料粒子上覆盖胶料粒子才能达到疏水性效果。在施胶过程中，使用松香胶料和硫酸铝控制好施胶pH在4~5的范围内，施胶温度最好控制在20~25℃以下，可取得最佳的施胶效果，增强纸页的憎液性能。

（三）造纸工艺的影响

1. 纸机车速的影响

通过降低纸机的车速，可以增加纸页在压榨部的受压作用时间，而且使纤维的弹性降低，还原作用亦慢，使纸张的松厚度下降，所以纸张的疏密程度即孔隙率变小，从而纸张的憎液性能得到提高。反之，如果提高纸机的车速，会使纸张松厚度提高，憎液性能下降。

2. 干毯张力的影响

当张紧烘缸部各组的干毯时，特别是第二组的干毯，会降低纸张的憎液性能。这是因为在纸页干燥的过程中，纸页的水分会向空气中挥发，在挥发过程中，湿纸页在水的表面张力作用下相互靠近，纸页随之收缩变形。收缩越大越容易提高纸的紧度，同时纸张的孔隙率、透气度、吸液性都随之降低。所以，松弛各组干毯时，会使纸张收缩，空隙率变小，纸张憎液性能增强；而张紧干毯，可以束缚纸页的收缩变形，纸张的气孔会增多，纸张憎液性能下降。改变毛毯的张力在实际生产过程中比较容易操作和控制。

3. 干燥温度的影响

干燥温度是纸张生产过程中影响纸张憎液性能的重要因素。当干燥温度较低时，完成纸页的干燥过程时间较长，即纸页的收缩时间相应较多，则会降低纸张的空隙率，孔隙的平均半径和最大半径减小，同时纸的透气度也降低，所以吸液性降低，纸张的憎液性能会增强。反之，较高的干燥温度会降低纸张的憎液性能。

此外，纸张中的纤维素本身是亲水性很好的物质，在不同纤维间所构成的毛细管作用下纸张也会产生吸液、吸水作用，而施胶可以抑制这种由纤维的亲水性和纸张构造的吸水性引起的纸张亲液性能。提高干燥温度时，纸张的施胶度会降低，所以纸张的憎液性能会降低。

4. 表面施胶的影响

纸页表面施胶是指湿纸幅经干燥部脱除水分至定值后，在纸页表面均匀地涂覆适当胶料的工艺过程。该工艺通过在纸页表面涂覆一层胶料或涂料，封闭纸面的空隙，可以在很大程度上改善纸页的憎液性能。常用的表面施胶剂有淀粉及其改性产品、羧甲基纤维素、聚乙烯醇、动物胶、合成乳胶表面施胶剂等。

纸页特性和干度、胶液浓度以及施胶的压力和温度都会影响表面施胶的效果，影响纸页的增液性能。表面施胶的重要步骤是吸收胶液，纸页定量大和原纸干度高容易吸收胶液，利于通过表面施胶来增加纸页憎液性能。施胶量大的表面施胶需要相对高的胶液浓度，反之则应降低胶液浓度。在表面施胶的过程中，压力高，胶液进入纸页的量相对来说就少，温度太低时胶液容易凝结产生流送障碍，均不容易施胶，对纸页的增液性能有不利影响。

思 考 题

1. 影响纸张吸收和憎液性能的因素有哪些？
2. 纸页中主要成分（纤维素、半纤维素、木素）的化学结构如何影响其亲液性和憎液性？
3. 如何通过化学改性的方法改变纸页组分的亲液性和憎液性？举例说明。
4. 造纸过程中添加的助剂（如施胶剂、湿强剂等）如何影响纸页的亲液性和憎液性？
5. 什么是毛细现象？如何解释液体在纸页中的渗透和扩散？
6. 影响纸页吸收性能的主要因素有哪些？
7. 如何评价纸页的吸收性能？常用的测试方法有哪些？
8. 不同用途的纸张对吸收性能的要求有何不同？举例说明。
9. 什么是接触角？如何通过接触角评价纸页的憎液性能？
10. 如何提高纸页的憎液性能？举例说明其在包装纸、防水纸等领域的应用。

参 考 文 献

［1］ Shen J, Song Z, Qian X, et al. A review on use of fillers in cellulosic paper for functional applications ［J］. Industrial & Engineering Chemistry Research, 2011, 50 (2): 661-666.

［2］ Ghanbarzadeh B, Almasi H, Entezami A A. Physical properties of edible modified starch/carboxymethyl cellulose films ［J］. Innovative Food Science & Emerging Technologies, 2010, 11 (4): 697-702.

［3］ Alamri H, Low I M. Mechanical properties and water absorption behavior of recycled cellulose fibre reinforced epoxy composites ［J］. Polymer Testing, 2012, 31 (5): 620-628.

［4］ Hosseinaei O, Wang S, Taylor A M, et al. Effect of hemicellulose extraction on water absorption and mold susceptibility of wood–plastic composites ［J］. International Biodeterioration & Biodegradation, 2012, 71: 29-35.

［5］ Espert A, Vilaplana F, Karlsson S. Comparison of water absorption in natural cellulosic fibres from wood and one-year crops in polypropylene composites and its influence on their mechanical properties ［J］. Composites Part A: Applied science and manufacturing, 2004, 35 (11): 1267-1276.

［6］ 付丽红, 张铭让, 齐永, 等. 胶原纤维和植物纤维混合抄片吸水性的研究 ［J］. 中国造纸学报, 2001: 71-75.

［7］ 金永灿, 李忠正. 纤维回用对纸浆液体吸收性能的影响 ［J］. 纤维素科学与技术, 2000: 26-32.

［8］ 裴继诚, 主编. 植物纤维化学 ［M］. 5版. 北京: 中国轻工业出版社, 2020.

［9］ 胡开堂, 主编. 纸页的结构与性能 ［M］. 北京: 中国轻工业出版社, 2006.

［10］ HAGIOPOL C, JOHNSTON J W. Chemistry of Modern Papermaking ［M］. Boca Raton, FL: CRC Press, 2012.

［11］ EK M, GELLERSTEDT G, HENRIKSSON G. Pulp and Paper Chemistry and Technology Volume 4 Paper Products Physics and Technology ［M］. Berlin: Walter de Gruyter, 2009.

［12］ 任杰. 低紧度、高强度纸板的成纸性能及纸页结构的研究 ［D］. 济南: 齐鲁工业大学, 2014.

［13］ 姚志明. 纸张表面孔隙分析方法的建立及应用 ［D］. 广州: 华南理工大学, 2016.

［14］ 薛美贵, 陈红倩, 李慧, 等. 基于SEM图像的阈值回归法计算印刷纸张孔隙率 ［J］. 中国造纸, 2020, 39 (05): 50-54.

［15］ 李海东. 烷基烯酮二聚体预絮凝对纸张抗水性的作用及机理探究 ［D］. 广州: 华南理工大学, 2020.

［16］ 盛俊娇, 赵丽红. 植物纤维纸基材料油脂渗透性能的研究 ［J］. 造纸科学与技术, 2019, 38: 11-14.

［17］ Modaressi H, Garnier G. Mechanism of wetting and absorption of water droplets on sized paper: effects of chemical and physical heterogeneity ［J］. Langmuir, 2002, 18 (3): 642-649.

［18］ E J, JIN Y, DENG Y, et al. Wetting Models and Working Mechanisms of Typical Surfaces Existing in Nature and Their Application on Superhydrophobic Surfaces: A Review ［J］. Advanced Materials Interfaces, 2018, 5 (1): 1701052.

［19］ VAZIRINASAB E, JAFARI R, MOMEN G. Application of superhydrophobic coatings as a corrosion barrier: A review ［J］. Surface and Coatings Technology, 2018, 341: 40-56.

［20］ KHOJASTEH D, KAZEROONI M, SALARIAN S, et al. Droplet impact on superhydrophobic surfaces: A review of recent developments ［J］. Journal of Industrial and Engineering Chemistry, 2016, 42: 1-14.

［21］ 何北海, 主编. 造纸原理与工程 ［M］. 4版. 北京: 中国轻工业出版社, 2019.

第五章 纸和纸板的印刷性能

第一节 概 述

一、纸张印刷适性的概述

印刷用纸是纸张品种中的一大类产品。在印刷要求中，纸张的适印性是最重要的。纸张的印刷性能（Printing performance），即印刷所要求的纸张性能，概括起来包括两方面：

一是保证印刷生产的正常进行，纸和纸板应具备的性能，称之为纸张的印刷运行性能（Printing runability）；是指纸张能无故障的顺利通过印刷机，印刷出合乎要求的印刷品。由此可见纸张的印刷运行性能是印刷对纸张最基本的要求，它是纸张的外观质量、物理强度和吸湿性等基本性质的综合表现。

二是要获得预期的印刷效果，纸和纸板应具备的性能，也即纸张的印刷适性（printability）。

纸张质量对印刷品质量起着至关重要的作用。印刷适性是指纸张的质量与使用的印刷品质量相适应的能力。与纸张的印刷运行性能相似，纸张的印刷适性并不仅仅是指单一的性能，而是所有影响印刷品质量的纸张性能的总称。这些性能主要包括印刷平滑度、油墨接受性能、光学性质等纸张的物理性质和光学性质。

首先，印刷平滑度是纸张表面的平滑程度，它会影响油墨的传递和黏附性。纸张表面越平滑，油墨就能更均匀地分布在纸张上，从而提高印刷品的清晰度和色彩饱和度。其次，油墨接受性能是指纸张对油墨的吸收能力。良好的油墨接受性能可以使油墨迅速渗透并固定在纸张上，避免油墨在纸张表面扩散，从而保证印刷品的图案和文字清晰可见。此外，纸张的光学性质也是印刷适性的重要方面之一。纸张的光学性质包括纸张的白度、透明度和反射率等。良好的光学性质可以提供更好的印刷效果，使印刷品呈现出更高的色彩还原度和明亮度。因此，为了获得高质量的印刷品，选择适合的纸张是非常重要的。在选择纸张时，需要考虑印刷项目的要求，并确保所选纸张具备良好的印刷适性。

总的来说，纸张的印刷适性是指纸张在印刷过程中的表现和适应能力。印刷质量适性则是指纸张在印刷过程中对油墨的吸附能力、色彩还原能力、细节再现能力等方面的适应性，印刷运行适性是指纸张在印刷机上运行时的性能，包括纸张的表面平整度、尺寸稳定性、抗张强度等。

要了解不同印刷方式对纸张的要求，就必须了解纸张、油墨和印刷机之间的相互作用机理及关系。同时，纸张的基本性质也不能被忽视，因为它们是评价最终印刷品的重要指标。纸张的基本性质包括厚度、定量、白度、不透明度、耐久性等。这些性质虽然与印刷性能的具体项目没有直接关系，但它们对纸张制造工艺和印刷品评价是必要的。

纸张的印刷适性实际上是纸张基本性质的综合反映，因此研究和了解纸张的基本性质对于理解纸张的印刷性能是非常重要的。接下来的章节将详细介绍纸张的基本性质，并讨论与纸张印刷性能相关的问题。

二、纸张印刷性能的评价

纸张印刷性能的评价基本有下面两种方法：

① 间接测试法：该法是通过测定一些常规性质，如平滑度、吸收性、光泽度等，来间接预测纸张的印刷性能。由于常规性能指标的测定条件与实际印刷差距较大，因而不是很科学。

② 印刷适性仪测试法：这是近代发展起来的一种新方法，它模拟印刷机的条件和印刷方法，并能调节印刷压力、墨量和印刷速度，进行各种印刷试验来评价纸张的印刷性质。与其他方法相比，这种方法较为科学，并由于所用仪器体积小，操作方便，而被广泛应用。

目前国际上模拟测定印刷性能的仪器种类较多，如德国 Fogra 印刷适性试验机，日本印刷局印刷适性试验机，荷兰 IGT 印刷适性测定仪，美国 Hercules 印刷适性试验机，瑞典印刷研究所印刷适性试验机等共十多种试验机，其中，以荷兰 IGT 印刷适性测定仪的应用最为广泛，并日趋标准化。

过去，对纸张印刷质量的评价只限于一些常规测试项目，如平滑度、吸收性、白度、抗张强度等，这些项目的测试都是在与印刷不相同的条件下进行的。目前的研究表明，这些常规测试项目的结果并不能完全反映纸张印刷质量的优劣，如粗糙均匀的纸张可能会比平滑的纸张印出更高质量的印刷品；某些常规指标都较高的纸张却常给印刷带来故障；这些现象只能用纸张印刷适性的观点来解释。由此可见，纸张印刷适性的研究应借助于可模拟印刷的印刷适性仪。

纸张印刷适性的研究还涉及高分子科学、流变学、表面科学等多门基础学科，是一个十分广泛的研究领域。

第二节　纸页的平滑度和粗糙度

一、纸张平滑度的定义

平滑度是指纸张表面的平整程度，它取决于纸张表面的形貌，描述了纸张的表面结构特性。纸张的平滑度与其光泽度有一定关系，两者都受造纸过程中压光处理的影响，但两个量的物理意义却并不相同，在数量上也不是简单的关系，如一张未经压光处理的涂料纸虽光泽度低但相当平滑。因此，也常用粗糙度来表示纸张的平整程度。

要获得满意的印刷质量，纸张的平滑度是一个必要的条件，与平滑度同等重要的是纸张的表面可压缩性（Surface compressibility）。表面可压缩性决定纸张在印刷过程中压印瞬间纸张平滑度，即印刷压力作用下纸张的平滑度。我们把印刷压力作用下纸张的平滑度称之为印刷平滑度（Printing smoothness）；把纸张自由状态下纸张表面的平滑度称之为表观平滑度。表观平滑度取决于纸张的外观纹理结构；印刷平滑度则是纸张表观平滑度和表面

图 5-1 纸张表面的显微照片

可压缩性的综合效应。对印刷品质量有直接影响的是纸张的印刷平滑度,因而是纸张最重要的印刷图适性指标之一。纸张表面的显微照片见图 5-1。

二、表面可压缩性能与纸页平滑度的关系

一种材料在承受压力时体积会减少,这种材料被称为可压缩的。同样,如果某种材料的表面在承受压力时体积减小,也可以说该材料的表面是可压缩的,当压力施加到材料的表面时,可压缩性表面会变得更平滑。因此,可以用表面可压缩性来衡量压力下表面粗糙度减少的程度。纸张在印刷过程中,纸张因承受印刷压力而产生的 Z 向变形,能够发挥一种缓冲作用,从而确保纸张与印版(或胶棍)之间的良好接触,使油墨能够均匀地转移。因此,即使纸张的表面结构较为粗糙,只要其弹塑性良好,就能实现良好的油墨均匀转移。例如,涂布后的机加工纸(如布纹纸),由于其 Z 向弹塑性优良,即使使用平滑度仪测定其平滑度值较低,仍能获得良好的印刷效果。对于多色印刷用纸,由于在套色过程中会受到多次压缩,因此不仅需要具备较高的压缩率,还应具备较高的弹性恢复率,即要拥有较高的弹性。由此可见,纸张的印刷平滑度不仅与纸张表面的平整程度有关,而且还与其 Z 向变形性能(即纸张表面的可压缩性能)息息相关。

在纸张通过印刷机压印区的时候,由于时间非常短,所以表面变形的时间因素可以忽略不计。因此,粗糙度(Ra)和压力(p)之间的函数关系可以表示为 $Ra=f(p)$。从这个公式可以看出,表面可压缩性系数 k 并不是一个常数,而是随着压力的变化而变化。k 值的大小反映了随着压力的增加,表面粗糙度 Ra 值减少的速度。也就是说,在一定压力下,表面可压缩性系数 k 值越大的纸张,其印刷表面的平滑度就越高。

纸张在受到压力作用时,压力与压缩量随时间的变化如图 5-2 所示。图中 d 为纸张的最初厚度,K 为压力最大时的压缩量,R 为压力去除后的弹性恢复量,$(K-R)$ 即为永久变形量,因此,纸张的压缩率、弹性恢复率和塑性变形率分别为:

$$压缩率 = \frac{K}{d} \times 100\% \quad (5-1)$$

$$弹性恢复率 = \frac{R}{dK} \times 100\% \quad (5-2)$$

$$塑性变形率 = \frac{K-R}{K} \times 100\% \quad (5-3)$$

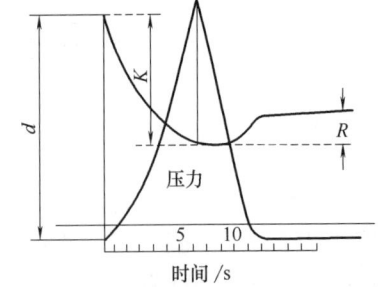

图 5-2 压力与压缩量随时间的变化

对于印刷纸张来讲,不仅要求具有较好的压缩变形,而且由于要进行多次套色印刷,因而要具有在压力去除后能恢复的特性,这就是纸张的 Z 向弹性,前者称为 Z 向塑性。

纸张的表面可压缩性难以单独进行测量,在实际中,常通过测量纸张在有无压力作用下或在不同压力作用下的平滑度或粗糙度来估算纸张的表面可压缩性,这种测量方法不仅

简单易行，而且可以在不同纸张之间进行比较，有助于评估纸张的质量和适用性。

影响纸张可压缩性能的主要因素包括：

① 纸张的厚度：较厚的纸张通常具有更好的可压抗压缩性能，因为它们有更多的纤维层来抵抗压力。

② 纸张的纤维类型和结构：化学机械浆具有较高的松厚度，因此具有较好的可压缩性能；其次是阔叶木浆抄造出来的纸张松厚度比较高，可压缩性能良好，特别适合于生产印刷用纸；化机浆的纤维长度、宽度和排列方式会影响纸张的可压缩性能。

③ 纸张的密度：纸张的密度越大，通常意味着它的抗压缩性能越好。

④ 纸张的湿度：纸张的湿度越大，含水率就越高，纸张的厚度会增加，也会导致它的可压缩性能提高。

⑤ 纸张的表面处理和涂层：经过涂布的纸张表面更加密实，纸张的可压缩性能会降低，但另一方面由于经过涂布的纸张表面平整细腻，涂层的回弹性更强，同样能获得更好的印刷效果。

综上所述，纸张的抗压缩性能受多种因素影响，包括纸张的厚度、纤维类型和结构、密度、湿度以及表面处理和涂层等。这些因素共同决定了纸张的稳定性和耐久性，对纸张的实际应用具有重要意义。

三、纸张印刷平滑度的测量

纸张印刷平滑度的测量方法，主要为空气泄漏或气流法，这些仪器中大多数的测量压力都较实际印刷压力低很多，因此与纸张的实际印刷效果之间存在一定的差距，但用于区别不同纸张之间平滑度仍是十分方便有效的。

空气泄漏法。空气泄漏法是目前使用最为普遍的一种方法。利用这种原理设计的平滑度（粗糙度）仪有别克（Bekk）型、威廉（Williams）型、格尔莱（Gurley H-P-S）型、本特生（Bendtsen）型、雪菲尔德（Sheffield）型和PPS型等。这些类型的仪器均是在一定压力和一定面积下，测量一定量空气通过纸张表面与另一个表面之间的间隙所需的时间，或测定空气的流速、流量以及空气压力的变化等。在众多的空气泄漏平滑度仪中，别克型、本特生型和PPS型在评价印刷平滑度中得到广泛的应用。

（1）别克型平滑度仪

如图 5-3 所示，该仪器的工作原理是在一定真空度和压力下，测出一定量的空气通过试样表面与支承玻璃砧接触面所需的时间。试样越平滑，它与玻璃砧之间的接触就越紧密，空气通过的速度就越慢，一定量的空气通过所需的时间就越长，表明纸样表面平滑度就越高。别克型平滑度测定法有一定优缺点，对低平滑度的试样较适宜，误差小，但对高平滑度的试样测定时间较长，由于某些纸张存在从横断面透气的现象而使测定值降低。

（2）本特生平滑度仪

其特点是操作简单，测量快速准确，它与别克型比

图 5-3 别克型平滑度仪

较，测定的稳定性较好。该测试器采用 3 个相互有关的流量计，可根据纸及纸板平整程度不同而选择使用，该仪器还可以测定可压缩性及弹性，目前我国已生产这种类型仪器。该仪器工作原理是利用空气泄漏法，使微弱的压缩空气通过一定测量面积的金属环，以漏过空气的量来测定纸及纸板的表面粗糙程度，若漏过的空气愈多，则说明纸张表面越粗糙，即纸的表面平滑度越低。测定透气度（指在一定面积和一定真空度下，每分钟透过纸张的空气量，或透过 100mL 空气所需的时间，以 mL/min 或 min/100mL 表示）的原理是使空气通过一定范围的纸面来测定纸张紧密情况，若气流通过得越多，说明纸的透气度越大。本特生平滑度仪见图 5-4。

（3）PPS 型粗糙度仪。全称为 Parker Print Surf 粗糙度仪，简称 PPS 粗糙度仪（图 5-5），是 20 世纪 70 年代初由英国 Bowator 造纸有限公司发明的采用在接近印刷压力下测量纸张印刷平滑度的空气泄漏法粗糙度仪。其主要特点是：

图 5-4 本特生平滑度仪

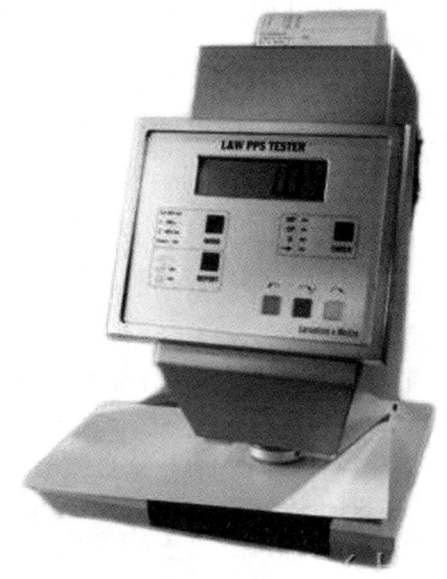

图 5-5 PPS 型粗糙度仪

① 采用与实际印刷相接近的测量压力作为标准压力，为 1980kPa，且压力在 490~4900kPa 或更高范围内可调，并推荐对于凸印用纸采用压力为 200kPa，对于胶印用纸采用压力为 100kPa，对于凹印用纸采用压力为 500kPa，故该仪器的测量压力较其他种类的平滑度仪都高很多，测量状态更接近实际印刷状态。

② 测量时采用的纸样背衬材料与实际印刷中常用的背衬材料相同，根据纸张印刷方式的不同选用不同的背衬，也可用其他背衬材料用以研究背衬对印刷平滑度的影响。

③ 测量环的周长为 10.0cm，与本特生型相同，但其宽度为 51cm。

④ 在测量环的两面均采用了环形保护环，该保护环不仅可以保护测量头，还能够提高测量精度，减少测量误差。

⑤ 测量压力由气动加压获得，可减少机械振动对测量结果的影响；从测量环泄漏出的空气经由一个可变面积的流量计进行测量，读数迅速。测量环与纸面之间泄漏的空气经过测量板上的流量计，其流速将被换算成绝对单位的粗糙度值。有关绝对单位粗糙度换算

的问题及 PPS 型粗糙度仪的应用将在下面进行讨论。

表 5-1　　　　　　　　　几种空气泄露法平滑度仪的测量条件

仪器	结果表示	气流宽度/mm	压力/10^2kPa	可变形背衬
别克(BeKK)	s/10mL	13.5	1.0	可
格尔莱(Gurley H-P-S)	s/10mL	5.9	0.21	否
雪菲尔德(Sheffield)	mL/min	0.38	1	否
本特生(Bendtsen)	mL/min	0.15	1,5	否
PPS	μm	0.051	5~50	可

表 5-1 比较了几种空气泄漏法平滑度仪的测量条件。从表中可见，不同仪器之间的测量条件各不相同，因此即使结果表示方法相同，测量结果的差别仍是相差很大。不同纸张的 PPS 值见表 5-2。

表 5-2　　　　　　　　　　　不同纸张的 PPS 值

纸种	PPS/μm	纸种	PPS/μm
铸涂纸或纸板	<0.7	新闻纸	2.5~3.7
铜版纸或纸板	0.7~1.4	普通压光纸	3.0~4.5
辊涂超压印刷纸	1.2~2.0	书写纸	4.5~6.8
普通超压印刷纸	1.4~2.3		

四、印刷平滑度对印刷品质量的影响

印刷平滑度在印刷过程中扮演着至关重要的角色，它不仅决定印刷品对原稿的忠实再现程度，还影响印刷品的油墨需求量、着墨均匀性和光泽度等关键因素。因此，了解印刷平滑度对印刷品质量的影响对于提高印刷品的质量和效果具有重要意义。

首先，印刷平滑度直接影响纸张的油墨需求量。在印刷过程中，平滑度较低的纸张表面与着墨的印版或橡皮布表面接触程度较差，导致油墨转移不完全，图文不清晰。相反，平滑度较高的纸张表面与着墨的印版或橡皮布表面接触程度较好，油墨转移完全，图文清晰可见。因此，印刷平滑度的提高有助于减少油墨的使用量，降低印刷成本，同时提高印刷品的清晰度和辨识度。

其次，印刷平滑度还影响纸张着墨的均匀性。对于实地印刷品来说，由于墨层较厚，平滑度较低的纸张会导致墨层不均匀，影响印刷品的外观效果。而平滑度较高的纸张则能够使墨层更加均匀，提高印刷品的平整度和光滑度。对于网目调印刷品来说，印刷平滑度较差的纸张会导致网点质量差，甚至出现严重的网点丢失现象。而平滑度较高的纸张则能够使网点更加清晰、均匀，提高印刷品的层次感和视觉效果。

最后，印刷平滑度还影响印刷品的光泽度。在印刷过程中，墨层的厚度和平滑度直接影响光的反射和散射效果，进而影响印刷品的光泽度和视觉效果。平滑度较高的纸张能够使墨层更加均匀、平滑，提高光的反射和散射效果，使印刷品更加亮丽、美观。

综上所述，印刷平滑度对印刷品质量的影响至关重要。在印刷过程中，我们应该选择合适的印刷材料和工艺，提高印刷平滑度，以获得更好的印刷效果和质量。同时，我们还需要不断研究和探索新的印刷技术，以进一步提高印刷品的品质和竞争力。

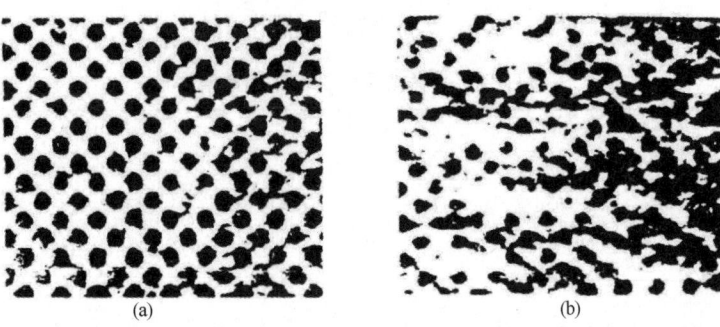

图 5-6　在两种不同平滑度的纸张的网点的显微照片
(a) 高平滑度　(b) 低平滑度

图 5-6 所示为印在印刷平滑度好和印刷平滑度差的两种纸上的网目调印刷品的显微照片，从图中可直观看出印刷平滑度对网点图像印刷品质量的重要影响。

印刷平滑度是印刷纸和纸板一个非常重要的质量指标。但对于不同的印刷方法，由于油墨转移到纸面的方式不同，对纸张印刷平滑度的要求也不一样。对于凹印和凸印，纸面直接与印版接触，而印版大多为不可压缩的金属，因而纸张的印刷平滑度对油墨转移的均匀性起着决定作用。胶印对印刷平滑度的要求不如凹印那么严格，因为胶印是靠富有弹性的橡皮布来间接转移油墨，对于普通的胶印产品，橡皮布的弹性能够弥补纸面的轻微粗糙而较好地把油墨转移到纸张表面。但对于高档胶印产品，网线数高，为了保证图像层次不受损失，还应选择印刷平滑度较高的纸张和纸板（如铜版纸等）进行印刷，以保证产品的质量。

五、影响纸张平滑度的主要因素

影响纸张平滑度的主要因素可以分为两个部分，经过涂布的纸张和非涂布的纸张。其中经过涂布的纸张，实际上也会受到涂布原纸的平滑度的影响。那么就从两个方面来讨论影响纸张平滑度的因素。

非涂布的纸张影响纸张平滑度的主要因素如下：

1. 纤维原料

针叶木浆和阔叶木浆的纤维特性有所不同。针叶木浆的纤维更加粗长，这使得纸张的结合强度更高，有利于提高纸张的抗张强度、耐破度以及耐折度等物理强度指标。相比之下，阔叶木纤维更加细短，这使得纸张具有更高的平滑度。在实际生产中，绝大多数生产厂家更倾向于使用阔叶木为主要原料，以获得更好的印刷效果。此外，机械浆具有较高的松厚度，可以提高纸张的抗压缩性能，故适当添加机械浆也有利于提高纸张的印刷平滑度。不同浆料的纤维照片如图 5-7 所示。

2. 打浆

打浆是造纸过程中的一个重要环节，它对纸张的平滑度有着重要影响。打浆的过程就是通过物理方法将纤维束切断、压溃、分丝帚化，使纤维变得柔软、细长、纤维间的结合增大，从而提高了纸张的平滑度。

3. 填料

填料会对纸张的平滑度产生影响，这是由填料的粒径和分布所决定的。一般来说，较

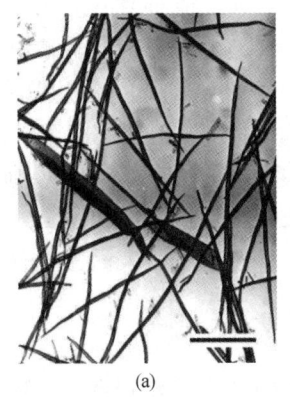  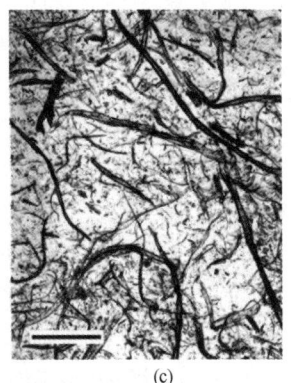

图 5-7 不同浆料的纤维照片
(a) 针叶木浆 (b) 阔叶木浆 (c) 化机浆

细的填料可以增加纸张的平滑度,而较粗的填料则会降低纸张的平滑度。此外,填料的分布也会影响纸张的平滑度,如果填料在纸张中分布不均匀,就会导致纸张表面的不平整和不均匀,从而影响其使用性能。

在造纸过程中,填料的添加量也会对纸张的平滑度产生影响。随着填料用量的增加,纸张的平滑度也会逐渐提高。但是,当填料的添加量达到一定值后,平滑度的提高会变得缓慢。因此,为了获得最佳的平滑度效果,需要合理控制填料的添加量。

除了填料的粒径和分布以及添加量外,填料的种类也会对纸张的平滑度产生影响。不同的填料具有不同的物理和化学性质,如硬度、形貌结构等,这些性质会影响纸张的平滑度。因此,在选择填料时,需要根据纸张的性质和要求进行选择。

4. 助留助滤剂

助留助滤剂作为一种重要的造纸添加剂,对纸张的平滑度有着显著的影响。首先,助留助滤剂可以改善纸浆的留着和滤水性能,使得纸张中的纤维和填料更加均匀地分布在纸张中。这可以减少纸张表面的粗糙度,提高纸张的光滑度,使印刷更加流畅,提高印刷品的清晰度和色彩鲜艳度。其次,助留助滤剂特别是如今的微粒助留体系在提高纸浆细小纤维和填料的同时可以保持纸张的匀度,还可以提高纸张的品质和外观。

5. 表面施胶

表面施胶是造纸过程中一个重要的环节,它是指在纸张表面涂上一层胶液,以增加纸张的防水性、抗墨性和平滑度等。通过表面施胶,可在纸张表面形成一层光滑的薄膜,使得纸张表面的粗糙度降低,变得更加光滑。这不仅提高了纸张的印刷效果,还增加了使用时的舒适度。另外,表面施胶还可以增加纸张的防水性和抗墨性,这是因为胶液能够紧密地附着在纸张表面,形成一层保护膜,使水分和墨水难以渗透和扩散。可以在提高纸张质量和使用寿命的同时,还能够减少纸张在使用过程中的损坏和污渍。

6. 压光

压光是造纸工艺中的一道重要工序,它是指经过涂布、干燥后的纸张通过压光辊进行压光处理,使纸张表面更加光滑、细腻,同时提高纸张的硬度和平滑度,使纸张更加适合印刷和书写。压光是提高纸张平滑度的最主要的工艺措施。

超级压光对纸张平滑度的影响是不可忽视的。这种技术通过一系列复杂的物理和化学变化，使纸张表面变得更加光滑。首先，超级压光机利用高压及其金属辊和纸粕辊对纸张进行挤压和摩擦作用，使其表面发生微小的形变，从而变得更加平整。在此过程中，纸张表面的纤维和填料会与压光机发生相互作用，使自身更加均匀地分布在纸张表面。经过超级压光处理的纸张，其平滑度会得到显著提升。这种平滑度不仅让纸张看起来更加精美，而且也能提高印刷质量。由于纸张表面的涂层变得均匀和致密，油墨会更加均匀地分布在纸张表面，从而使得印刷品的色彩更加鲜艳、饱满。此外，平滑的纸张表面还能有效减少印刷过程中的卡纸现象，提高了印刷效率。

7. 软压光

是造纸工艺中常用的一种表面处理技术，用于提高纸张的平滑度和光泽度。软压光与超级压光相比，施加的压力较小，软压光的金属表面辊的温度更高，有利于表面的纤维软化或者是塑化，在保证纸张的松厚度的情况下，提高纸张表面的平整细腻程度，且处理后的纸张表面更加柔软，适用于一些对纸张松厚度要求较高的纸种。

8. 涂布

一般来说，涂布的方式对于平滑度也有非常重要的影响。以刮刀涂布为例，由于刮刀对于涂料表面的挤压剪切和抹平作用，使涂料表面平整细腻和光滑程度高于其他涂布方式。因此，目前在工艺上，特别是在涂布纸方面，基本上都是采用刮刀涂布。

9. 影响涂布纸平滑度的主要因素

影响涂布纸平滑度的主要因素包括以下几个方面：

（1）涂布纸的纤维质量对其平滑度具有至关重要的影响

涂布纸张的平滑度与原纸的表面平滑度紧密相关，通常来说，涂布原纸的平滑度越高，制得的涂布纸的平滑度也会相应地增大。纤维质量的好坏直接决定了纸张的基本平滑度，而涂布工艺则是在纤维质量的基础上进一步提升纸张的平滑度。

（2）涂料的性质和涂布量也是影响涂布纸平滑度的关键因素

涂布量越高，涂层的遮盖性能就越好，形成的涂层平整程度也会更高。在涂料的制备过程中，选择粒径较小的涂料有利于提高纸张的平滑度，这是因为粒径较小的涂料在干燥过程中收缩较小，表面更平整细腻，从而提高了纸张的平滑度。另外，涂料的固含量越高，在干燥过程中涂料的收缩也会减小，表面的平整细腻程度就越好，更有利于提高纸张的平滑度。

涂布方法和工艺参数也是影响涂布纸平滑度的关键因素。不同的涂布方法，如刮刀涂布、气刀涂布、辊式涂布等，会对涂布纸的平滑度产生不同的影响。刮刀涂布由于其刮刀对于涂料表面的挤压剪切和抹平作用，使得涂料表面更加平整细腻和光滑，其效果优于其他涂布方法。目前，以涂布纸为主的工艺方法广泛采用刮刀涂布。纸机速度越快，刮刀对涂层表面的作用力越强。在高速剪切作用下，涂料，特别是瓷土、高岭土类涂料，更倾向于沿涂层平面排列，进而形成更高的平滑度和光泽度。

（3）压光对于涂布纸平滑度的影响是非常重要的

通过适当地控制纸张的含水率以及压力，可以显著提高纸张的平滑度。特别是对于超级压光工艺，这种方法的效果更为明显。在压光过程中，适当的控制纸张的含水率可以保证纸张的湿度和弹性，使其在受到压力时能够更好地适应压力变化，从而得到更加平滑的表面。此外，通过调整压光机的压力，可以进一步增强平滑效果。超级压光是一种特殊的压光工艺，它通过多道压光工序和更高的压力设置，将纸张表面处理得更加光滑、密实，从而提高其平滑度和光泽度。这种工艺对于需要高度平滑度和光泽度的涂布纸来说，是非常有效的。

第三节　纸张的油墨吸收性能

纸张是一种多孔材料，不同于塑料薄膜、铁皮之类承印物，它具有与土壤、沉积岩层相似的结构，这就是它的多孔性。由纤维网络形成的孔隙是纸张吸收油墨的基础，因而对油墨的吸收能力便成为印刷用纸的一个重要质量指标。它决定着油墨印刷到纸张表面后的渗透量和渗透速率。许多印刷故障常是由于纸张对油墨的吸收能力与所采用的印刷条件不相适应造成的。对油墨吸收能力过大，导致印迹无光泽，甚至产生透印或粉化现象；油墨吸收能力太小，则减慢油墨干燥速度，导致背面蹭脏，特别对于靠渗透干燥的凸版印刷和高速印刷问题更为严重。可见，纸张的油墨吸收性能是影响印刷品质量的重要印刷适性指标。准确评价纸张的油墨吸收能力并预测其对印刷品质量的影响，对于印刷质量控制和纸张生产中产品质量的提高都具有十分重要的意义。

一、油墨接受性能与油墨吸收性能

纸张的油墨接受性能和油墨吸收性能是影响纸张印刷质量的两个重要性质，两者之间有一定关系，但又是纸张的两个不同的特性。

纸张的油墨接受性能是指纸张表面在印刷过程中在印刷机上压印瞬间接收转移油墨的能力，它是纸面如下几方面性能的综合表现：

① 表面被印刷油墨润湿的能力；

② 表面吸收一定油墨组分的能力；

③ 表面固定和保留均匀墨膜的能力。

可见，纸张的表面自由能、印刷平滑度、吸墨性能及油墨的固化形式等均影响纸张的油墨接受性。油墨接受性能好的纸张，指的是纸张能既快又均匀地接受油墨。因此，油墨接受性能不单是纸张的性质，还取决于油墨的性质和印刷方式。只有在这些条件固定后，才能单独描述纸张的性质。纸张的油墨接受性能中包含了一定的油墨吸收性能的作用，但和其是有区别的。前者是发生在压印瞬间不到 1s 时间内的现象，而后者则发生在从油墨与纸面接触到完全固化在纸面的一个较长的时间。油墨接受性能与油墨转移性能有关，而油墨吸收性能则与纸张毛细孔对油墨中低黏度组分的吸收作用及油墨中某些组分向纸内渗透作用有关，因而，纸张的油墨吸收性能影响纸面墨膜的干燥及墨膜的表面性能。

二、纸张油墨吸收性能的检测方法

目前，判断纸张对油墨吸收性能的检测主要包含两大方法：油吸收方法和油墨脏污试验法。油吸收方法侧重于测量纸张对油的吸收能力，而油墨脏污试验法则关注印刷过程中油墨在纸张上的转移和沉积过程，从而评估纸张对油墨的吸收和扩散性能。通过油墨脏污试验预测纸张的吸墨能力是一种经过科学验证的方法，它不仅符合常规测试要求，而且由于采用油墨代替油进行测试,所得结果与印刷质量(主要体现在光泽度和透印方面)具有高度相关性。在许多文献中,K&N 值的大小被用来表示纸张的油墨接受能力的大小,从而评估纸张的油墨接受性能。油墨脏污试验法(Ink Stain Test)。国外已采用油墨脏污试验法,控制造纸的质量和预测印刷时纸张的吸墨能力。其中最为著名的可能要属 K&N 油墨试验,该项试验自 1930 年以来便广为使用。K&N 油墨是一种将白色颜料分散在有色油中形成的非干性油墨。

油墨脏污试验的程序如下:
① 将过量的试验油墨涂于纸张表面;
② 让油墨在纸面保留一定的时间;
③ 用软布或脱脂棉将过量的油墨擦掉;
④ 分别测量脏污区域的反射率与干净纸面的反射率。

K&N 油墨试验程序在 TAPPI 标准 RC-19 中有所描述,并已定为我国标准方法。特定油墨在纸面保留时间为 2min,擦墨程序则在瑞典 GFT 生产的自动仪器上进行。大量研究表明,通过油墨脏污试验预测纸张的吸墨能力是一项科学的方法,不仅便于常规测试,而且由于采用的是油墨,测得的结果与光泽度和透印方面的印刷质量有着良好的相关性。在不少文献中,把 K&N 值的大小用来表示纸张的油墨接受能力的大小;以此评价纸张的油墨接受性能。但从该方法的测量原理来看,K&N 值反映的是纸张的油墨吸收性能。

三、不同印刷方法对纸张的油墨吸收性能的要求

不同的印刷方法对纸张的油墨吸收性能有着不同的要求。在印刷过程中,油墨被施加到纸张表面,通过纸张的吸收性能来决定油墨的渗透和扩散程度。因此,纸张的油墨吸收性能对于印刷效果和质量至关重要。

在凸版印刷中,由于印刷压力较大,油墨渗透较深,因此需要纸张具有较好的吸收性能,以便能够快速而均匀地吸收油墨。在凹版印刷中,油墨被喷涂在纸张表面,因此需要纸张具有较低的吸收性能,以避免油墨过度渗透而导致印刷品不清晰。

在平版印刷中,由于印刷压力较小,油墨渗透较浅,因此需要纸张具有适中的吸收性能,以确保油墨能够快速而均匀地干燥。在丝网印刷中,由于油墨被丝网阻挡在纸张表面,因此需要纸张具有较高的吸收性能,以避免油墨过度渗透而导致印刷品不清晰。

此外,不同种类的纸张由于纤维结构和化学成分不同,其油墨吸收性能也不同。例如,新闻纸由于纤维较粗,油墨吸收性能较好,而高克重纸张由于纤维较细,油墨吸收性能较差。因此,在选择纸张时需要根据印刷方法和印刷效果来选择具有合适油墨吸收性能的纸张。

总之,不同印刷方法对纸张的油墨吸收性能的要求不同,因此在选择纸张时需要根据实际情况进行综合考虑。同时,在印刷过程中还需要注意控制印刷压力和油墨量等参数,以确保印刷品的质量和效果。

纸张的油墨吸收性能是影响纸张印刷性能的关键因素之一,但目前绝大多数企业都将其作为一个监测指标,或者认为纸张生产中纸张的油墨吸收性能基本能满足印刷质量的要求,各个企业主要以监测为主。这主要是由于目前纸张生产的孔隙结构导致纸张的油墨吸收性能能够较好地满足纸张的印刷需求所致。

然而，值得注意的是，随着印刷技术的不断发展和提高，纸张的油墨吸收性能可能会逐渐成为影响印刷质量的一个重要因素。因此，对于纸张生产企业和印刷企业来说，关注纸张的油墨吸收性能并及时调整生产工艺以保持纸张的印刷性能是非常重要的。

在生产过程中，可以通过调整纸张的孔隙结构、改变填料和添加剂的种类和比例等方法来改善纸张的油墨吸收性能。此外，选择合适的印刷设备和油墨也是提高印刷质量的重要手段。在纸张的选择上，可以根据不同的印刷需求选择具有较好油墨吸收性能的纸张，从而提高印刷质量和效率。

总之，纸张的油墨吸收性能是影响纸张印刷性能的重要因素之一，对于纸张生产企业和印刷企业来说，关注并改善纸张的油墨吸收性能是非常必要的。

四、印刷过程中纸张对油墨的吸收及对印刷的影响

要准确评价纸张的油墨吸收性能，必须首先弄清楚印刷过程中纸张吸收油墨的规律。在实际印刷时，纸张对油墨的吸收可分为两个阶段。

在第一阶段，印刷机的压力将油墨的一部分压入纸张表面的大孔隙中，这个过程主要依赖于印刷压力的大小和印刷速度的快慢。由于油墨被整体压入纸张的孔隙，因此留在纸面上的墨膜性质不会受到压入量多少的影响。然而，对于新闻纸和凸版纸等非涂料纸，由于其孔隙率高，过大的压力会导致油墨过多地压入纸内，从而产生透印现象。

第二阶段则主要依靠纸张的毛细管力吸收油墨。这个过程从纸张离开压印区开始，直到油墨完全干燥为止。在这个阶段，连结料从油墨整体中分离出来，通过小孔隙和纤维粗糙的表面以较慢的速度进入纸张内部。因此，这个过程实际上是连结料从油墨向充满的大孔隙迁移的过程。第二阶段的吸收比第一阶段更为重要，因为连结料的分离将改变保留在纸面墨膜的性质，墨迹的固着与干燥也在这个阶段完成。

第二阶段纸张对油墨的吸收速率可以用著名的 Washburn 公式来描述：

$$\frac{\mathrm{d}h}{\mathrm{d}t} = \frac{R^2}{8\eta h}\left(\frac{2\gamma_{\mathrm{LG}}\cos\theta}{R} \pm \rho g h\right) \tag{5-4}$$

式中 $\dfrac{\mathrm{d}h}{\mathrm{d}t}$——纸张毛细管吸收液体的速率

R——毛细管半径

h——毛细管内液体的高度

η——液体的黏度

γ_{LG}——液体的表面张力

θ——固液接触角

ρ——液体的密度

g——重力加速度

正号表示向下流动。负号表示向上移动。

当吸收达到平衡时，$\mathrm{d}h/\mathrm{d}t = 0$ 时，由上式得

$$h_{\infty} = \frac{2\gamma_{\mathrm{LG}}\cos\theta}{R} \tag{5-5}$$

式中 θ——油墨与纸张材料之间的接触角

这便是毛细孔吸收的平衡深度。将 $\gamma_{LG}\cos\theta$ 代入 Washburn 公式求积分，将对数部分展开，并经化简后可得：

$$h^2 = \frac{Rt\gamma_{LG}\cos\theta}{2\eta} \tag{5-6}$$

$$h = \sqrt{\frac{Rt\gamma_{LG}\cos\theta}{2\eta}} \tag{5-7}$$

对于纸张和油墨相互作用而言，上述表达式中的 R 表示了纸张毛细管的平均孔半径，γ_{LG} 为油墨的表面张力，η 为油墨的黏度，为油墨与纸张材料之间的接触角，对于非涂料纸，即为油墨与纤维之间的接触角。

实际印刷时，纸张对油墨的吸收能力不仅取决于毛细管吸力作用，还受到印刷压力的影响，而且印刷压力的作用远比毛细管吸引力大得多。在考虑了印刷压力 p 的作用之后，油墨被压入纸张的深度用 d 表示，可由下式计算：

$$d = \sqrt{\frac{pR^2}{2\eta} \cdot t} \tag{5-8}$$

式（5-8）称为 Olsson 公式，基本归纳了在各种印刷条件下，印刷压力、印刷时间、油墨黏度、纸张毛细管半径与油墨被压入纸张深度的关系。Olsson 公式已被实验研究结果所证实。

从式（5-8）可以看出影响纸张油墨吸收性能的主要因素与纸张的毛细管有很大的关系，也与纸张表面纤维的化学组成和油墨的相容性有较大关系，因此可以说影响纸张表面孔隙结构的主要因素都会影响到纸张的油墨吸收性能，更进一步来说就是纸张表面的孔隙结构，特别是经过表面施胶以后表面的孔隙结构对于油墨的吸收性能有非常大的影响，表面施胶加入的淀粉具有亲水疏油的功能，因此表面施胶剂淀粉的涂布量也会对纸张的油墨吸收性能产生一定的影响，而加入的施胶剂具有防水亲油功能，从另一方面又会提高纸张表面的油墨吸收性能。相比较而言，纸张的孔隙结构对于纸张油墨吸收性能的影响更为显著。从目前工厂实际生产的情况来看，绝大多数的印刷用纸的油墨吸收性能都可以满足实际生产的要求。因此很多企业把纸张的油墨吸收性能的检测作为一个监测的指标，而不是必检的指标。

影响纸张油墨吸收性能的主要因素包括：

① 纸张表面处理：纸张的表面处理会直接影响其油墨吸收性能。例如，经过涂布或涂覆处理的纸张表面可能会形成一层覆盖物，使油墨不能被迅速吸收。相反，未经处理的纸张表面可能会过于粗糙，导致油墨吸收不均匀。

② 纸张的表面张力：纸张表面的张力会影响油墨在纸张表面的扩散和吸收。较高的表面张力会导致油墨在纸张表面形成较大的点状斑块，而较低的表面张力则会导致油墨在纸张表面扩散过多。

③ 纸张的孔隙结构：纸张的孔隙结构会直接影响油墨的吸收速度和程度。较大的孔隙结构会使得油墨更容易被吸收，而较小的孔隙结构则会减缓油墨的吸收速度。

④ 纸张的材质和厚度：不同类型的纸张材质和厚度会影响纸张的油墨吸收性能。例如，较粗糙的纸张可能会更容易吸收油墨，而较光滑的纸张可能需要更长的时间来吸收油墨。

⑤ 湿度和温度：环境的湿度和温度也会影响纸张的油墨吸收性能。较高的湿度可能会导致纸张表面过于潮湿，影响油墨的吸收，而较低的湿度则可能导致纸张表面过于干燥，使得油墨无法迅速被吸收。

第四节　纸张的表面强度

一、纸张的表面强度与拉毛

表面强度是衡量纸张在印刷过程中抵抗油墨分裂能力的重要指标。它涉及纸张表面的纤维、胶料、填料之间以及涂料粒子与纸基之间的结合强度。当纸面与印刷版或橡皮布分离时，如果油墨的分离力大于纸面粒子间的结合力，纸面便会产生肉眼可见的破裂现象，导致油墨拉下的纸面纤维、填料或涂料堆积在橡皮布和印版表面。这不仅影响了印刷品的质量，还会给印刷生产带来麻烦。拉毛现象是指在印刷过程中，当加于纸张或纸板表面的外部张力大于纸张和纸板的内聚力时，纸张或纸板表面发生的肉眼可见的破裂现象。加于纸面的外部张力即油墨的分离力；纸张的内聚力即纸张表面粒子之间的结合力，对于非涂料纸来说是纤维之间的结合力，对于涂料纸来说是涂层与原纸层的结合力以及涂层内部的结合力。拉毛的结果不仅影响印刷品的质量，而且给印刷生产带来麻烦，对于凸印来说会堵塞印版，污染油墨；对于胶印来说印刷工人必须经常停机清洗版面和橡皮滚筒。因此，对印刷纸表面强度进行测定，根据印刷方式和印刷机类型选择适合印刷的纸张具有十分重要的意义。

二、拉毛对印刷的影响

拉毛对印刷的影响主要有两方面：一是造成图文部分的污染；二是胶印中橡皮布及墨辊清洗次数增加。

图文部分的污染有两方面，其一是纸面粒子剥落后，由于未沾上油墨而引起白斑点，这一现象能较早地得到发现。这种情况下，剥落下的粒子会粘在橡皮布表面，然后转移到印版上。转移到版上的粒子在版上旋转半周之后，在与墨辊接触之前先与上水（润版液）辊接触一次。这样，沾上水的粒子再接触新油墨时，就不易沾上油墨。结果，这一部分再旋转半周并与橡皮布接触后，使橡皮布也无法上油墨，从而使图文部分产生白斑。只要这一部分不再接受油墨，就会继续在同一位置上留白斑点，这种白斑会越积越多。再有一种污染是由细微的纸粉或微细的涂料粒子等的拉毛引起的，在初期发现它是非常困难的。但经过几千张的印刷后，逐渐在图像边缘发现拉毛现象，此时停机检查橡皮布，就会发现严重的堆墨现象（剥落物在橡皮布上堆积的现象）。这种堆墨现象一旦出现，其发展甚快，因此必须及早进行消除。

目前，长时间印刷后对橡皮布表面进行清洗仍是不可避免的。问题在于清洗的频繁程度如何，这与纸张的表面强度的高低和印刷的图文内容有关。不言而喻，纸张在印刷中发生拉毛后，橡皮布清洗的次数会明显地增加，从而大大地影响印刷生产。不仅如此，拉毛严重时，会出现纤维从印版经由上墨辊沉积在油墨槽的现象，还会出现版面受填料粒子磨损的现象，严重时会影响到印刷的继续进行。若发生这种故障时，单纯依靠橡皮布的清洗是无法解决的。

三、纸张的干拉毛与湿拉毛

按发生拉毛时是否有水的参与，把拉毛分为干拉毛（dry picking）和湿拉毛（wet picking）两类。干拉毛与水无关，只是由于油墨的分离力对纸张表面作用的结果，这种拉毛现象自然与纸的耐水性无关，在单色机和多色机上都可能发生干拉毛。湿拉毛是在水的参与下发生的，因此与纸张的耐水性有关。湿拉毛是多色胶印中特有的拉毛现象。干拉毛是在纤维或填料之间的结合力小于油墨的分离力时发生的，而湿拉毛是在这一条件下再加上润版液的参与下发生的。

即使在干燥时纸张的拉毛阻力再大，但在多色印刷中多次受到润版液的润湿作用，对于靠氢键结合的非涂料的纤维之间或以水溶性胶（如淀粉、聚乙烯醇）为胶黏剂的涂料中颜料之间的结合力都会显著下降，也就更容易发生拉毛现象。湿拉毛与水密切相关，与水量及水在纸面上停留的时间有关。在纸面水量相同的情况下，迅速印上油墨的情形与隔一段时间后才印上油墨的情形也大不一样，前一种情形印上油墨时大量的水分还停留在纸张表面，而后一种情形印上油墨时纸面上的水已大部分渗透到纸张内部去了。显然，前者较容易发生湿拉毛现象。

四、掉粉掉毛

掉粉掉毛是指在印刷过程中纸张表面松散粒子的脱落现象。与拉毛现象不同，掉粉掉毛指只由于润版液的湿润或机械摩擦作用就能导致纸面松散粒子的脱落，而拉毛必须在油墨的分离力大于纸面粒子之间的结合力时才发生。因此，拉毛是导致纸面相互结合的粒子的剥落，而掉粉掉毛是纸面松散粒子的脱落。拉毛取决于纸张的表面强度，掉粉掉毛取决于纸面的干净程度。虽然是纸张两个不同的方面的性能，但对印刷造成的影响是一样的，纸面脱落下的松散粒子同样会堆积在橡皮布表面，转移到印版表面等，引起类似拉毛的故障。在实际印刷中我们也常见到，表面强度高的纸张在印刷中同样要清洗橡皮布，这种现象在国产纸中尤为常见。因此，除表面强度外，掉粉掉毛也会影响印刷生产的纸张的印刷运行性能。但目前还没有常规的定量测量纸张掉粉掉毛性能的方法，仅有一些半定量的评价方法，如IGT悬浮物试验法。

五、纸张表面强度的测量

迄今开发用于测定纸张表面强度的方法有许多，不同时期最有代表性的方法有如下两种：

（1）Dennison 蜡棒法

该法是采用20根胶粘能力（adhesive power）不同的蜡棒，按胶粘能力由小到大从2A到32A编号。测量时将蜡棒的一端加热使之熔化后，垂直加于纸张表面，15min后拔起，用能将纸面损坏的蜡棒的号数表示纸张的表面强度，号数越高，表示纸张表面强度越高。Dennison 蜡棒法曾一度广泛用于印刷纸表面强度检测，至今在美国一些印刷纸质量标准中仍以蜡棒法的结果作为纸张表面强度的度量标准，这主要是因为此法测量简便，且能较准确地区分不同表面强度的纸张。但由于所用蜡与印刷油墨在结构上的差异,对纸张的附着力、亲和力与油墨的情形各不相同,且采用静态测量,不能反映纸张表面在印刷过程被剥离的力学特征,因而只有比较的意义,这是 Dennison 蜡棒法的局限性。

(2) 加速印刷法

加速印刷的方法是基于流体在平面之间分离时的分离力与分离的速度成正比关系的理论设计的,即分离速度越快,分离力越大。对于一定的印刷油墨,当油墨的分离力大于纸张的拉毛阻力时,纸面便发生所谓的拉毛现象,因此发生拉毛时印刷速度便间接表示了纸张拉毛阻力的大小。该印刷速度称之为临界拉毛速度或拉毛速度。

IGT 系列印刷适性仪就是利用这一原理进行拉毛实验的。它不仅可以用于拉毛测试,而且可进行各种纸张、油墨结合的印刷适性试验。利用 IGT 印刷适性仪测量纸张表面强度(拉毛阻力)的方法已被采纳为国际标准方法和我国国家标准方法。

六、纸张表面强度分布及其影响因素

对拉毛试验的影响在进行拉毛试验时,同一种纸样 10 次拉毛的结果,很难有两次是相同的。这是因为在纸幅整个表面上的纸张性质存在差别,纸面粒子之间的结合力并不是均匀的,因此,每种纸样的表面强度都有一个如图 5-8 所示的近似正态分布。这条曲线也是纸面粒子(纤维或填料)被剥离的拉毛速度分布曲线。纵坐标"n"表示纸面粒子被剥离的频率(或概率密度)。其中大多数粒子所具有的拉毛速度 v_M 称之为平均速度。当我们用速度递增的方式进行一系列匀速印刷测量纸张的拉毛速度时,我们测得的纸张的拉毛速度会是速度 v_L,而不是平均速度 v_M,因为在这种方式印刷中在速度 v_L 点就已有足够的粒子脱离纸面造成了纸面肉眼可见的破裂现象。但如果采用加速方式进行拉毛试验,则会发现在速度 v_L 时基本上纸面粒子未被剥离,而在比 v_L 更高速度的地方才明显

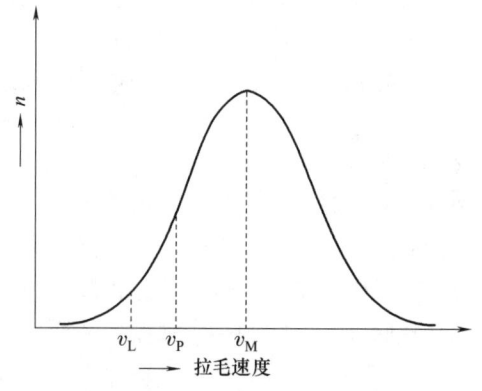

图 5-8 纸面粒子从纸面被剥离的速度分布

地出现拉毛现象。这个更高的速度即为图 5-8 中的 v_P,v_P 即为我们所测得的纸张的平均拉毛速度。速度 v_P 值的大小取决所用的加速度(或终点速度),加速度越高,测得的拉毛速度 v_P 越高。在实际拉毛试验中已经发现,当采用弹簧加速器 A 速(终点速度为 2.5m/s)时测得的拉毛速度比采用摆锤加速测得的结果高大约 20%。采用不同黏度拉毛油进行测试,也发现了类似的结果。采用不同宽度的印刷盘,测量结果也各不相同,在一定加速度下,采用 1cm 宽印刷盘时纸面粒子被拔起的概率是采用 2cm 宽印刷盘的两倍。采用 1cm 印刷盘测得的拉毛速度比采用 2cm 印刷盘的结果高约 5%。

上述现象都是由于纸张表面强度分布影响的结果。这些现象表明,要使拉毛试验结果具有很好的可比性,采用相同的印刷条件进行拉毛试验是十分必要的。

纸张表面强度是纸张质量的重要指标之一,它反映了纸张在承受外部压力时的耐久性和抗损伤能力。影响纸张表面强度的因素有很多,以下是一些主要因素:

(1) 纤维种类和纤维含量

纸张的纤维种类和纤维含量对表面强度有显著影响。针叶木浆比阔叶木浆具有更高的表面强度，针叶木浆长纤维能够更好地交织在一起，形成更加致密的纸张结构。此外，纤维含量越高，纸张的表面强度也越高。机械浆由于纤维之间的结合强度比较弱，同时细小纤维的含量比较高，成纸的表面强度要低一些。

(2) 纤维的微观结构和形态

打浆一般会提高纸张的表面强度，随着打浆度的提高，纤维之间的结合强度在不断地上升，纸张的表面强度会不断地上升。纤维的微观结构和形态也对纸张表面强度有影响。例如，纤维的直径越小，纸张的表面强度越高。此外，纤维的表面形态（如粗糙度）也可以影响纤维间的结合力和摩擦力，从而影响纸张的表面强度。

(3) 填料和涂布

在纸张生产过程中，填料和涂布剂的应用也会对纸张表面强度产生影响。在纸张的生产过程中间，为了降低成本和提高纸张的白度、不透明度或者是提高纸张的平滑度，常常加入大量的填料。填料本身和纤维之间没有氢键结合，因此它的加入会降低纸张的强度，特别是纸张的表面强度，产生更多的掉毛掉粉的现象。

(4) 生产工艺和条件

表面施胶是改善纸张表面强度的比较行之有效的方法。通过膜转移表面施胶技术在纸张表面涂一层经过改性的淀粉胶膜，一般的涂布量在 $1.5 \sim 2.5 g/m^2$ 左右，可以大幅度地提高纸张的表面强度，减少掉毛掉粉的现象。纸张的生产工艺和条件也会对表面强度产生影响。

(5) 压光

压光是纸张生产过程中不可缺少的一个手段和办法，但是现有的压光是在纸张干燥以后进行的表面压光。借助于压力、温度和金属辊以及纸粕辊对纸张表面的摩擦作用，使纸张表面变得更加平整。但是此过程属于一种干压光过程。纸张纤维原有的结构会被破坏，因此会降低纤维之间的结合强度，从而导致了纸张的表面强度也会有所下降。

思 考 题

1. 纸张的"印刷平滑度"与"几何平滑度"有何区别？举例说明印刷平滑度对网点再现的影响。

2. 别克平滑度仪与 Parker Print-Surf（PPS）粗糙度仪的原理差异是什么？分别适用于哪种印刷场景的评估？

3. 若印刷品出现"网点缺失"或"墨色不均"，如何从纸张平滑度角度分析原因？

4. 纸张的"油墨接受性能"与"油墨吸收性能"在印刷过程中分别起何作用？举例说明二者的协同关系。

5. 胶印与凹版印刷对纸张油墨吸收性能的要求差异是什么？从油墨黏度与干燥机制角度解释。

6. 若纸张油墨吸收性不达标，如何通过调整浆料配比或添加助剂（如填料、施胶剂）进行改善？

7. 纸张"表面强度"不足引发的"拉毛"和"掉粉掉毛"有何区别？分别对多色印刷产生何种影响？

8. 干拉毛与湿拉毛的发生条件及破坏机制有何不同？如何通过表面施胶工艺抑制湿拉毛？

9. 某包装印刷品出现"墨层剥离"现象，从纸张表面强度、油墨吸收性及印刷压力角度分析可能原因。

10. 针对数字喷墨印刷需求，设计一款兼具高吸墨速干性与高色彩还原度的纸张，说明其结构特征（如涂层组分、孔隙调控）。

参 考 文 献

[1] 胡开堂，主编. 纸页的结构与性能［M］. 北京：中国轻工业出版社，2006.

[2] 周景辉，主编. 纸张结构与印刷适性［M］. 北京：中国轻工业出版社，2017.

[3] ［芬］Niskanen K，著. 纸张物理性能［M］. 刘金刚，译. 北京：中国轻工业出版社，2016.

[4] Tejado A, Ven T G M V D. Why does paper get stronger as it dries［J］. Materials Today, 2010, 13 (9)：42-48.

[5] Laivins G V, Scallan A M. The mechanism of hornification of wood pulps［C］. Transactions of the Tenth Fundamental Research Symposium. Oxford：PIRA International, 2001：1235-1260.

[6] Paavilainen L. Fiber Structure［M］//Mark R E. Handbook of Physical Testing of Paper. 2nd ed. New York：Marcel Dekker, 2002：699-725.

[7] Hubbe M A. Paper's resistance to wetting and its impact on print quality［J］. TAPPI Journal, 2015, 14 (3)：189-197.

[8] 张美云，主编. 现代造纸技术［M］. 北京：化学工业出版社，2019.

[9] Kipphan H. Handbook of Print Media［M］. Berlin：Springer, 2001.

[10] Biermann C J. Handbook of Pulping and Papermaking［M］. 2nd ed. San Diego：Academic Press, 1996.

[11] TAPPI Standards. Test Method for Surface Strength of Paper (IGT Method)［S］. TAPPI T 549, 2018.

[12] Aspler J S. The role of paper structure in ink transfer［J］. Journal of Pulp and Paper Science, 1999, 25 (5)：153-158.

[13] Xu Y, et al. Advances in coating technologies for improved printability［J］. Progress in Materials Science, 2020, 112：100673.

[14] ISO 8791-4. Paper and board—Determination of roughness/smoothness (air leak methods) —Part 4：Print-surf method［S］. 2021.

[15] 刘忠，主编. 印刷材料与适性［M］. 北京：印刷工业出版社，2015.

[16] Lepoutre P. The structure of paper coatings and its effect on gloss［J］. TAPPI Journal, 2005, 88 (2)：25-30.

[17] Zang Y H, et al. Effect of fiber type on paper surface strength［J］. Cellulose, 2018, 25 (7)：3987-3996.

[18] 王捷先，主编. 印刷材料及适性［M］. 北京：印刷工业出版社，2003.

[19] Fellers C, et al. Paper Physics［M］. Helsinki：Paper Engineers' Association, 2009.

[20] 严美芳，主编. 印刷材料与印刷适性［M］. 北京：化学工业出版社.

第六章 纸板的结构与性能

纸板，这一现代社会不可或缺的多功能包装材料，以其广泛的应用背景和卓越性能，在各领域扮演着重要角色。无论是传统的商品包装，还是创新的建筑应用，纸板凭借其可持续性、轻盈和塑性，成了优选之选。在环保和可持续发展的大潮中，纸板因其可回收和生物降解特性而备受青睐。在商品包装领域，纸板不仅用于保护、运输和展示各色产品，如食品、电子产品至家居用品，其出色的抗压性和可定制特点更是让其在零售包装中尤为突出。而在运输和储存环节，纸板箱以其耐用性和堆叠能力成为主要包装材料之一。此外，纸板在展示架和广告牌等展示和促销材料制作中也有广泛应用。

纸板的结构与性能密切关联，其复杂的构成对其挺度、环压强度和层间结合强度等性能起着关键作用。纸板是一种以纤维（以植物纤维为主，也包含少量非植物纤维）和非纤维添加物（如胶料、填料、助剂等）为主要原料，在水或空气等介质的帮助下分散和成形，具有多孔性和网状结构的薄页状材料。纸板的这种结构赋予了它们独特的物理特性和多样的用途。通过精心选择和调配纤维原料与非纤维添加物，再结合适当的成形过程和加工方法，可以生产出各式各样的纸板产品。这些产品能够满足从书写、绘画、包装、印刷到特种功能等多种用途的需求，并具备相应的使用性能，如物理、化学、电气和光学特性等。

挺度是衡量纸板抵抗弯曲和变形的能力的重要性能之一。纸板的结构设计和材料选择直接影响其挺度。高质量纸板往往具有较高的挺度，这使得其在运输、包装等应用中更为可靠。环压强度是指纸或纸板能够抵抗垂直于纸面方向压力的能力。它直接反映了纸板在垂直负载下的稳定性和承载能力，是判断纸板适用性和性能的重要依据，环压强度高表明纸板材料具有较强的抗压和支撑能力。纤维的质量和填料的选择对环压强度有重要影响。通过优化纤维的分布和填料的比例，可以增强纸板的环压强度，使其更适用于需承受压力的应用领域。比如在包装和运输行业，环压强度高的纸板能更好地保护内部物品，避免因压缩而损坏。层间结合强度是评估纸板层间黏合质量的指标，直接关系到纸板的整体性能。黏合剂在这方面发挥着关键作用，确保纸板各层之间紧密结合，以提高其强度和耐用性。适当的层间结合强度可以防止纸板在使用过程中发生剥离和分层现象。

综合而言，纸板的结构与性能是相互关联的，通过合理的设计和材料选择，可以调整纸板的挺度、环压强度和层间结合强度，使其更好地满足各种应用需求，从而在包装、运输和其他领域中发挥更为出色的性能。本章节将从纸板的结构、纸板的挺度、纸板的环压强度和纸板的层间结合强度等几方面来阐述纸板的结构与性能。

第一节 纸板的结构

纸和纸板种类繁多，根据其用途，可以将其分为以下几类：包装纸板、液体包装纸板、过滤纸板、建筑纸板、印刷及装饰纸板、冲压纸板、电绝缘纸板、垫衬纸板以及其他工业用纸板几大类。纸板的物理性能因其不同的使用要求而有所区别，导致各种类型的纸板在性能指标上存在不同的侧重点。一般而言，纸板的共同要求包括优良的强度性能，例如抗张强度、耐破度、耐折度、撕裂度、挺度、环压强度、耐磨强度以及松厚度等。对一些特殊的纸板还应该具有其他性能，例如绝缘纸板需要具备优异的电绝缘性能，用于电气设备中以防止电流泄露；包装纸板还应重视平滑度和适印性能，以适应各类印刷需求，同时确保足够的强度和耐磨性以保护内装物品；过滤纸板需要考虑流体阻力和孔隙率，以便有效过滤液体或气体；冲压纸板强调纸板的平压性能，特别是在纺织行业中提花纸板的应用。上述提到的各种纸板性能的实现，既受纤维原料选择的影响，也依赖于不同的制备工艺，这些因素共同决定了纸板的最终结构和特性。

纸板的制备工艺是将纸浆转化为坚固多用途板材的一系列复杂步骤。首先，挑选合适的原料，如木浆、废纸或其他植物纤维，再通过机械或化学手段加工成纸浆。这一过程可能涉及去杂、漂白和纤维物理特性调整。随后，纸浆在纸机上经过压榨和干燥，形成连续的纸带。这些纸带根据需求可进行多层堆叠、压合，制作不同厚度和强度的纸板。对于特殊用途的纸板，还可能增加涂层、层压或印刷以提升性能和外观。整个工艺需精确控制纸浆质量、纸板厚度和密度，以及干燥和成型条件，确保最终产品的高品质和一致性。

纸板的生产通常采用多层成形后叠合再成形的方法，这种方法能够生产结构复杂、多层复合的高定量纸板。每一层纸板都可具备不同的物理特性，如强度、密度和纤维方向，这取决于制造工艺和原料选择。在多层纸板中，不同层间可能通过黏合剂或压力紧密结合。纸板的结构设计还可能包括特殊涂层或层压，以增强其防水、耐磨或美观特性。总之，纸板的结构设计旨在满足特定应用需求，如包装、结构支持或印刷，其多功能性和可定制性使其成为广泛应用的理想材料。纸板的定量通常以克/平方米（g/m^2）来表示，是衡量其厚度和密度的关键参数，直接影响纸板的强度、刚度和其他物理性能。一般我们认为纸板的定量在 $200g/m^2$ 以上、厚度在 0.1mm 以上。但是在实际生产中定量低于 $200g/m^2$ 的也可以称作为纸板，市场上的纸板最大的定量则可达 $800g/m^2$ 以上。高定量的纸板通常更厚实，具有更佳的承重能力和耐磨性，适用于需要更高强度和保护的包装场合。而低定量的纸板则更轻薄，适合成本敏感和质量限制的应用。纸板的定量取决于原料类型、制造过程中的压榨和干燥程度，以及可能的涂层或加工处理。高定量产品都是采用多层抄造的方式来进行，纸机的网部配置方式有多圆网纸机、多长网叠网纸机、长网叠网纸机、长网圆网混合纸机。多长网叠网纸机网部示意图见图 6-1。

一、纸板的多层结构

纸板根据用途需要必须具有较好的物理性能，主要是紧度、挺度、抗张强度、耐破度、耐折度、撕裂度、抗压强度、耐磨强度等。某些纸板又必须具有吸收性、可压缩性、绝缘性能、尺寸稳定性、适印性能等。在纸板作为包装材料的领域中，其目的在于确保产品能够安全、完整且及时地从生产者传递至消费者之手。这一使命赋予了纸板独特的质量要求：在储存和运输过程中，它必须保持坚固不变形、抗裂不破损。因此，对于商品包装所用的纸板，外在的光洁度、色泽一致性及印刷适应性同样重要，内在质量的严格把控也

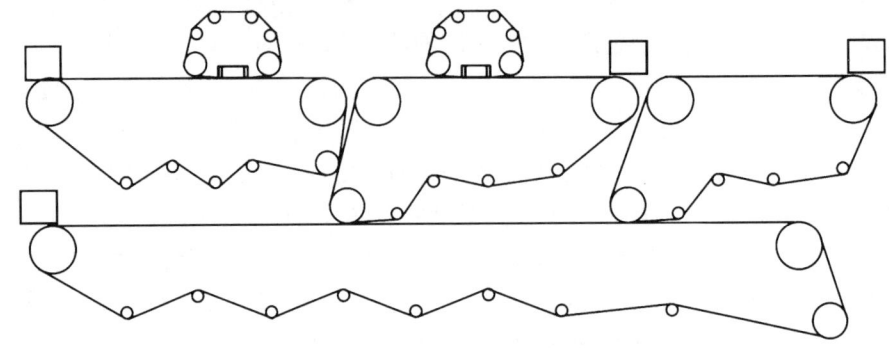

图 6-1 多长网叠网纸机网部示意图

不容忽视。这包括纸板需要具备优越的弯曲性能、形成瓦楞的能力和卓越的平压强度——即纸板成型瓦楞后的抗压能力。而用于制作包装箱的纸板，则需进行环压强度（又称边缘抗压强度）测试，以此评估其抗压性能。这些性能的实现，既与纤维原料的选用有关，也取决于采用不同制造方法而形成的独特结构特点。

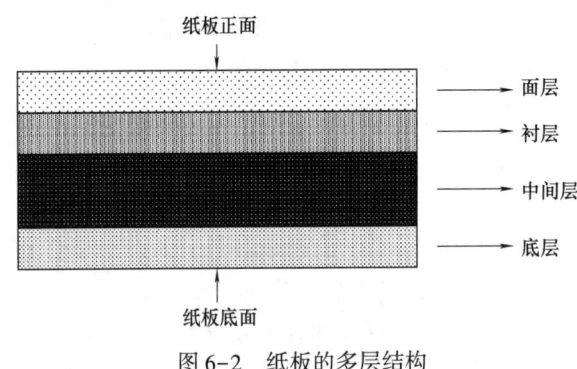

图 6-2 纸板的多层结构

纸板一般由面层、衬层、中间层和底层构成（图 6-2），有些高定量纸板甚至将中间层分为两层或更多层，以生产更高定量的产品。这种结构可使多层纸板成品在性能方面更加稳定，经久耐用。采用这种多层成形方法的优点包括：

① 提高纤维的经济价值，在纸板的中间层可以使用成本较低的纤维原料，这对纸页的外观和物理性能影响较小。例如，中间层可以使用回收的二次纤维原料或通过分级压力筛选出的短纤维原料等。

② 不同层次使用不同的浆料，充分发挥了各种浆料的独特优势。纸板的某些关键性能，尤其依赖于其表层。例如，平滑且细腻的表面不仅赋予纸板雅致的外观，还提升了其印刷性能和耐磨性。而纸板的背层则承担着对包装物品的保护和支撑作用，如抵御冲击、防水、防油、保持热稳定性和密封性等。尽管如此，中间层对于纸板的整体质量也具有不可忽视的影响，故对其也应予以适当的重视。例如，选用高强度的优质浆料和细微填料作为面层，可以打造出具有高强度、细腻质感和优良光学性能的表面，最大限度地利用优质浆料和填料的潜力。而采用较低质量的浆料和粗糙填料制作内层（中间层和底层），则能增强纸板的厚度和挺括度，从而在不同层面满足多样化的使用需求。

③ 多层成形技术的应用使得各层纸张的定量得以降低，从而在提升纸板整体品质和强度方面发挥了显著作用。这种方法优化了成品纸的匀度、耐破度、耐折度和挺度。相较之下，单层高定量纸板的生产在成形和脱水过程中需要更长的时间，且随着定量的增加，所需时间呈现快速增长。多层抄造技术则不同，每层纸张的挂浆量仅为 $60\sim90g/m^2$，这

不仅保证了快速地成形和脱水，还允许使用低浓度的上网，从而大幅提升了整个纸板的匀质度。此外，由于多层抄造中各层之间的不均匀性可以相互补偿，它有效减少了定量分布的非均匀性问题。

④ 多层抄造技术在提升纸板的机械强度方面起着关键作用。普遍而言，采用多层抄造方法生产的纸板，在强度上往往优于单层抄造的产品。如同图6-3所展示的，当纸板的定量保持不变时，多层抄造能够实现更高的耐破强度；反之，若要维持相同的耐破强度，多层抄造则能够降低纸板的定量。

因此，采用低定量的多层抄造方法，不仅使纸板具有优异的物理性能和印刷适应性，适用于各种包装和印刷需求，也成了纸板成形技术发展的重要趋势。这种方法在优化材料使用、降低成本以及提高产品性能方面展现了显著的优势，为纸板制造业带来了重要的技术革新。

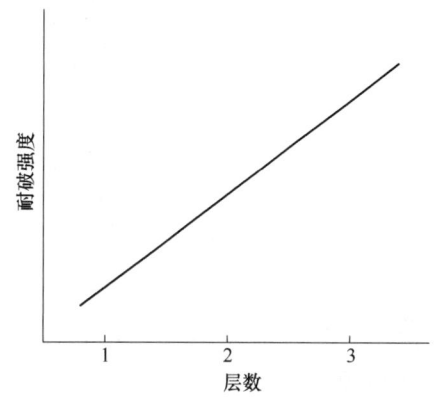

图6-3　多层纸板层数与耐破度的关系

二、多层纸板的种类

多层纸板通常指的是由多层纸张和黏合剂组成的板材，根据其结构和用途的不同，可以分为以下几种主要类型：

（一）瓦楞纸板（Corrugated Cardboard）

这是最常见的多层纸板类型，它由一个或多个瓦楞中层（波浪形的纸层）和平滑的外层纸张组成。瓦楞纸板具有良好的缓冲性能，能有效防止运输过程中的冲击和振动，其应用场景广泛且多样。它适用于包装各种产品，如电子产品、食品、饮料、家居用品、工业零件等。因为瓦楞纸板可以提供强大的保护和支撑作用，还能够作为大型工业产品的包装。

瓦楞纸板根据其结构的复杂性和层数的不同，分为单面瓦楞纸板、三层瓦楞纸板、五层瓦楞纸板和七层瓦楞纸板等多种类型（图6-4），各自具有不同的用途和特性：

① 单面瓦楞纸板：这种纸板由一张面纸和一张瓦楞芯纸黏合而成。由于缺少里纸，它很少单独用作外包装，而更多用于内包装和包装衬垫，起到缓冲作用。

② 三层瓦楞纸板：由一张瓦楞芯纸两面各黏贴一张面纸组成。这种结构相对简单，多用于小型物品的外包装。

③ 五层瓦楞纸板：由两张瓦楞芯纸和三张平面纸页（面纸、里纸及芯纸）黏合而成。这种纸板具有较大的强度，通常用来制造用于承载更重物品的纸箱。

④ 七层瓦楞纸板：由三张瓦楞芯纸和四张平面纸页（面纸、芯纸、芯纸及里纸）黏合而成。主要用于包装重型商品。有时为了提高强度，中间的三层瓦楞芯纸会被正交排列，制成超强度瓦楞纸板。

瓦楞纸板的瓦楞形状也有不同的类型，如A型、B型、C型、E型和F型等，其大小和高度依次递减。

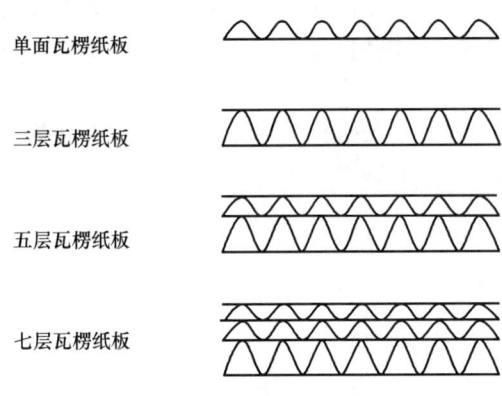

图 6-4 瓦楞纸板的类别

A 型瓦楞高度为 4.5~5mm，以其出色的防震缓冲性而闻名。由于瓦楞高度较大，它具有较强的承载能力和吸收冲击振动的能力，适用于需要较高保护性的重物包装。

B 型瓦楞高度为 2.5~3mm，峰端较尖，粘胶面较窄。虽然瓦楞高度较小，但其平面抗压能力超过 A 型瓦楞。B 型瓦楞在单位长度内楞数较多，提供更多的支撑点，因此不易变形，表面较平，适合印刷，能够实现良好的印刷效果。

C 型瓦楞高度为 3.5~4mm，其防震性能与 A 型相近，而平面抗压能力接近 B 型瓦楞。它在防震性能和平面抗压能力之间提供了一种平衡。

E 型瓦楞高度为 1.1~2mm，是较细的一种瓦楞。尽管细小，但能承受较大的平面压力，非常适合胶版印刷，适用于需要高质量图文印刷的包装。

F 型瓦楞高度为 6.6~7mm，具有极好的抗冲击和耐捆扎性能。其双面瓦楞纸板的冲击吸收系数高于 A 型和 B 型瓦楞。虽然性能出色，但由于其较大的高度和相应的成本，一般较少采用。

每种类型的瓦楞纸板都有其特定的应用场景和承载能力，因此在选择包装材料时，需要根据包装物品的特性和运输要求来确定合适的瓦楞纸板类型。

（二）实心纸板（Solid Board）

实心纸板，又称为硬纸板或厚纸板，是一种厚而坚固的纸制材料，通常由多层纸张或纸浆通过压制和黏合工艺制成。实心纸板的结构与瓦楞纸板不同，它不包含中间的波浪形层，而是完全实心的。这种结构使得实心纸板具有较高的密度和平整的表面。而多层纸张紧密结合使得实心纸板具有较高的抗压和抗折强度，适合承受较重的负载。

实心纸板更厚重，适用于需要更高强度和耐用性的包装。它广泛用于制作高质量的包装盒、图书封面、相册、档案文件夹等，并且在需要额外保护强度的包装应用中也很常见。

（三）蜂窝纸板（Honeycomb Board）

蜂窝纸板是一种轻质但强度高的包装材料，其结构和自然界中蜜蜂巢穴的结构类似（图 6-5）。它通常由三层组成：两层平面纸板和中间的蜂窝形结构。中间层由密集的六角形蜂窝状纸芯组成，能够有效地分散压力，使纸板在承受重量时不易变形。这提供了出色的承重能力和抗压强度。蜂窝结构还具有良好的缓冲性能，能有效吸收和分散外来的冲击力，保护包装内的产品，是一种效率极高的包装材料。

蜂窝纸板由于其优越的强度质量比，经常用于替代更重的包装材料，广泛应用于家具、电器、工业设备等大型物品的运输包装。它也常用于制作展示板、隔板和其他结构性包装组件。因此，蜂窝纸板凭借其独特的结构和优异的性能，在现代包装行业中扮演着重要的角色。

(四) 特种纸板

特种纸板是一类专门为满足特定工业或消费需求而设计和生产的纸板，它们通常具有独特的物理特性、化学特性或者两者兼具。

物理特性：特种纸板可能具有高强度、高耐磨性、高密度或特殊的表面质感。例如，一些特种纸板可能设计为防水、防油、防火或抗静电。

图 6-5　蜂窝纸板的结构

化学特性：特种纸板可能具有特殊的化学抵抗性，例如耐酸、耐碱、耐有机溶剂等。它们也可能被处理以具有抗菌或抗真菌的特性，用于特定的卫生或医疗应用。

特种纸板应用广泛，包括医疗、食品包装、电子、建筑、运输等行业。在食品包装领域，特种纸板可用于制造抗油、防水的包装材料。在医疗领域，特种纸板可用于生产一次性医疗用品，如手术床单、隔离服等。

随着新材料技术的不断进步和市场需求的多样化，特种纸板的开发和应用在不断增长，它们在许多行业中都发挥着重要的作用。

三、纸板包装材料的特点

与塑料、木材金属等包装材料相比，纸板包装有着以下许多独特的优点。

① 原料来源广、生产成本低：纸板的原料自然丰富，易于获取，且适宜于机械化的大规模生产。其成本相对较低，1t 包装纸制成的包装容器可替代 $10\sim12m^3$ 木材制成的包装箱，而生产 1t 纸和纸板仅需要消耗木材 $3\sim4m^3$。在消耗较少资源的条件下，制成了效益最优的包装制品。

② 保护性能优良：与其他包装容器相比，纸箱不仅具备良好的机械强度，还拥有优良的缓冲特性。此外，它还具有隔热、遮光、防潮和防尘的能力，能够有效地保护内装商品，确保其安全完整。

③ 加工贮运方便：纸和纸板的易加工性，如简单的裁切、折叠、粘合或钉接，使其能够快速转变为多样化的包装形态，如纸箱、纸盒和纸袋等。这种材质既适合机械化和自动化的大批量生产，也能通过手工制作成造型优美的包装。未使用时，这些纸质产品可以轻松折叠，以节省储存和运输空间，从而有效降低成本。

④ 印刷装潢适性好：纸和纸板表面的平滑度适宜于印刷精美的图案和文字，极大地增强了其在促销方面的优势。在超市货架上，那些印有精美图案、造型独特的纸质包装，尤其能够吸引消费者的目光并激发购买欲望。

⑤ 纸和纸板作为包装材料：本身无毒、无味，不会对环境造成污染。经过严格的工艺和技术控制生产的各类纸包装材料，不仅能够满足多样化商品的包装需求，而且不会对内装物品造成污染，确保了产品的安全性和卫生性。

⑥ 纸包装容器的一个显著优点是其回收和处理的便利性：这些材料不仅可以被回收再利用，还能用于再生造纸，大幅减少废弃物的产生。即使被丢弃，纸质包装也能在短时

间内自然降解，不会对环境造成长期污染。其使用的植物原料使纸包装成为一种自然循环再生的资源，是符合可持续发展理念的绿色包装方式。

⑦ 复合加工性能好：纸和纸板可以与其他材料如塑料、铝箔等进行复合加工，从而显著增强其包装功能。这种复合材料的包装适用于多种场合，尤其是在需要高强度、防潮、热封和高阻隔性的包装领域中，其应用范围极为广泛。

随着纸板生产技术的不断发展和创新，即便是重型和大型机械设备也可以使用纸箱进行包装。特殊处理的纸板还可以用于长途运输活海鲜等敏感商品。此外，还能制造具有防潮、防菌、抗紫外线和红外线等特殊功能的纸箱。因此，世界各地对纸板生产技术的研究和应用都给予了极高的重视。

第二节 纸板的挺度

一、抗张挺度和抗弯挺度

纸板的挺度是指纸板在受到外力作用时保持其形状不发生弯曲或变形的能力。它是评估纸板质量的一个重要指标，直接影响到纸板的使用性能和外观质量。挺度又称刚度，是衡量纸和纸板耐弯曲的强度性能。常见的挺度分为抗张挺度和抗弯挺度两种。抗张挺度对应于拉伸实验中应力应变曲线的斜率：

$$S_t = E \times d \tag{6-1}$$

式中　S_t——抗张挺度

　　　E——弹性模量

　　　d——纸板厚度

对于绝大多数纸和纸板产品而言，抗弯挺度是一项至关重要的性能指标。通常所说的"挺度"，实际上指的就是抗弯挺度，这是工程力学中的一个核心属性。

当纸板制成纸箱或其他容器时，必须要有充足的挺度来承受外界压力而不致弯曲变形或破损。因此，对于包装用途的纸板来说，挺度尤为重要。优良的纸板挺度表现在其出色的耐压缩、弯曲和总变形能力上，这在纸板盒的制造过程及最终产品中发挥着至关重要的作用。挺度良好的纸板，不仅能保证纸板盒成型机的顺畅运转，还能在纸板折叠时保持容器表面的平整。使用中，挺度佳的纸板可有效抵抗纸箱表面的凸起，从而更好地保护箱内物品。对于纸板生产厂家而言，其终极目标在于以最低成本和最小定量生产出满足所需弯曲挺度的产品。

抗弯挺度 S 可根据等截面梁的标准公式进行计算：

$$S = \int E(Z) Z^2 dZ \tag{6-2}$$

式中　Z——厚度方向坐标

　　　E——弹性模量

弹性模量作为 Z-坐标的函数，反映了层状结构的影响。该方程的推导过程如下：当横梁或者平板发生弯曲时，将产生与到中性面的距离成正比的应变（ε）。根据 Hooke 定律，弹性模量 E 与应力和应变的关系式为：$\sigma = E \cdot \varepsilon$。由于应变（应力）与 Z-坐标成线性正比关系，即 $\varepsilon \sim Z$，由此可得到 $E(Z) \cdot Z$ 项。式（6-2）中另外一个 Z 来源于各层应力为抵抗弯曲力矩而形成的反向动量。力矩臂为离开中性面的距离，即 Z-坐标，因此得到对 Z 平方的依存关系，$E(Z) \cdot Z^2$。最后对整个厚度积分得到弯曲挺度。弯曲梁、中性面和应力分布见图 6-6。

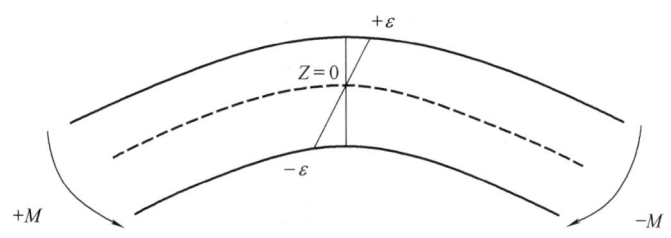

图 6-6 弯曲梁、中性面和应力分布（中性面处 $Z=0$）

注：M 代表弯矩。

中性面为未发生应变的层面，其所在位置为 Z 坐标的零点。在对称的纸页中中性面位于中间，非对称纸页中中性面偏向挺度较高的一面。若中性面不在中间，表面的拉伸和压缩应变不等，刚性弱的一面变形大。

二、多层结构纸张

在包括涂布纸和多层纸板在内的众多多层结构纸张中，其 Z 方向（即纸张厚度方向）的弹性性能通常会出现不连续的变化。这种变化使得这类多层结构纸张的性能分析与单层纸张有所不同，不能直接用传统的单层纸张性能计算公式。对于多层结构纸张，若假设每层材料都是均匀的，我们可以采用式（6-2）推导出每层对挺度的贡献：

$$S_{b,i} = E_i \left[\frac{d_i^3}{12} + d_i \cdot (h_i - Z_0)^2 \right] \tag{6-3}$$

如图 6-7 所示，$|h_i - Z_0|$ 是中性面与第 i 层之间的距离，纸板的整体挺度 S_b 是由所有 N 层的贡献叠加得到的，如式（6-4）：

$$S_b = \sum_{i=0}^{N} S_{b,i} \tag{6-4}$$

式（6-3）、式（6-4）中物理量符号见图 6-7。

由式（6-3）可知，如果某层离中性面越远，那么该层对弯曲挺度的贡献越大。这意味着，纸板的整体挺度主要是由外层的挺度决定的。纸板的中心层主要提供厚度和柔软度，并且充当垫层，从而增加面层和底层的贡献。

在应用式（6-3）来计算多层纸张或纸板的弯曲特性时，确定中性面相对于纸张中心面（$Z=0$）的位置是一个关键步骤。简单地假设中性面位于 $Z_0=0$ 的位

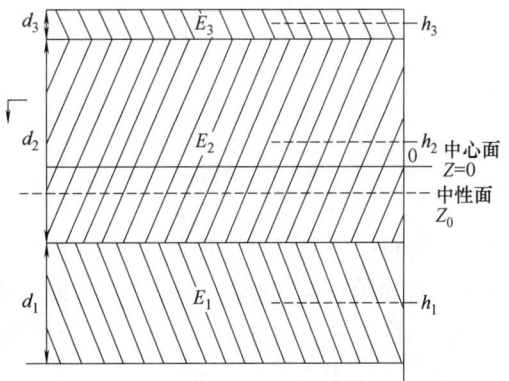

图 6-7 多层结构纸张的弯曲挺度

注：d_i 是指第 i 层的厚度，h_i 是指第 i 层中心面相对于整个纸页中心面的坐标，Z_0 是中性面相对于纸页中心面的坐标。注意坐标取正或者取负取决于它在中心面的哪一侧。

置，对于非均匀或非对称的纸张结构来说，往往会导致错误的计算结果。这种假设通常只在纸张结构均匀且对称时才有效。除此之外，中性面需要通过计算得到，此时要求纸张弯曲时其横截面的垂直方向不存在净应力，且横截面保持对纸张切面的垂直。由第1个条件得到：

$$\int_{-d/2}^{d/2} E(Z)\varepsilon(Z)\mathrm{d}Z = 0 \quad (6-5)$$

式中，$\varepsilon(Z)$ 是在面内应变，由第2个条件得到：

$$\varepsilon(Z)=\varepsilon_0(Z-Z_0) \quad (6-6)$$

式中，ε_0 是定值，由式（6-5）和式（6-6）可得：

$$Z_0 = \frac{\sum_{i=1}^{N} E_i d_i h_i}{\sum_{i=1}^{N} E_i d_i} \quad (6-7)$$

另一个计算多层纸张弯曲挺度的方法是用下式：

$$S_b = D - \frac{B^2}{A} \quad (6-8)$$

式中，

$$A = \sum_{i=1}^{N} E_i(Z_i - Z_{i-1}) \quad (6-9)$$

$$B = \frac{1}{2}\sum_{i=1}^{N} E_i(Z_i^2 - Z_{i-1}^2) \quad (6-10)$$

$$D = \frac{1}{3}\sum_{i=1}^{N} E_i(Z_i^3 - Z_{i-1}^3) \quad (6-11)$$

坐标 Z_i 定义如图6-8所示。

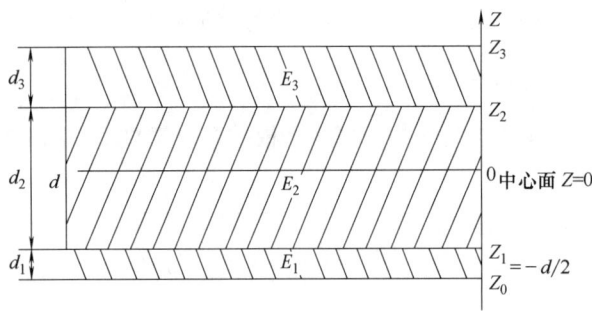

图6-8 式（6-8）至式（6-12）中参数含义

最简单也是最重要的一种情况是，对于有均匀对称结构的三层纸张，其弯曲挺度计算式如下：

$$S_b = \frac{E_1 d_1^3}{12} + \frac{E_2(d^3-d_1^3)}{12} \quad (6-12)$$

式中，E_1 和 E_2 分别为中间层和表面层的弹性模量，d_1 和 d 分别为中间层和整个纸页的厚度。这种计算方法适用于涂布纸，因为涂布纸通常具有均匀且对称的结构特征。然而，对于纸板，特别是在考虑折叠箱纸板时，使用式（6-12）只能作为一种快速估算方法。这是因为纸板往往不具备均匀对称的结构。例如，在折叠箱纸板中，相对于面层，背层的定量通常较低，但其强度较高。这种非对称性在计算纸板的弹性模量时需要特别考虑。

三、影响挺度的因素

纸板的挺度受多种因素影响，包括纸板的厚度、弹性模量、密度、纸浆类型、湿度和生产工艺等。其中，厚度和弹性模量是决定挺度的关键因素，通常厚度和弹性模量越大，纸板的挺度也越强。弹性模量决定于外凸层对拉伸的能力和内凹层对纸页弯曲是经受压缩的能力。假设纸页的弯曲是均匀的，那么挺度与厚度的立方成正比：

$$S = \frac{Ed^3}{12q} \quad (6-13)$$

式中　　S——弯曲挺度，$N \cdot m$

　　　　E——弹性模量，Pa 或 $N \cdot m^2$

　　　　d——纸页厚度，m

若消除不同定量 q 的挺度值的影响，则得到挺度指数：

$$S = \frac{Ed^3}{12} \quad (6-14)$$

将纸张的紧度 $\rho = q/d$ 代入式（6-13）中，得到：

$$S = (E/\rho^3)(q^3/12) \quad (6-15)$$

式中　　q——定量，g/m^2

式（6-14）表示，对于具有相同加拿大游离度（CSF）、压榨干燥及 E 为常数的纸浆配料，弯曲挺度 S 是和定量的三次方成比例的增加。如果定量 q 固定，则 S 正比于 E/ρ^3，因此，在固定纸页厚度及定量的条件下，弯曲挺度直接随紧度变化。

除了紧度和定量以外，还有一些因素也影响纸板的挺度，包括纸浆得率、打浆度、湿压榨、湿变形、填料含量、压光和纸页水分含量，这些因素相互关联，共同影响纸板最后的挺度。

多层结构被认为是实现高弯曲挺度的最有效手段，它还能同时保持较低的定量和良好的表面性能。多层纸板正是基于这一方法，通过在三个流浆箱进行上网抄造，然后在压榨部分将湿纸幅复合在一起形成纸板。此外，还有其他几种方法可以实现多层结构，包括在纸脱水过程中增加细小纤维在纸页表面的富集、使用单个流浆箱进行多层成形、在纸面上施胶（确保胶液不渗透到纸页内部）、涂布以及梯度压光处理。

表6-1所示为厚度、弹性模量与强度的关系。影响弹性模量的主要因素为纸板的密度，也即纤维的结合力和厚度。但是密度的增加就要影响到厚度的降低，厚度的降低就要影响到纸板的抗弯强度，三者的关系是相辅相成的。

表 6-1　　　　　　　　　　　　　厚度、弹性模量与强度的关系

打浆度/°SR	纸的厚度/cm	弹性模量/（kg/cm²）	结合力/（kg/mm²）	抗弯挺度/g·cm
13	0.0162	30.4	0.048	16.20
25	0.0133	53.5	0.180	15.6
35	0.0126	60.0	0.188	15.0
45	0.0122	65.9	0.218	14.8
60	0.0120	65.0	0.230	14.0

注：①漂白硫酸盐阔叶木浆；②纸的定量为 $100g/m^2$，$1kg = 10N$。

从表6-1可以看出，随着打浆度的提高，纸的弹性模量逐渐提高，纸的结合力也提高，但是反过来说，其抗弯强度则下降。

纸页的挺度也受固有的纤维性质的影响，在薄纸页中单根纤维的刚性对挺度所起的作用更大，而在厚纸板中，纤维的结合程度对挺度起更重要的作用。另外有实验说明，在芯

层浆料中配以一定数量的机械浆或半化学浆时，会使纸板的挺度有明显的提高。生产工艺在纸板挺度方面的影响也不容忽视。加压、烘干等步骤的优化可以有效提升纸板的挺度。同时，环境因素，如湿度和温度，也会对纸板的挺度产生影响。纸板在湿润状态下挺度降低，因此维持适宜的储存环境对保持纸板挺度至关重要。在材质和工艺不能解决的情况下，添加挺度剂是加固结构的最好选择。

纸板挺度剂在瓦楞原纸、白纸板和箱纸板等纸品的生产过程中扮演着至关重要的角色，其主要功能是提高纸板的挺度。随着国民经济的迅速发展和人们物质及文化生活水平的提升，出版、印刷和包装行业也随之迅猛发展，这进一步推动了包装用纸和纸板的需求增长。在这种背景下，造纸原料结构的调整显得尤为重要。当前，废纸的利用率正在不断提高。由于废纸经过多次回收再利用，其纤维变得更短，机械强度降低，这直接影响到成纸的强度。因此，要提高包装用纸和纸板的挺度就变得更为困难。

在这种情况下，挺度剂的加入就显得尤为重要，它们通过支撑纸张结构，维持其松厚度和厚度不变，同时还能加固纤维间的结合点和纵向结合强度。挺度剂的作用机理在于其刚性分子中的功能性基团与纤维表面的羟基形成氢键，从而构建起一种互穿的网络结构。这种内部网络结构能够将外界拉力通过氢键作用均匀地分散到整个网络中，增强纸张的抗压能力，防止其在压力下断裂或被压溃。挺度剂通常由具有刚性内核的大分子构成，外部包裹着柔韧的"鞭毛"结构，这种设计使其既具备刚性又不失柔韧性。通过这种结构，挺度剂能有效地提升纤维间的结合强度，从而显著改善纸张的挺度。这种特殊的分子设计使得纸张在保持必要的物理强度的同时，也能保持一定的灵活性和韧性。这种对挺度剂的需求不仅反映了行业对高质量纸品的追求，也体现了环保和资源循环利用的重要性。通过有效利用废纸资源并通过科学的加工方法提升其质量，可以在环保和经济效益之间找到一个平衡点。

目前，在国内市场上常用的纸板挺度剂主要包括三类：一是淀粉衍生物类的天然高分子化合物，二是聚丙烯酰胺类的合成高分子化合物，还有一种新型且高效的共聚乳液型挺度剂。这三种类型的挺度剂各有其特点和应用上的局限性。

（1）淀粉类挺度剂

在纸板增强过程中，主要使用的淀粉类型包括阴离子淀粉、阳离子淀粉、喷雾淀粉和接枝淀粉。淀粉类挺度剂是最早使用的助剂，虽然效果有限，但由于其使用便利性、价格适中，已深入人心。淀粉在纸板增强中的作用机理主要体现在其作为助留助滤剂上，它能增加纸张的松厚度，进而间接提高纸张的挺度。尽管淀粉在增强纸板挺度方面的作用有限，但其易于应用、成本效益高的特点使其在纸张加工行业中仍占有一席之地。

（2）聚丙烯酰胺（PAM）类挺度剂

在作为挺度剂使用时，聚丙烯酰胺由于其非离子性质，不带电荷，因此无法直接与纤维发生作用。为了克服这一限制，必须对聚丙烯酰胺进行改性，使其转化为阴离子型、阳离子型或两性聚丙烯酰胺。阴离子型聚丙烯酰胺（APAM）在应用中存在一些局限性。首先，APAM需要在强酸性条件下进行抄纸，这在工艺上可能会造成一定的不便。其次，由于APAM的电荷是单一的，它容易受到纸浆中杂离子的干扰，这可能影响其增强效果。受到这些因素的影响，目前阴离子型聚丙烯酰胺的应用并不广泛。在选择和应用聚丙烯酰胺作为挺度剂时，这些因素需要被仔细考虑，以确保纸张质量和生产效率。

（3）共聚乳液型挺度剂

共聚乳液型挺度剂代表了一种新型且高效的挺度剂，其制备方法涉及多种功能单体在特定条件下的聚合反应。这种增强剂的特点在于，可以根据具体的使用需求，在高分子链上引入阳离子或阴离子单体，从而制成阳离子型或阴离子型的乳液聚合物。这些乳液聚合物不仅可以单独使用，也可以与其他助剂进行复配，以达到更佳的效果。共聚乳液型挺度剂的优势在于其制备过程简便且环保，可以灵活调整功能单体的比例，且具有良好的保存稳定性和使用便利性。此外，其专用性强，能够满足多样化的应用需求。因此，这类助剂目前是研究的热点，并被视为未来纸张加工领域发展的重要方向。随着技术的进步和市场需求的变化，共聚乳液型挺度剂可能会在纸张加工和纸制品制造领域扮演越来越重要的角色。

第三节　纸板的环压强度

一、环压强度的定义

边压强度（Edge Crush Test，ECT）、平压强度（Flat Crush Test，FCT）和环压强度（Ring Crush Test，RCT）是瓦楞纸板和纸制品行业中评估纸板质量的三个关键指标。它们分别衡量纸板在不同方向和条件下的抗压能力。

边压强度是衡量瓦楞纸板垂直于瓦楞方向的抗压能力。它反映了纸板在边缘承受压力时的强度，是预测纸板堆叠强度的一个重要指标。测试时，纸板样本被放置在两个平行板之间，然后施加压力直到纸板垂直方向发生破坏。ECT 的高值表明纸板具有较好的堆叠性能，可以承受更高的堆叠负载而不会压垮。

平压强度是指纸板在平面上的抗压能力，主要衡量的是瓦楞纸板中瓦楞芯纸的强度。在 FCT 测试中，纸板样本被放置在两个平面之间，施加压力直到瓦楞纸板被压扁。FCT 的高值意味着纸板更能抵抗在水平方向上的压力，对于保护包装内容物免受挤压损害非常重要。

环压强度是指纸或纸板能够抵抗垂直于纸面方向压力的能力。环压强度主要用于测量纸板在圆环形状受压时的最大耐压能力。它直接反映了纸板在垂直负载下的稳定性和承载能力，是判断纸板适用性和性能的重要依据。主要用于评估纸制品（如纸管、纸芯或瓦楞纸板中的瓦楞纸）的抗压性。在包装和运输行业，环压强度高的纸板能更好地保护内部物品，避免因压缩而损坏。因此，提高环压强度是优化纸板质量、确保包装安全性的关键。这项指标也帮助制造商评估和改进纸板的生产工艺，以满足不同使用条件下的需求。

过去纸板质量的检测主要集中在其物理性能上，如裂断长和耐破度等。这些指标曾经被视为牛皮箱纸板和瓦楞原纸的主要质量标准。然而，随着对纸板使用性能的深入研究，业界逐渐认识到仅依赖耐破度等传统指标并不能全面反映纸板的实际使用性能。特别是在纸箱的存储和使用过程中，常常需要堆叠至一定高度，这就对纸板的抗压强度提出了较高的要求。耐破度虽然能够反映纸板的抗撕裂能力，但并不足以全面代表其在实际使用中的抗压性能。实际上，有研究表明，提高耐破度的措施并不一定能提高纸板的环压强度，反之亦然。这是因为环压强度与耐破度是两种不同的力学性能，它们之间的相关性有限。

二、压缩强度的重要性

纸箱在压缩负荷作用下的性能主要取决于纸板的压缩强度和弯曲挺度。压缩强度和弯曲挺度对瓦楞纸板箱和箱纸板盒的影响有很大的差异。

矩形箱纸板盒在受压情况下的抗压强度如式（6-16）所示：

$$F = K \cdot \sqrt{\sigma_c \cdot d} \cdot \sqrt{S_{b,X} S_{b,Y}} \tag{6-16}$$

式中 F——指将纸箱压溃所需要的垂直力

S_b——横向或纵向的弯曲挺度

σ_c——负荷加载方向上的纸板的边压缩破坏应力

d——纸板的厚度

K——系数，其理论值 $K = 2\pi$

在实际应用中 K 值通常低于理论值，需要通过实验来确定。纸箱的周长也略微影响其抗压强度，相当于周长的 0.2~0.25 次幂。

从式（6-16）可以看出，纸箱的抗压强度是由 MD 方向和 CD 方向弯曲挺度的几何平均值 $S_{b,\text{geom}} = \sqrt{S_{b,X} S_{b,Y}}$ 以及负加载方向的边压强度所决定的。因此，MD 和 CD 方向上的压缩强度比值对纸箱的抗压强度有一定的影响。然而，若 $S_{b,\text{geom}}$ 值保持不变，MD 与 CD 弯曲挺度的比值则不会影响纸箱的抗压强度。弯曲挺度和压缩强度对纸箱强度的影响同等重要，它们与这两个参数的平方根成比例关系。但在实际应用中，提高弯曲挺度相对于提高压缩强度来说更为容易，因此弯曲挺度在实际中往往被认为更为重要。这种认识有助于在设计和生产纸箱时，更有效地提升其整体性能和耐用性。

瓦楞纸箱抗压强度广泛采用马基（McKee）公式表示，其近似表达式为：

$$F = 2.028 ECT^{3/4} S_{b,\text{geom}}^{1/4} z^{1/2} \tag{6-17}$$

其中 ECT 是指瓦楞纸板的边压强度，z 是指瓦楞纸箱的周长。根据该式，纸箱抗压强度与压缩强度的 3/4 次幂成正比，与弯曲挺度的 1/4 次幂成正比，因此对于瓦楞纸箱来说，压缩强度比弯曲挺度更重要。

面纸的压缩强度可以通过提升其密度来改善，这一过程中面纸变薄，但不会影响瓦楞纸板的弯曲挺度，因为纸板的厚度主要取决于楞型。需要注意的是，瓦楞密度不宜过高。若密度太高，楞型的挺度会严重下降，无法保持面纸之间的适当分隔，同时过高的密度还会妨碍起楞设备对瓦楞的有效润湿。

在某些加工处理过程中，纸张的压缩强度尤为关键，如书本和杂志的折叠，或者纸板的压痕等。在这些过程中，纸张需要进行强烈的弯曲。在弯曲时，纸张的凸面一侧受到拉伸，而凹面一侧则承受压缩力（图 6-9）。纸张或纸板的应力-应变行为决定了应力的分布。如果纸张的压缩强度高于其抗张强度，凸面侧更可能先发生破裂，拉伸破坏可能会蔓延至整个纸页。但由于纸张或纸板的压缩破坏应力通常仅为拉伸破坏应力的 1/3 至 1/2，因此受压侧往往会先发生压溃，这可能导致纸张的抗弯曲能力不可逆地降低，而抗张强度却不会降低。

对于涂层纸张，尤其是热固型胶版印刷轻涂纸（LWC）来说，涂层的压缩强度极为关键。在折叠过程中，LWC 纸页可能会发生破裂，这种情况通常发生在纸张经过干燥后，变得非常干燥和脆弱。推测折叠断裂的原因可能与涂层的高压缩强度有关。在 LWC 纸中，

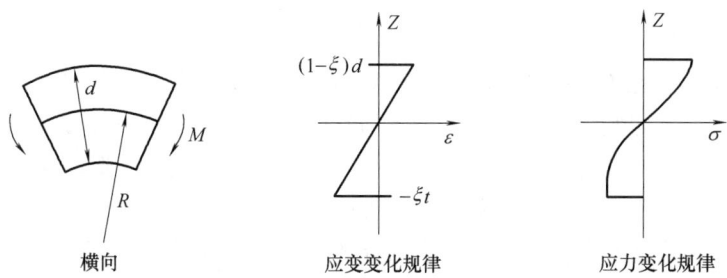

图 6-9 纸和纸板弯曲时在弹性区域和压溃以后的应力分布图

M—弯矩　ξ—弯曲梁的中性面到材料表面的距离　R—曲率半径　d—梁的垂直位移　σ—应力　ε—应变

涂层的厚度相对于整个纸页的厚度占据了较大的比例。这种涂层由于具有足够的强度抵抗压缩,可能会导致纸张的受拉伸侧过度伸展,进而引发拉伸破坏。由于涂层的压缩强度通常大于其抗张强度,这种拉伸破坏作用可能会沿着纸张的厚度方向传递,最终导致整个纸页的破裂。

对瓦楞纸板来说,压缩强度这一指标主要用于表征面纸和瓦楞芯纸。一般认为面纸的 CD 的强度更为重要,瓦楞芯纸则需要同时考虑 CD 和 MD 强度。面纸和瓦楞芯纸的横向压缩指数通常非常接近,环压强度测试结果一般在 $10\sim12\mathrm{kN\cdot m/kg}$ 之间。

折叠箱纸板的压缩指数通常低于面纸和瓦楞芯纸。不同等级的折叠箱纸板(如折叠箱纸板、回收纤维纸板、单一浆种纸板)之间的压缩指数差异不大。这是因为根据纸板的定量不同,中层占据了纸板大约 70%~85% 的厚度,中层对于纸板的压缩强度起着决定性作用。虽然没有直接针对折叠箱纸板所用浆料的压缩强度数据,但可以通过分析整个纸板的压缩强度来推算出各层的压缩强度。这样的分析有助于在设计和生产折叠箱纸板时,更好地理解和优化其力学性能。

三、制浆造纸工艺对纸板环压强度的影响

在现实应用中,瓦楞原纸的环压强度常常未能满足用户的预期标准。为了深入研究瓦楞原纸环压强度的影响因素,我们必须从瓦楞原纸的生产的每一个环节进行全面而细致的分析。影响瓦楞原纸环压强度的因素主要包括以下几个方面:

(一) 纤维原料

木材、草类和废纸浆通常作为瓦楞原纸生产的主要纸浆原料。制备纤维原料时所选用的木浆、草浆种类,都会对最终成纸的环压强度产生显著影响。例如,单纯使用木浆制成的瓦楞原纸通常环压强度更佳,草浆所制成原纸的强度则相对较低。此外,国内的瓦楞原纸多采用废纸箱浆为原料,而国外则倾向于使用半化学阔叶木浆来生产瓦楞原纸。由于废纸箱浆成分复杂,这增加了提高国内瓦楞原纸环压强度的研究难度。

在瓦楞纸板的生产过程中,合理搭配纸浆原料是关键一环,既要降低成本,又要确保瓦楞原纸的质量。国内生产纸板的主要纤维原料为废纸,而为了达到所需的力学性能,生产过程中需添加一定量的淀粉。由于制造过程中需要大量废纸,因此生产成本相应提高。为解决这一问题,可考虑引入成本较低的纤维。废纸箱浆中含有大量的细小纤维和填料等细小组分,这会对瓦楞原纸的环压强度造成很大影响。为了使瓦楞纸板达到一定的环压强

度，可以将适量的麦草浆、阔叶木浆等纸浆原料与废纸箱浆进行合理搭配。

（二）打浆工艺

打浆工艺对纸张的环压强度有着决定性的影响。为了让纤维在保持长度的同时充分吸水润胀，实现最大限度的分丝帚化，可以采用低比压、长时间的打浆工艺。在这种工艺条件下，纸浆在成型过程中的纤维能够充分交织，纤维间结合更为紧密，从而有效提升纸张的环压强度。浆料中细小纤维的含量以及纤维的分丝帚化程度会随着打浆程度的变化而变化。然而，若在打浆过程中过分追求纤维的分丝帚化，可能使纸页成型后脱水困难，导致瓦楞原纸中含水量较高，反而会降低瓦楞原纸的环压强度。因此，严格控制纸浆原料的打浆程度是提高瓦楞原纸强度的关键。

（三）抄造工艺

瓦楞原纸的环压强度与其抄造工艺密切相关。纸板中纤维的排列状况直接受到纸机抄造条件的影响。

纤维在纸页平面及其垂直方向（Z 方向）的取向对成纸的环压强度有着显著影响。纸页平面的纤维取向对纵向环压强度与横向环压强度的比值具有很大影响，而干燥参数又影响着纸页平面的纤维取向。纸页的紧度与 Z 方向上的纤维取向有关，Z 方向的纤维越多，纸张松厚度越高，从而提高环压强度。浆料在上网前经过筛选和净化，有利于增强瓦楞原纸的环压强度。同时，控制浆料的上网浓度也至关重要。较高的上网浓度可增加成纸中 Z 方向的纤维分布，而较低的浓度则有助于提高纸张的均匀性。无论是较高还是较低的上网浓度，都对提高瓦楞原纸的环压强度具有积极作用。因此，在生产过程中需要根据纸机的运行性能选定合适的上网浓度。另外，浆网速度比也是决定瓦楞原纸横向环压强度的关键因素，它在调节浆料纤维的纵横向分布中发挥着重要作用。

在压榨过程中，纸页会脱去部分水分。水分的减少使纸张获得一定的强度，便于顺利进入干燥段。湿纸的水分含量是这个工段影响瓦楞原纸环压强度的重要因素。在压榨过程中，如果脱去的水分较少，会使纸张在 Z 方向上的纤维分布增多，从而增加纸张的松厚度，为提高环压强度创造有利条件；如果脱去的水分较多，则可以最大程度地提高纸机的性能，增加纸张的紧度和匀度，为提高环压强度打下基础。因此，合理控制压榨段的水分去除量对于提升成纸的环压强度具有重要意义。

纸板的物理强度主要在纸机的干燥部分形成。在干燥过程中，湿纸板的水分逐渐蒸发，纸页的纤维逐渐靠近并紧密结合，从而提升纸板的物理强度。在纸板的生产中，水分含量是影响其环压强度的一个关键因素。当纸板的水分含量较低时，其环压强度表现较好。为了在生产过程中实现优质的纸张性能，通常会将水分含量控制在 10% 以内。对于纸厂来说，合理控制纸张在干燥过程中的干燥曲线，而不增加额外的干燥能耗，是提高成纸水分含量管理效率的关键。为了防止纸张在储存过程中吸潮导致环压强度下降，需要提高其抗水性能。这可以通过在纸张表面施胶过程中加入一定量的疏水性物质来实现，如松香胶等。通过降低成纸的水分含量，可以有效提升纸张的环压强度，从而生产出更高档次的瓦楞原纸。这不仅提升了产品质量，同时也对促进纸厂的经济效益产生积极影响。

（四）成纸特点

瓦楞原纸的挺度是影响其环压强度的另一个重要因素。纸张的挺度受到纤维本身的挺度和纤维间结合力的影响。此外，纸张的厚度和弹性模量也对纸张挺度有显著影响。当纸板厚度降低时，其环压强度也随之下降。如果由于纸页厚度的减少导致的环压强度损失大于由于纤维结合力提高所带来的增强，那么纸板的整体环压强度将会显著下降，进而影响到纸板的质量和等级。

四、增强剂对纸板环压强度的影响

在纸板制造过程中，添加增强性化学助剂可以有效提高纸板的环压强度。常用的化学助剂主要有变性淀粉、阳离子高分子聚合物、聚酰胺聚多胺环氧氯丙烷树脂、三聚氰胺甲醛树脂、脲醛树脂等。

(一) 淀粉类化学助剂

用于纸板增强的淀粉主要包括阴离子淀粉、阳离子淀粉和喷雾淀粉这几种类型。阴离子淀粉的使用能有效提升纸张的挺度，进而增强纸板的环压强度。

应用层间喷雾淀粉不仅能增加纸张层间的结合强度，还能提升纸板整体的挺度，从而进一步提高纸板的环压强度。在白纸板生产中，喷雾淀粉的喷雾量一般为每层 $1g/m^2$，淀粉浆的浓度通常控制在 1%~10%。在实际应用中，通常只有 1/3 的淀粉被喷雾到纸板上，其余 2/3 则循环回到淀粉制备系统。

阳离子淀粉在纸板中的应用可以显著提高其抗张强度和环压强度，而且对于提高纸张裂断长的效果尤为显著。在使用 70%箱纸板和 30%书刊废纸混合的浆料时，添加 2.0%的冷溶阳离子淀粉可以使环压指数增加 23.92%~26.97%。这种效果与热溶阳离子淀粉相当，但冷溶阳离子淀粉的优势在于它可以在常温下糊化，操作更为方便，成本也更低。

(二) 聚丙烯酰胺 (PAM) 类增强剂

聚丙烯酰胺是丙烯酰胺及其衍生物的均聚物和共聚物的统称。PAM 和它的衍生物可以用做有效的絮凝剂、增稠剂、纸张增强剂以及液体的减阻剂等。作为造纸增强剂使用时，由于非离子型聚丙烯酰胺本身不带电荷，无法直接与纤维结合，因此必须先对其进行改性，生成阴离子、阳离子或两性聚丙烯酰胺才能作为纸张增强剂使用。改性的方法主要有水解反应、霍夫曼降解反应、曼尼其反应、与改性三聚氰胺树脂反应和两性多元共聚合反应五种。

阳离子聚丙烯酰胺 (CPAM) 是一种高效的造纸增强剂，其机理在于其分子结构中的阳离子基团容易吸附在带负电的纤维表面上。这种吸附作用起到架桥的作用，促进纤维间的相互作用，从而增强纸张的结构强度。同时，吸附到纤维上的 CPAM 分子中的酰胺基能与纤维上的羟基形成氢键，进一步提高纸张的强度。CPAM 的应用不仅有效提高纸张的挺度和环压强度，还能显著改善纸张的干强度性能。与淀粉类助剂相比，CPAM 在提高环压强度方面具有更为显著的效果。实验证明，向普通废纸浆中添加 1.0%~1.5%的 CPAM，可以使环压强度提高约 23%~30%。由于这些特性，CPAM 在造纸工业中被广泛应用，尤其是在需要提高纸张强度和耐水性的场合。它的使用不仅提高了纸张的质量，还有助于提升纸张的加工性能和最终产品的适用性。

(三) 共聚乳液型增强剂

共聚乳液型增强剂作为一种新型高效的造纸施胶剂，通过采用多种功能性单体在特定条件下进行聚合而制成。这类增强剂的特点在于其可调性，即可以根据使用需求在高分子链上引入阳离子或阴离子单体，从而制成阳离子型或阴离子型的乳液聚合物。这些聚合物不仅可以单独使用，也可以与其他造纸助剂进行复配，以达到更佳的增强效果。

（1）阳离子乳液

造纸用阳离子乳液型增强剂通常是由苯乙烯、丙烯酸酯、丙烯酰胺、季铵盐等共聚物制成。这类增强剂的增强机理相当独特和有效：以苯乙烯为主的硬核周围附着富含酯基、季铵基、酰胺基的鞭毛，而纸张纤维则富含羟基。这些鞭毛与纤维之间能够形成氢键，同时鞭毛之间也可以相互形成氢键，有利于形成互穿网络结构。当纸张受到拉力时，这种结构使得纤维可以通过类似"焊点"的氢键作用，将力传递到乳胶粒上。而在受到压力时，位于纤维网络中的硬核会承受压力。这样的结构设计使得该增强剂能有效提高纸张的环压强度。

（2）阴离子乳液

聚醋酸乙烯酯（PVAE）对于提高纸板的环压强度具有显著的作用。当将其加入以草浆或废纸浆为原料的纸板中时，PVAE分子在纸张中交织形成类似网络的结构，这种结构类似于在纸内添加分子层面的"钢筋"，能够更好地将纸张中的纤维联结在一起，提高其整体稳定性。聚醋酸乙烯酯不仅能提高成纸的戳穿强度和耐破强度等物理指标，还能显著增加环压强度。特别是在废纸浆原纸的增强中，聚醋酸乙烯酯的效果更为显著，能使环压强度提高20%~130%。这种显著的增强效果使得经过处理的原纸在物理性能上能达到甚至超过目前用于出口包装纸箱的高强度纸板的标准。

（3）淀粉和丙烯酰胺接枝共聚物

将淀粉与丙烯酰胺阳离子型接枝共聚物应用于200g/m²等箱纸板的生产中，与添加阳离子淀粉相比，耐破度提高了大约10%，横向耐折度提高了11~12倍，环压指数也有所提升。而与添加阳离子聚丙烯酰胺相比，成纸的环压指数和耐破指数有9%~15%的增幅，横向耐折度提高了6~7倍。这种淀粉与丙烯酰胺阳离子型接枝共聚物的应用，不仅降低了与单独使用聚丙烯酰胺相比的成本，而且显著提高了产品质量。

第四节　纸板的层间结合强度

面外强度反映了厚度方向或 Z 方向上纸张或纸板抵抗抗张应力的能力。有几种测量方法可以用来表征此性能，例如思考特（Scott）结合强度（根据测量方法命名）、Z 向强度、剥离强度、内结合强度和层间结合强度。

在纸张后加工和应用过程中均要求纸张具有较高的面外强度。其中面外强度对胶版印刷纸尤为重要。层间结合的重要性在于它确保了纸板的整体强度和耐用性。良好的层间结合不仅增强了纸板的抗压和抗弯曲能力，还提高了其在运输和储存过程中的稳定性。在包装行业，特别是在需要承载重物或承受长期压力的应用中，强大的层间结合能有效防止纸板层间分离，保障包装的安全性和可靠性。因此，提高层间结合强度是纸板生产中的一个重要考虑因素。

一、层间结合的重要性

多层纸板都是由两个或两个以上的成形器来制造的。这些不同湿纸层在成形器上形成后，通过一个层合的过程结合在一起。层合的关键衡量指标是层合强度。层合强度定义为多层纸板在垂直于平面方向受到抗张强度作用时的张力强度，它是衡量纸板抵抗分层和裂开的能力的一个量度，反映了纸板内部的结合强度。在纸板的加工和使用过程中，层合强度显得尤为重要。例如，在印刷过程中，纸板会受到垂直于其表面的力，这种力实际上是一种剪切力。纸板必须具备足够的层合强度来克服这种剪切力，以保证在印刷过程中的稳定性和完整性。

纸板在成形过程中的层合强度至关重要。如果层合强度不足，纸板在压榨或干燥阶段容易出现"脱层"现象，这会严重影响纸板的质量和使用效果。特别是对于高定量的纸板来说，层合强度的重要性更为突出。多层纸板的中间层或芯层通常由机械浆抄造，而表层由化学浆抄造。在面外拉伸测定过程中，层间界面是结构最薄弱点。因为各层独立成形，只是在成形部末端才层叠在一起，即使每层都是由相同纸浆抄造，情况依然如此。界面代表结构的不连续处，比各层内部更容易分层。

层间结合的质量对纸板的可回收性也有影响。牢固的层间结合有助于保持纸板在使用过程中的完整性，这使得纸板在回收和再加工时更易于处理。同时，使用可回收的黏合剂或结合材料也是提高纸板可回收性的关键。如果层间结合使用了难以分解或不可回收的材料，那么这种纸板的可回收性就会降低。层间结合的质量对纸板的经济效益有直接影响。良好的层间结合可以减少生产过程中的废品率，提高纸板的质量和耐用性，从而减少维修和更换的成本。同时，高质量的纸板可以提供更好的客户满意度，从而增加市场需求和销售收入。因此，优化层间结合不仅提升产品质量，也有助于提高整体的经济效益。

为了确保层间结合的质量，行业中有多种测试方法来评估层间黏合强度，包括层间剥离测试和层间抗剪切测试。通过这些测试，可以对纸板的层间结合质量进行定量分析，并采取相应的改进措施。

二、黏合剂对纸板层间结合强度的影响

层间结合强度是评价多层纸板，特别是瓦楞纸板质量的关键指标，它影响着纸板的使用性能和耐用性。层间结合强度受多种因素的影响，在这些因素中，黏合剂的选择和应用方法尤为重要。黏合剂的类型、质量以及应用方式（如涂布量和均匀性）都会直接影响层间结合的强度。其他影响因素包括纸板的原材料特性、生产工艺（如压榨、烘干条件）以及环境因素（如湿度和温度）。这些因素共同作用，决定了纸板的整体性能和质量。

黏合剂的选择对层间结合强度具有决定性影响。市场上有多种类型的黏合剂，包括淀粉基黏合剂、合成树脂黏合剂和新型生物基黏合剂。每种黏合剂都有其特定的性能和适用范围。

（一）淀粉基黏合剂

淀粉基黏合剂是纸板制造中最常用的黏合剂，因其成本效益高和生物可降解性好而受到青睐。淀粉黏合剂在遇水后会胀大，形成黏性物质，能够有效地黏合纸板层。其性能受到淀粉的类型、淀粉的改性程度以及添加剂的影响。

在浆料中引入阳离子淀粉，其功效主要体现在两个方面。首先，它有助于增强纸张中微小纤维的保留率，从而使得纤维间的结合更加牢固，进而优化纸层之间纤维的互相结合效果；其次，阳离子淀粉能够在带负电的纤维之间形成一种"桥梁"效应，将单纯的纤维-纤维氢键连接转变为更稳固的纤维-淀粉-纤维结构，这种结构的结合力显著超过前

者。然而，阳离子淀粉对于增强层间结合强度的效果，不如其加入的当层纤维间结合强度的提升效果显著。一般来说，淀粉的使用量在 0.8%～1.6%之间，当淀粉用量达到一定程度后，继续增加用量对于强度的提高效果并不显著。阳离子淀粉对纸张在 $X—Y$ 方向的强度提升效果较为明显，而在 Z 方向上的强度增强效果则相对有限。从当前各种淀粉加工工艺来看，同种原料制成的阳离子淀粉成本高于喷淋淀粉和用于表面施胶的氧化淀粉。

在使用湿部淀粉的过程中，需严格控制淀粉的蒸煮品质、输送过程中的品质以及储存品质，以防止淀粉在添加之前就遭受破坏或降解，确保其在纸张制作中发挥出最佳效能。使用湿部淀粉的关键在于使淀粉分子上的羟基得到充分释放，同时避免淀粉分子链的降解。为此，关键的控制点包括：防止淀粉过度蒸煮、减轻剪切力对淀粉的破坏作用，以及有效防止细菌造成的损害。通过适当的处理手段和添加杀菌剂，可以有效保障湿部淀粉的品质，从而确保其在纸板生产过程中展现出最优的效果。

（二）合成树脂黏合剂

合成树脂黏合剂，尤其是聚乙烯醇（PVA）和聚丙烯酸酯（PAA）等，因其出色的黏合特性和耐水性而在纸板制造中占有重要位置。聚乙烯醇和聚丙烯酸酯黏合剂提供的黏合力远超传统的淀粉基黏合剂。这种强大的黏合力来源于它们优越的化学稳定性和分子间力。这些黏合剂在分子层面与纸张纤维形成强力的化学键和物理交联，这些交联在固化后提供了非常强的黏合效果。合成树脂黏合剂的一个显著特点是其优异的耐水性。淀粉基黏合剂在遇水时会溶解或膨胀，导致黏合力下降。而 PVA 和 PAA 等合成黏合剂在固化后形成的网络结构对水分的渗透有很强的抵抗力，即使在潮湿环境中也能保持稳定的黏合效果。由于其化学稳定性，合成树脂黏合剂能够提高纸板的耐久性。在长期负载或反复应力作用下，这些黏合剂能够保持其结构完整性，从而延长纸板的使用寿命。在食品包装、医疗用品包装等对卫生和防潮要求较高的领域，合成树脂黏合剂由于其耐水性和无毒性，成为首选材料。它们能够保证包装在潮湿环境中仍能保持其结构和保护特性。

聚乙烯醇和聚丙烯酸酯等合成树脂黏合剂的使用，显著提升了纸板在耐水性和耐久性方面的性能。在特定的包装应用中，这些黏合剂是提高产品性能的关键。然而，在选择合适的黏合剂时，除了考虑性能外，还应综合考虑成本、环境影响和应用工艺的复杂性。通过全面评估这些因素，制造商可以为其产品选择最合适的黏合剂，以确保产品在满足性能要求的同时，也符合可持续发展的目标。

（三）生物基黏合剂

生物基黏合剂的最大优势是它们的环境友好性。由于来源于自然可再生资源，这些黏合剂在生产和使用过程中的碳足迹较低。此外，它们在废弃后容易被自然界分解，减少了环境污染。蛋白质和多糖类黏合剂通常具有良好的生物兼容性，这使得它们在食品包装和医疗产品包装等领域具有潜在的应用价值。

生物基黏合剂原料的提取、精炼和加工过程可能更为复杂，往往需要特别的设备和先进技术，从而导致生产成本增加。尽管生物基黏合剂在环境友好性方面表现出色，但它们在粘接性能、耐水性和耐久性方面通常不及合成黏合剂。因此，为了达到工业应用的标准，需要通过化学改性或添加剂等方式来强化其性能。发展生物基黏合剂的应用涉及众多技术挑战，包括如何确保在不同环境条件下保持良好的粘接效果、提升其耐热性和耐湿性等。目前，生物基黏合剂多处于实验室研究阶段或小规模生产阶段。要实现其在市场上的大规模商业化，还需克服原料供应、生产工艺、质量控制以及成本效益等方面的难题。

三、造纸工艺对纸板层间结合强度的影响

层间结合强度的提高还与不同浆层浆料的打浆度匹配有关。通过打浆处理，可以增加纸层间纤维接触的比表面积，从而促进层间的紧密结合。为了实现这一目的，相邻纸层使用的浆料的打浆度应该相似，最好控制在 3~5°SR 的范围内。这样的打浆度配合有助于确保纤维间接触的有效性和均匀性。在一些情况下，为了进一步增强层间结合，可以考虑添加某些添加剂，如淀粉或合成树脂等。这些添加剂可以在纤维间形成额外的黏合作用，从而提高纸板层间的结合强度。淀粉和合成树脂等添加剂能够填充纤维间的微小空隙，增加接触面积，从而提高层间的黏合效果。

对于提高纸板层间结合强度，进一步的造纸工艺参数调整也至关重要。

（一）网部

网部工艺参数的调整对提高层间结合强度也有较大的帮助和改善。适当的提高上网浓度、提高浆网速比、控制复合点水分和真空或改变结合浆层纸页的成形方式可以提高层间结合强度。

① 提升芯层浆流浆箱的浓度：提高上网浓度可以减少纤维在 MD 方向的分布趋势，增加细小纤维的留着。这有助于提高纸层间的黏结密度，进而增强结合强度。纤维的分布和接触点的分布需要尽可能地均匀，纤维分布的均匀程度不仅影响纤维本身的分布，也影响着细小纤维和细微组分的分布均匀性。细小纤维和细微组分有助于填充纤维间的空隙，从而促进层间更多紧密接触的表面的形成。细微物质分布得越均匀，含量越多，结合面积就越大，纸板层间的结合就越致密和强度越大。事实上，当从接触表面去除小纤维和细微组分时，层间结合强度的值可能减少一半。因此，为了确保纸板层间结合的质量，需要特别注意单层中细小纤维和细微组分的分布，以避免因两面差异而影响层间结合。然而，需要注意的是，上网浓度的过高或过低都可能导致层间结合强度的降低。过低的上网浓度可能导致细小纤维在网部过多流失，造成不同层之间在结合处的局部打浆度出现差异。而过高的上网浓度可能会导致气泡夹杂在纸料中，这些气泡难以从纸料中逸出，进而影响纸张的质量和结合强度。

② 提高浆网速比：提高浆网速比可以有效降低纸张的纵横向挺度比，从而改善层间结合。这是因为提高浆网速比会降低 MD 上的纤维布浆量，增加 CD 的纤维布浆比例，同时在 Z 向上的纤维分布也会相应增加。这样的调整有助于纤维在不同方向上更均匀分布，增强层与层之间的结合力。

③ 调整待结合层纸页的成形方式：通过改变纸页的成形方式，可以减少由于网部脱水方式造成的打浆度差异，以及纸页中气泡含量的增加。能够有效降低由于制造过程中水分处理不当所带来的层间结合力问题。

④ 控制芯网辅助成形器加压靴的加压力度：在制造高定量产品期间，适当降低加压靴的加压力度有利于改善层间结合强度。加压力度过高可能会对纸张的结构造成过度压缩，影响其内部纤维间的结合力，从而影响最终产品的质量。

⑤ 控制各浆层复合点的工艺参数：通常来说，提高复合点的真空度或增加复合点处纸页的水分有利于提升层间结合强度。这种方法可以通过在复合点处的水分调节来均衡层

间的细小纤维分布。在纸层结合的过程中，游离水的存在对于维持细小纤维和细微组分的流动性至关重要。这种流动性允许纤维和细微组分在湿纸层之间移动和重新定位，从而促进更紧密和均匀的结合。理想状态下，当两层纸张进行层合时，它们的浓度都应该较低。低浓度的浆料有助于保持足够的游离水，使得纤维和细微组分可以在纸层间有效迁移。复合点处的纸页干度控制在12%~16%之间为宜，同时确保复合处上下两层纸页的水分差异保持在大约4%左右，以优化纤维间的粘接效果。

⑥ 调整底网的高真空度：加强纸板的脱水过程，尽可能减少湿纸页中的细小气泡含量。气泡的存在可能会削弱纸板层间的粘接强度，因此，通过加强脱水，特别是在底网部分采用高真空度，有助于提升纸板的整体质量和结构稳定性。

（二）压榨部

① 在纸板生产过程中，逐步增加伏辊和压榨部压区的强度是提高层间结合强度的一个关键步骤。伏辊和压榨部压区施加的压力越高，在技术允许的范围内，层间结合强度就越高。这种压力能够促进纸层间的紧密结合，提高纸板的整体强度和耐用性。然而，需要注意的是，由于在伏辊压区纸层含水量较大，这限制了压力提高的可能性。因此，较大的压区压力通常只能在最后两个或三个成形器上施加。在这些阶段，纸层的含水量较低，能够承受更高的压力而不造成损害。在压榨部分，同样需要采取逐步增加压榨强度的策略。这样做可以使湿纸板得到缓和的脱水，从而促进纸层之间的进一步结合。如果压榨脱水过快，水会从结合较差的层间流出，这不仅会影响层间结合的效果，还可能导致脱层现象的发生。

② 尽可能保证压榨毛毯的清洁。在确保纸页出压榨部分达到合适干度的前提下，提高加压力度、采用较大的压榨线压力有助于增强层间结合。在纸页从一个压区传递到另一个压区的过程中，特别是当纸页进入第一组烘缸时，减少对纸板的牵引力也有利于提升层间结合强度。

③ 此外，在预压和压榨过程中，纸页受到挤压脱水和黏合作用，可能导致部分空气被挤入湿纸层之间，造成层间结合不良，甚至可能导致 Z 向强度下降、起泡和离层。为了去除上网浆料中的空气，除了妥善控制浆速和浆浓之外，还需要采取措施排除浆料悬浮液中的细小气泡以及短循环白水中的气泡含量。

（三）烘干部

控制干燥速度：在纸板的生产过程中，需要防止干燥阶段水分的急剧蒸发，尤其对于厚度较大的纸板来说尤为重要。在层间纤维尚未形成强有力的氢键结合之前，应避免干燥速度过快。纸板的厚度越大，水分的蒸发速度越慢，而且不同层之间对水分蒸发的阻力也不同。如果升温过快，导致水分快速蒸发，这可能会冲散那些结合不牢固的层间结合，严重时甚至会导致纸板层间出现"脱层"现象。为了避免这种情况的发生，干燥阶段的开始温度应该控制在90~95℃以下。然后，温度应该逐步升高。这种缓慢递增的温度策略有助于均匀地蒸发水分，而不会对纸板的层间结合造成不利影响。

思 考 题

1. 纸板多层结构的优势是什么？从力学性能和功能需求角度对比单层纸板与多层纸

板的差异，并分析如何通过设计层次结构来优化纸板性能。

2. 瓦楞纸板、实心纸板、蜂窝纸板的结构特征分别如何适应其典型应用场景（如包装、缓冲、承重）？

3. 纸板包装材料"轻量化"与"高强度"的矛盾如何通过结构设计解决？试提出两种技术方法。

4. 抗张挺度与抗弯挺度的物理意义有何不同？结合纸板受力场景（如堆码、运输）说明其重要性。

5. 恒速弯曲法、泰伯式挺度仪法、共振法测量挺度的原理差异是什么？各方法的适用场景和局限性如何？

6. 环压强度为何是评价纸板包装承重能力的关键指标？举例说明其与运输安全性的关联。

7. 不同类型的纤维（如木浆、回收纸浆、合成纤维等）对纸板的物理和力学性能有何影响？请比较这些纤维在纸板生产中的应用及其优缺点。

8. 淀粉类增强剂与聚丙烯酰胺（PAM）类增强剂的作用机理有何区别？如何根据纸板用途选择增强剂类型？

9. 层间结合强度不足会导致纸板哪些应用失效？列举两种典型故障场景并分析结构原因。

10. 淀粉基黏合剂与合成树脂黏合剂的性能差异如何影响纸板的环保性与成本？提出优化策略。

11. 设计一款用于冷链运输的高强度防潮纸板，需综合考虑挺度、环压强度及层间结合性，列出关键结构参数及工艺控制要点。

12. 请分析纸板在包装行业中的应用现状及未来发展趋势，讨论如何通过改进纸板的结构和性能来满足市场需求。

参 考 文 献

[1] 何北海，主编. 造纸原理与工程［M］. 4版. 北京：中国轻工业出版社，2019.

[2] 胡开堂，主编. 纸页的结构与性能［M］. 北京：中国轻工业出版社，2006.

[3] ［芬］Kaarlo Niskanen，著. 纸张物理性能［M］. 刘金刚，苏艳群，杜艳芬，等译. 北京：中国轻工业出版社，2017.

[4] Riley A. Paper and paperboard packaging［J］. packaging technology，2012.

[5] Leminen V, Matthews S, Pesonen A, et al. Combined effect of blank holding force and forming force on the quality of press-formed paperboard trays［C］, International Conference on Flexible Automation and Intelligent Manufacturing，2019.

[6] 卢诗强，陈建云，陈婷，等. 打浆度和纤维配比对液体包装纸板面层纤维基片性能的影响［J］. 中国造纸，2022，41（5）：32-36.

[7] Boufi S, González, Israel, Delgado-Aguilar M, et al. Nanofibrillated cellulose as an additive in papermaking process：A review［J］. Carbohydrate Polymers，2016：151-166.

[8] 李方. 高长径比微纳纤维素的制备及在纸页增强/加填中的应用［D］. 广州：华南理工大学，2021.

[9] Chen G C I. Manufacture of paper and paperboard：CA20002389393 [P]. CA2389393A1.

[10] 温时宝, 信支援, 李思聪, 等. 夹层结构纸板的力学性能测试方法概述 [J]. 包装学报, 2018, 10 (4): 34-42.

[11] GB/T 22364—2018 纸和纸板弯曲挺度的测定 [S].

[12] 欧华杰, 陈港, 蒋晨颖, 等. NMMO预处理制备微纳米纤维素及其在纸页增强中的应用 [J]. 造纸科学与技术, 2017, 36 (6): 57-60.

[13] 彭鹏杰, 周小凡, 徐金霞, 等. 浆内凝胶方式提高纸板挺度的新工艺研究 [J]. 造纸化学品, 2012 (1): 27-30.

[14] GB/T 2679.8—2016 纸和纸板环压强度的测定 [S].

[15] 吴文慧. 关于瓦楞原纸环压强度提高途径的探讨 [J]. 华东纸业, 2016, 47 (03): 10-12.

[16] 任杰. 低紧度、高强度纸板的成纸性能及纸页结构的研究 [D]. 济南: 齐鲁工业大学, 2014.

[17] Fitas R, Schaffrath J H, Schabel S. A Review of Optimization for Corrugated Boards [J]. Sustainability, 2023, 15 (21): 15588.

[18] 余慧忠, 付建生, 袁世炬. 瓦楞原纸环压强度的研究 [J]. 黑龙江造纸, 2015, 43 (3): 1-6.

[19] Hongxia S, Chongxing H, Cuicui L, et al. Failure Mechanism of the Corrugated Medium under Simulated Cold Chain Logistics [J]. ACS omega, 2023, 8 (26): 23673-23682.

[20] 吴春晶, 强杨健, 侯贺伟, 等. 不同原料纤维对纸页环压强度的影响 [J]. 江苏造纸, 2021, 1: 16-18.

[21] Garbowski T, Gajewski T, Grabski J K. Estimation of the compressive strength of corrugated cardboard boxes with various perforations [J]. MDPI AG, 2021, 14 (4): 1095.

[22] Zhou Li-na, Chen Z, Li L, et al. Structural design and performance study of corrugated fibreboard with a laminated structure [J]. Packaging technology and science, 2023, 36 (6): 411-423.

[23] 万成婕, 陈景华, 杨小贤, 等. 可再生阻燃疏水复合纸板的制备及其力学性能 [J]. 复合材料学报, 2022, 39 (5): 2201-2214.

[24] GB/T 26203—2023 纸和纸板内结合强度的测定 (Scott 型 d) [S].

[25] 王保成, 陈晓楚, 李杏华. 改善高克重纸板层间结合强度的思路和途径 [J]. 造纸科学与技术, 2010 (3): 44-46+60.

[26] Gajewski T, Garbowski T, StaszakN, et al. Crushing of Double-Walled Corrugated Board and Its Influence on the Load Capacity of Various Boxes [J]. Energies, 2021, 14: 4321.

第七章 生活用纸的性能与结构

第一节 生活用纸的性能

生活用纸的性能取决于消费者的需求，因此每一种生活用纸产品都应根据特定的性能与应用进行设计。对于卫生纸而言，因其多与人体皮肤接触，直接影响用户的使用感受，所以柔软度和干强度是关键指标。厨房用纸则需要在潮湿条件下保持结实耐用，因此吸水性、吸油性和湿强度成为其重要性能指标。面巾纸强调吸收性能，餐巾纸注重湿强度和吸收性能，而擦手纸的关键性能在于松厚度。

生活用纸的结构受多种因素影响，包括纸浆原料、抄造工艺、起皱工艺、干燥方式以及后加工等。在抄造过程中，采用起皱工艺能提高卫生用纸的柔软度和松厚度。在后期整饰与加工中，通过双层、三层或多层复合纸幅不仅赋予纸张优异的力学强度，还显著改善了吸收性能。此外，后期整饰中采用压花处理工艺能提高生活用纸的美观性和吸收性能。

因此，生活用纸的性能与结构相互依赖，产品的结构直接决定了其性能。接下来的章节将详细介绍生活用纸的各类性能、结构以及影响因素。

一、生活用纸的定义和分类

生活用纸基本可分为三大类，卫生纸、纸巾纸（面巾纸、手帕纸、餐巾纸）和擦拭纸（厨房纸巾、擦手纸）。按照市场可以细分为两类，一类是家用零售生活用纸（AT，At-home Tissue），一类是公共场所用/商用生活用纸（AFH，Away-from-home Tissue）。

根据纤维特性、化学品、工艺条件和技术，生活用纸产品可分为三个主要等级，经济型、优等品和超优等品。经济型产品是性价比高的产品，能够满足最低性能要求。这些产品有一层或两层，采用传统湿法和干法起皱技术制造，可能含有一定量的再生纤维。优等品的纤维质量高，采用常规技术制造，再生纤维含量通常较低。超优等品全部采用原生纤维制造，采用先进技术制造，例如热风穿透干燥（TAD，Through-Air-Dried）技术抄造，多层（2 或 3）结构设计，并添加化学品（柔软剂、湿强剂等）提高纸页性能。

二、生活用纸的性质

（一）松厚度

松厚度的定义是一定质量的纸张所占的体积，它是表观密度的倒数，与纸张的吸水性、柔软度及其他力学性能相关联。生活用纸的松厚度受纤维种类的影响较大，例如桉木和南方阔叶木，这类纤维均具有较高壁腔比，纤维挺硬且不易压溃，其产品松厚度更高。此外，由于高得率浆的柔韧性较低、木素含量较高、孔隙率较低，可以使生活用纸产品获得更挺硬的微观结构，利于生产松厚度较高的生活用纸产品。另外，再生漂白硫酸盐浆纤维，由于干燥过，纤维往往更挺硬，可使生活用纸产品具有较高的松厚度。但对于其他多数再生纤维，因其打浆度较高，而使成纸的松厚度往往大幅降低。为此，需要生产松厚度较高的产品，则不需要纸张纤维网络紧密压实，可使用先进技术（例如 TAD 工艺）制造生活用纸使纸幅受到的湿压榨最小，从而可使纸产品达到高的松厚度；也可通过改变其他工艺条件，如在压榨区使用较低的压力、较低程度的打浆和起皱工艺等也有助于提高纸页的松厚度。

（二）吸收性能

吸收性能是纸巾纸和其他用于擦拭液体的纸巾产品的重要特性。吸水纸巾产品应易于吸水，即具有高的吸水速率，且在吸水完成后有较高的储水量。在高松厚度纸页结构中，亲水纤维的排列决定了生活用纸产品的吸收性能。当纸制品与水接触时，首先是纸页表面润湿，然后是水渗透到纸页结构内部。渗透现象是一个非常复杂的过程，当水分进入到纤维细胞壁中时，会导致纤维的润胀，从而导致纸页体积和孔隙结构发生变化。吸收性能受纤维表面的化学性质和纸页结构孔隙率的影响。在纸页结构中，纤维之间具有大量的空气填充空间，这些空间在吸水后，空气会被排出成为储水空间。此外，吸收性能还受到纤维种类、打浆、起皱、层数和添加剂等因素的影响。

木质素含量高的纤维吸水速率较低。如高木质素含量的机械浆，每克浆可吸收约 1g 水，而无木素的漂白浆，如硫酸盐浆，通常每克浆可吸收 $5\sim 10g$ 水，这是因为木素的去除增加了纤维的亲水性、孔隙率和润胀性，从而提高了吸水速率。另外，对湿巾纸和纸巾纸产品的浆料轻微打浆，既可以保持纤维的初始相对刚性和管状性质，又可以提高成纸松厚度，进而提高产品吸水速率。

通常，在吸水饱和的生活用纸产品中，水会存在于纸页各层之间的空隙、纤维之间的空间、纤维管腔中及细胞壁内部。在细胞壁内，水可以位于微孔、介孔和大孔中。存在于微孔中的水分为自由水和结合水。自由水对应与纤维表面相关的第一层水，结合水对应由于微孔中的弯曲界面而导致降低熔化温度的水。存在于大孔中的水具有与存在于管腔中、纤维之间和纸页各层之间的水相似的热力学性质。大多数被吸收的水存在于纤维之间的空隙中，而纸机技术是创造纤维间空间的重要因素，如 TAD 纸机生产的卫生纸产品比传统卫生纸机生产的产品具有更高的松厚度和更高的吸收性。纸页层数也会影响吸收性，其影响程度较纸机类型相比较低。但多层复合可产生层间储水空间，这不仅可提高吸水能力，而且可提高吸水速率。还可在纸页的各层之间形成层状流道，这样的层状流道可降低黏性流阻，从而提高吸水速率，因此多层纸页的吸收能力通常大于单层纸页。

（三）干强度与湿强度

生活用纸产品在生产、加工和使用过程中，如在生产大轴纸时纸机抄造、起皱和卷取过程，以及将大轴纸加工为产品时退卷、压花、穿孔、复卷、纸卷切割的过程，和消费者最终使用期间如抽出、撕裂、擦洗、烘干等过程中，会承受应力和应变，因此，要求生活用纸必须具有一定的强度，以满足制造和消费者使用过程中的应力和应变要求。

生活用纸的强度与以下三个因素相关：一是，纸页结构网络中的纤维强度和纤维排列；二是，纤维之间的分子键合能力；三是，是否添加增强剂。前两个因素受工艺参数和浆料种类的影响，如漂白会降低纤维强度，而打浆和湿压榨通常能够提高纤维之间的键合能力，提高产品强度。另外，长纤维有更高的概率与周围纤维形成键合，能够有效提高纸页的强度。此外，当纸页中存在卷曲纤维时，纤维之间有更多的纤维缠结，有助于提高纸页的湿强度和撕裂强度。在一定范围内，半纤维素含量的提高也能提高纸产品的粘结强度。由于原生浆和化学浆具有更好的黏合能力，因此原生浆和化学浆生产的卫生纸产品其强度均高于再生纸浆和机械纸浆。

强度取决于生活用纸相对于施加应力的方向（如机器方向、横向、厚度方向）。纵向的拉伸强度通常高于横向的拉伸强度，这取决于纤维取向和起皱过程，且在纸页成型过程中，绝大多数纤维沿着纵向（机器方向）分布排列，因此纸张纵向具有比横向更高的强度和伸长率。

纸制品的拉伸破坏是纤维间结合破坏和纤维本身破坏共同作用的结果。对于纤维间结合较强的纸制品，如印刷和包装产品，纸张的破坏意味着相当大比例的纤维本身被破坏。而在纤维间结合不那么强的纸制品中，如生活用纸产品，由于纤维间结合破坏而导致纸张被破坏的可能性更大。如果开发出一种纤维间黏合强度非常高的生活用纸产品，则更可能由于纤维本身断裂而发生拉伸断裂。然而就生活用纸而言，其黏合强度通常远小于纤维强度。因此，生活用纸的强度大多受纤维间结合强度的限制。许多工艺变量会影响卫生纸的强度和伸长率，包括制浆条件、磨浆、纤维取向、成形均匀性、湿压、干燥张力、起皱和转化率。表面均匀性是一个重要因素，纸张的定量并非在所有的取样点都相同，因此，测得的强度代表样品中最弱点的强度。成形较差的产品比具有相同结构但成形较好的产品强度差，即不均匀的成形会在纸网中产生更多脆弱的点，更容易被破坏，造成产品强度降低。因此，造纸厂商一直在寻找新的工艺和化学替代品（如磨浆、强度添加剂等）来提高产品的黏合强度和纤维成网的均匀性。

生活用纸在应力条件下表现出黏弹性行为。在低应变水平下，纸张表现出弹性行为（可逆），其中力随着应变线性增加。在纸张中观察到的大部分弹性来自起皱过程产生的褶皱，当应变超出弹性区域时，纸张发生不可逆转的变形，并且随着应变的额外增加，力缓慢增加。当力增加到强度达到最大值，称为纸张的抗张强度，之后纸张会在最弱点处断裂。应力和应变曲线下方计算出的面积代表拉伸试验期间样品吸收的能量。吸收的能量是生活用纸产品的一个重要特性。

纸张结构和强度很大程度上依赖于纤维之间的分子键（氢键）水平。由于纤维素的亲水性，纤维间的氢键不耐受潮湿条件。然而，一些纸巾产品，如厨房用纸和手巾纸，需要防潮性，以便能够干燥和清洁潮湿的表面。纸张产品的湿强性能取决于纤维的凝聚网络，为了在吸水后仍保持一定强度，可以添加湿强剂来补充或替代氢键。该网络被湿强剂的交联网络增强，可以有效抑制纤维吸水膨胀及纤维之间的吸水分离。如一些湿强度添加剂（脲醛）会自交联，在纤维接触处形成不可溶解的网状物，保持原有的干强度。除了自交联外，其他添加剂，如氮杂环丁烷树脂，可在纤维的细胞壁或纤维之间形成防水共价键，从而增强纤维黏合。浆料中细小组分的含量也是一个重要的变量，因为阳离子湿强度添加剂将优先吸附在细小组分上，但细小组分含量不宜过高。湿强度添加剂除了明显改善纸张湿强度之外，也能提高纸张的干强度，一般的湿强度添加剂能够使纸张湿强度保持其干强度的15%以上，高效的湿强度添加剂可以保持50%的干强度。

（四）柔软度

柔软可以定义为人类对一种触感愉悦的纹理的感官反应，提供一种细腻、光滑的纹理感觉。换句话说，柔软度是当有人用手指抚摸纸张表面并在用手揉皱纸张时获得的感官反应。感知柔软度是多种感官反应组合的结果，不仅包括触觉，还包括听觉和视觉（颜色、压花）感知。柔软度是一个非常重要的特性，特别是对于卫生产品方面。柔软度通常分为表面柔软度和体积柔软度。表面柔软度与人类指纹所感知的纸面感觉有关，取决于纸面的纤维类型、光滑度和后加工（例如添加柔软剂/乳液、线痕、起皱、压花）。采用短而柔韧的纤维能够显著提高表面柔软度。体积柔软度取决于纸张的挺度、松厚度和纤维在网上的分布排列；采用粘接能力较低的粗大纤维和柔韧纤维能够提高体积柔软度。

测定柔软度的传统方法是通过人的主观感受来获取，但由于不同个体对柔软度有不同的看法和敏感度，因此需要大量的个体和多次重复的测试才能获得相对准确的结果。为了减少时间和资源浪费，已经开发了许多涉及与表面或体积特性相关的物理测量和分析方法来获得柔软度，如定量、厚度、松厚度、柔韧性、挺度、压缩性、伸长率、悬垂性、褶皱、渗透、声发射、声衰减和热导率，评估一些表面柔软特性包括光滑度、摩擦力、粗糙度和纤维自由端。目前结合表面和体积特性的相关测量与分析方法得到了较为广泛的使用。然而，目前还没有一种分析方法可以完全模拟人类对柔软度的感知。

高松厚度纸产品往往具有优异的柔软度，因为纤维之间的黏合强度和黏合面积并不充分。在起皱过程可提高纸张延展性，软化纸张，从而提高纸张柔软度。除此外，柔软度还与许多参数相关，比如纸张层数增加往往有助于增加柔软度，层数越多，柔软度则越高。通过压光改善纸张表面光滑度，而提高柔软度，因为低粗度的纸浆纤维制成的纸巾产品表面有大量自由而有弹性的纤维端部突起，从而具有较好的表面柔软度；另外，高粗度的纤维也可提供优异的体积柔软度。

三、生活用纸的结构表征

与其他纸制品相比，生活用纸具有复杂的表面结构，含有褶皱和图案结构，并且表面具有较低的纤维网络密度和突出纤维，所以对生活用纸表面进行全面而真实的分析对解析其性能是十分必要的。生活用纸表面结构的表征技术分为接触法和非接触法。最早的表征方法是通过机械触针仪实现的，该设备基于接触法采用机械触针扫描的技术利用探针对纸张表面进行线扫描。基于所获得的高度轮廓，可以评估进一步的表面相关参数，但测量结果很大程度上依赖于所使用的触控笔的类型。这种接触面的评价方式存在的主要缺点是触控笔与纸张表面直接接触，且测定的数据仅取决于线扫描提供的高度数据。非接触法中最常用到的光学测定法，该方法可以避免基于接触针方法的缺点，其最大的优点是可将样品表面全部呈现；激光共聚焦扫描显微镜（CLSM）是一种常用的和准确的表征生活用纸表面三维形貌的方法；另一种表征生活用纸表面结构的光学测定方法是通过无限聚焦测量（IFM）装置实现的，IFM仅基于光学焦点变化，是一种可靠的、准确的高分辨率的光学方法，如图7-1所示，而CLSM是通过使用额外的激光器进行形貌评估，因此CLSM的投资成本通常更高。而在造纸工业领域，IFM这项技术很少被使用。

然而生活用纸的关键特性（柔软度、吸水性能和湿强度）不仅取决于纸张的表面结构特性，在很大程度上还取决于纸张内部的纤维网络交织特性，如孔隙率，所以只有更好地了解纸张内部的纤维网络交织属性，才能准确解析生活用纸的性能，因此一种能够全面表征生活用纸内部纤维网络交织特性的技术，对于更深入认识并进一步优化生活用纸的制

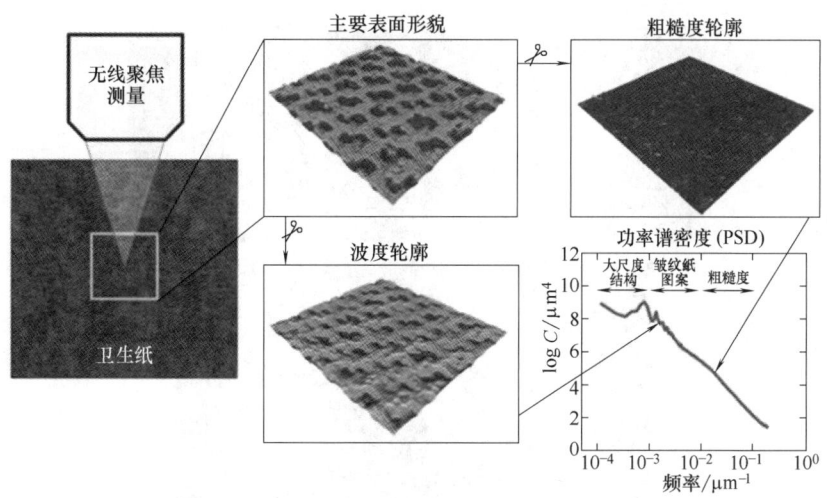

图 7-1 采用无线聚焦测量法（IFM）评价生活用纸表面的粗糙结构

备工艺至关重要。现已有研究利用二维横截面图像和 3D-X 射线显微断层扫描来评估和量化高结构化的 TAD 生活用纸的纤维内在特征，但仍不能够以立体形象化的图像呈现纸张内部纤维的交织特征。

在低定量纸巾领域，多采用高分辨率横截面边缘图像的光学方法，尤其以扫描电子显微镜（SEM）多见，尽管需要相当费力的材料制备，如涂层、切割和关键的测量环境（冷却），但仍得到了广泛的应用。Das 等人将光学横截面图像与 SEM 数据相结合，以确定 DCT 纸巾中的主要起皱波长。de Assis 等人定性地使用横截面 SEM 图像来显示起皱刀片处的压缩力对纤维网络结构的影响。Vieira 等人基于 SEM 进行了定量评估，以确定压花机械压缩对起皱高度的影响。Kumar 等人使用 SEM 来表征不同精炼能量导致的纤维内腔塌陷性。Frazier 等人发表了基于 SEM 图像的横截面定性分析，以评估灰尘颗粒对纤维网络的影响。Morais 等人使用横截面 SEM 图像展示了微纤化纤维素（MFC）作为纸巾添加剂的致密化效果。尽管在以前的工作中经常使用扫描电子显微镜方法，但由于与样品制备所需的工作量相比，该方法具有视场（FOV）较小，应用往往局限于定性分析的不足。

X 射线显微层析技术（μ-CT）是一种有效对纸张体积结构成像的方法，这种方法具有非破坏性，可以根据射线照片在微米尺度上获得纤维和孔隙的内部结构网络，并对其进行三维重建、分割和体积评估。μ-CT 测量适用于所有科学领域，包括对纸张和组织等纤维素网络的研究。之前的研究主要依赖于 X-射线同步辐射，这种方法能够提供高光子通量、短测量时间和高分辨率；所需设备昂贵，位于专业机构，如欧洲同步辐射设施（ESRF）。du Roscoat 等人对纤维和填料分割进行了大量工作，以评估印刷和包装纸的孔隙大小和填料含量，基于来自 ESRF 的 μ-CT 数据。Ismail 等人使用 μ-CT-计算机断层扫描与扫描电镜测量相结合的技术，对卫生纸表面的皱褶结构进行了定性评估，如图 7-2 所示。Keller 等人使用 ESRF 的同步加速器设备对纸巾质量的 Z 方向进行成像。在最近的一项研究中，Keller 等人使用 μ-CT 数据对压花纸巾（DCT、TAD）的吸湿行为进行了数值模拟。

由于低定量以及生产过程中所采用的工艺（例如成形和起皱），使得生活用纸在 Z 方向上的体积和表面结构很难定义，从纤维表面突出的单纤维和结构内的空隙对松厚度和孔

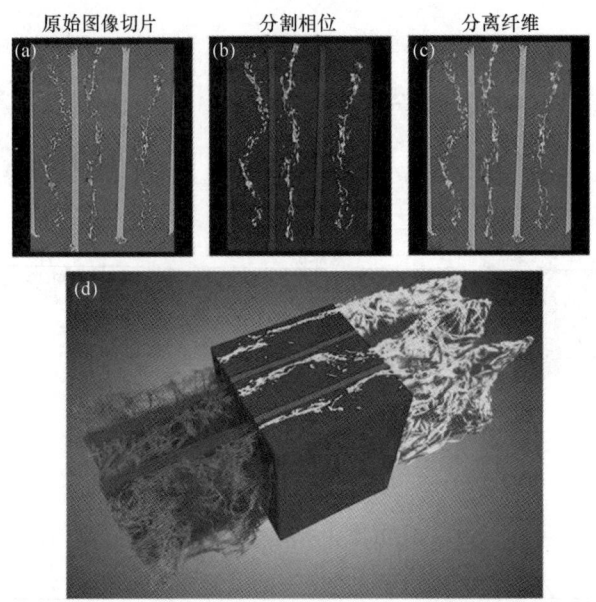

图 7-2 采用 X 射线显微层析技术（μ-CT）对生活用纸结构分割与重建的图像

注：（a）显示的是 μ-CT 测量和重建的原始图像切片；采用卷积网络 U-Net 的深度分析方法，通过 Kapton 膜分割的纤维和空气图像呈现在图（b）中，仅对纤维进行的分割结果展示在图（c）中，分割后的图像重组后的虚拟体积呈现在图（d）。

隙率的定义提出了挑战。所以研究纸巾样本的内在特性，特别是在比较不同样本时，很可能会由于体积边界的定义不同而导致不同的结果。因此，如何更加精确地表征生活用纸的形貌，目前并没有找到一种完美的解决方法；但前述的利用二维图像和三维扫描相结合的方法，对生活用纸形貌进行表征，对之后如何更加精确地表征生活用纸的形貌，提供了新的思路。

第二节 生活用纸的柔软度

一、柔软度的定义和表征

（一）柔软度的定义

生活用纸产品的柔软度分为两部分：体积柔软度（即结构柔软度）和表面柔软度。表面柔软度受摩擦系数、表面粗糙度、表面压缩性等因素的影响；体积柔软度受纤维本身柔软度（图 7-3）影响，及纸张结构整体的刚度、压缩性能、模量等因素影响。Pawlak 建立的纤维网络压缩模型表明，单根纤维柔软度对纸页柔软度具有关键作用。此外，在保持纤维粗度不变的情况下，降低纤维的刚度，可以在相同的纸页密度下提高纸页整体的柔软度。

另外，原料和定量对柔软度也具有重要影响，原生纤维具有良好的柔软度，但造纸工业正面临扩大使用再生纤维的压力，因此在使用较少原生纤维的前提下，消费者所希望的高柔软度标准就更难达到；低定量易赋予纸张高柔软度，在恒定的纤维结合强度或者固定

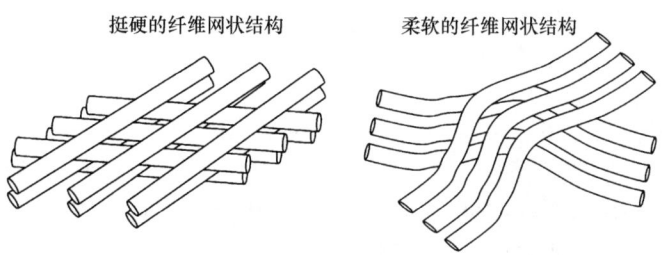

图 7-3 不同纤维的网状结构模型

的打浆度下，降低纸页定量有益于增加其柔软度。因此，大多数生产商在成本与利润驱使下，都以可行的最低定量来生产更柔软的生活用纸。

(二) 柔软度的表征

早期 Steadman 和 Luner 开发了一种通过观察压在细线上的纤维来测量单根纤维柔韧性的方法：先将纤维网络压到带有很细的不锈钢丝的 5cm×5cm 显微镜载玻片上，然后将载玻片倒置，在入射光下用显微镜观察，发现与载玻片接触的纤维区域呈现黑色，而在不锈钢丝上被托起形成弧形的纤维区域则不可见。直观上看，未接触钢丝长度 L 由纤维的柔软度决定，而且随着纤维的柔软度增强，未接触距离会随之减小，如图 7-4 所示。与其他测量纤维柔软度的方法相比，该方法相对简单，可以更快、重复性地测量大量纤维的柔软度。

图 7-4 纤维柔软度测量的示意图

但是，Steadman 和 Luner 提出的纤维挺度计算方法没有考虑到纤维粗度和纤维自重对柔软度的影响，造成误差较大。后来，陶劲松等人进一步完善了玻璃-金属丝测定单根纤维柔软度的方法，并提出了钢丝悬挂法测量单根纤维柔软度的模型和纤维柔软度指数（Flex）的概念，最后推导出计算纤维柔软度指数（Flex）的公式，如式（7-1）所示：

$$\text{Flex} = \frac{72d}{qL^4} \tag{7-1}$$

式中　Flex——纤维柔软度指数

　　　d——测定金属丝的直径

　　　q——均布载荷

　　　L——纤维未与玻璃接触的双边距离（$L=2l$）

这个计算公式考虑了纤维粗度与所受到的压力这两个因素，并且改变了旧方法过于主观的缺陷，使单根纤维柔软度的测量更科学化与客观化。

二、影响柔软度的因素

(一) 浆料种类

纸浆纤维的组分和形貌是生活用纸特性的决定性因素，即便是同一类纸浆纤维（针叶木或阔叶木），来源于不同的生长地域，也会具有不同的纤维形态，而且这些不同形态的纤维将不同程度地影响生活用纸产品的性能。具体地，从纸浆纤维的组分上来讲，含有较多杂细胞、木素、半纤维素的纤维浆料，因在打浆时纤维结合力较大，浆料水化作用较强，成纸的紧度较大、柔软度较差。从纸浆纤维的形貌上来讲，长纤维抄造成纸的强度性能较好，短纤维抄造成纸的柔软性能较好，所以调整长短纤维的浆料配比可以对纸张强度和柔软度的综合性能做出调整，并且在较高档的卫生纸生产中基本采用长短纤维纸浆结合的工艺进行抄造。

从纤维长度上讲，针叶木浆的纤维细而长（低粗度），可提供高强度且连续的纤维网络，提高湿纸幅强度，改善纸机和后续加工操作的运行性能，所以针叶木浆多用作各类不同等级纸张的增强纤维。如：北方针叶木硫酸盐浆常被用作长纤维来提高纸张强度，且不损失柔软度；此外，含有少量细小纤维的针叶木浆有助于最大限度地提高长纤维浆料的性能，减少化学品的用量，降低滤水阻力，提高留着率，并减少掉毛掉粉。较高纤维强度的针叶木浆可以最大限度地提高纸张强度，但是，生活用纸产品通常不需要过高的抗张强度，因此仅提高纤维强度并不能解决生活用纸的关键问题。

从纤维的形貌特征上讲，具有厚细胞壁的针叶木纤维因在造纸过程中不易被压溃，而更易形成厚度和松厚度较高的生活用纸产品，可改善生活用纸的纸页结构开放性和吸水性；而具有薄细胞壁的针叶木浆有良好的柔韧性，能够给纸页提供良好的柔软度。除此之外，结合强度较低的针叶木浆制成的生活用纸产品在起皱过程中容易分层，成纸结构相对更蓬松、更柔软，所以为了获得纤维间结合强度较低的纤维，需要控制浆料的打浆度，采用未打浆或轻打浆的针叶木浆则是抄造生活用纸选用浆料的优选，可最大程度地提高产品松厚度，同时达到纸张所需的强度。

阔叶木浆的纤维长度较短，能够提高纸张的松厚度和柔软度，赋予纸张表面具有良好的匀度、光滑的表面、更细的孔结构和高的不透明度。在大多数生活用纸产品中阔叶木浆占总原料的50%至80%，甚至在部分纸种的使用量可达100%。在生活用纸中使用阔叶木浆时，为了提高纸张强度，又不损失柔软度，则仅需要对针叶木浆进行打浆。在阔叶木浆中，桉木浆可抄造具有更高松厚度、吸水性和柔软度的生活用纸，尤其是轻打浆度（22<打浆度<35）的桉木浆多用于生产高质量的卫生纸，如在餐巾纸、厕纸和纸巾中桉木纤维的含量达50%至60%，而面巾纸中甚至高达100%。这是因为桉木浆的细小组分含量低、厚细胞壁和低粗度的短纤维数量多，这些细小组分和短纤维填充进针叶木纤维形成的网络中提供强度，通过许多游离纤维末端来提供消费者喜欢的柔软感觉。

桉木纤维的另一个优点是抽出物含量低，从而可提高纸张吸收性，并减少抽出物在造纸机上的沉积。与其他阔叶木相比，在相同的滤水条件下，桉木纤维可提供良好的湿纸强度。桉木纤维的高纤维数量不仅利于提高纸张结构的均匀性，还有利于促进纸张干燥的均一性；但高纤维数量同时会使纸机网部的纤维残留，并引起加工操作中的掉毛掉粉问题。因此，综合分析发现，要获得高松厚度的卫生纸需要选择具有以下特性的桉木纤维：

a. 高纤维粗度，以最大程度地减少纤维压溃和纸张紧度提高；b. 细小组分含量低，以避免提高纸张紧度、细小组分在白水系统中积聚和降低滤水性；c. 低半纤维素含量，降低结合能力；d. 高纤维变形（例如卷曲、扭结）以改善松厚度、纸张孔隙率和吸收性能。

化学浆与机械浆在改善生活用纸性能方面存在显著差异，具体地，化学浆因在化学制浆和漂白过程中去除木质素和抽出物，使纤维更容易压扁成形成带状纤维，同时赋予纤维表面多羟基的碳水化合物，提高纸浆纤维的亲水性，使纤维间容易形成强的氢键结合力，使纸张的紧度增大；而机械浆纤维的表面富含疏水性的木质素，纤维在湿态下仍具有挺硬的结构，这将有助于提高纸张的空隙体积和保水能力。化学浆纤维和机械浆纤维的孔隙率也显著不同，机械浆纤维通常具有大于 1nm 的孔隙，而化学浆纤维由于在制浆和漂白过程中选择性去除木质素而具有 2nm 至 100nm 的孔径，这将影响纸张的吸水性能。值得注意的是，纸张的自施胶机理可降低产品储存过程中的吸水速率，而采用过氧化氢漂白的浆可用于克服自施胶现象，并降低抽出物含量而提高吸水速率。研究结果表明，过氧化氢漂白的机械浆还具有更高的白度、更低的纤维挺度、更好的纤维结合、更低的掉毛现象、更好的白度稳定性和更低的碎浆时间。与化学浆不同的是，机械法制浆通常是将纤维分离成具有较宽范围尺寸，制浆过程中由于存在管胞和纤维的部分断裂，因此会使浆料中含有大量细小纤维，提高纸张松厚度，增加纸张的密度，并使成纸易产生掉毛掉粉的问题。总之，机械浆会使纸张具有的松厚度更高、挺度更高，但是浆料的适应性较差。如使用机械浆替代桦木和松木等纸浆时，纸张松厚度会增加，而用机械浆代替漂白桉木浆（BEK）时，松厚度的增加却是可忽略不计的。

机械浆对纸张体积柔软度的影响较小，但对纸张表面柔软度有负面影响。为了尽量减少其对纸张表面柔软度的负面影响，实践中建议使用纤维束含量较少的机械浆。此外，由于机械浆在某种程度上缺乏生活用纸产品所需的特性（例如柔软度和强度），因此它们通常与其他纤维混合抄造生活用纸。研究结果表明，高得率浆的添加量高达 50%时也不影响纸张强度，且使用 5%至 30%机械浆可有效增加厨房用纸和纸巾的松厚度和吸收性能。不同类型机械浆在生活用纸中的使用情况表明，化学热磨机械浆（CTMP）有更好的结合性能，可以为纸页提供比热磨机械浆（TMP）和磨木浆（GWP）更好的强度和吸收性能。

（二）打浆

打浆是一种非常常见的用于改变纤维特性并实现纸产品所需性能的机械方法。采用打浆工艺改善纸张柔软度主要是通过对长纤维和短纤维分开打浆的方法来实现的。长纤维相对挺硬、不易发生分丝帚化，通过提高打浆度来促进长纤维的分丝帚化，降低纤维的刚性，提高纤维的柔软性。而对短纤维则采用轻刀磨浆的方法来进行打浆，这样不仅可以水化纤维，提高纤维的柔软度，又可以防止纤维被切断，保留纤维的强度性能。由于对打浆度无法精确控制，且对柔软度的提升幅度要受一定的限制，因此实际多采用调整长短纤维配比以及对长短纤维分开打浆的方式来制备高柔软性能的纸张。

研究表明，打浆可提高打浆范围内桦木浆抄造纸页的柔软度（20°SR 至 45°SR）；进一步地对不同木材类型浆料柔软度的研究表明，桉木和云杉的体积柔软度在较低的打浆度（小于 25°SR）下较低，在较高的打浆度（25°SR 至 45°SR）下较高。由于亚硫酸盐纸浆具有更高的柔韧性，所以云杉亚硫酸盐浆比云杉硫酸盐浆具有更好的松厚度。TCF 漂白的云杉硫酸盐浆纸页呈现出比 ECF 更好的松厚度。而 TCF 和 ECF 漂白的云杉亚硫酸盐浆其纸页松厚度并没有显著差异。云杉和松木硫酸盐浆表现出比 ECF 漂白的桉木硫酸盐浆更好的松厚度。Kullander 等人以及 Gigac 和 Fišerová 分析了打浆对针叶木漂白硫酸盐（云杉、松树）、阔叶木漂白硫酸盐浆（桦木、桉树）和云杉漂白亚硫酸盐浆的强度、吸水能力和体积柔软度的影响，结果表明，打浆导致细纤维化和纤维拉直，增加了纤维的柔韧性、结合能力和结合面积，从而使纸幅具有更致密的结构。其中打浆显著降低了云杉亚硫酸盐的重均纤维长度，但硫酸盐浆纤维并没有明显变短，因为硫酸盐浆纤维往往比亚硫酸盐纤维强度更高。

Wang 和 Chen 研究打浆浓度对纸页性能的影响，研究中分别将非木材和木材纤维以低（1.6%至4.3%）和高（18%至30%）浓度打浆，结果表明，与相同游离度水平的低浓打浆相比，高浓打浆形成的纸页具有相同的松厚度、更好的强度（撕裂和拉伸），同时需要更低的磨浆能耗；这是由于高浓磨浆由于纤维和磨盘之间的剪切和压缩相互作用较少，因此减少了纤维切割和细小纤维的产生，促使更多的纤维发生变形（卷曲和扭结），利于提高纤维间的结合力。

对非木材（甘蔗渣、麦秆和稻草）的打浆研究表明，由于非木材纤维薄壁组织细胞聚集物松散，极轻的打浆也会增加整个非木质纸浆的细小组分的数量；当仅对纸浆的较长纤维部分（保留在200目和50目筛分下的纤维）进行打浆时，细小纤维含量也会增加。细小纤维的来源取决于纤维的类型和强度，如对于甘蔗渣，经打浆后的细小纤维主要来源于蔗渣外部纤维的原纤化；而对于麦草纤维，细小纤维主要来源于长纤维被切断打碎。另外，打浆期间施加的能量水平也是一个重要变量，在麦草和竹子打浆过程中，采用高比边载荷，使薄壁组织细胞解体，导致浆料滤水变差，纸页紧度升高；而薄壁细胞具有薄的细胞壁，在机械作用下比纤维更容易分解，因此在较低比边缘载荷作用下，打浆可以更好地保持纤维的物理完整性，赋予纸页更好的松厚度和强度。Zou 的研究结果表明，对于 NB-SK 纸浆，在给定的打浆能耗或滤水性能下，低比边缘载荷可赋予纸页更好的拉伸强度和松厚度。打浆能耗对纤维长度、卷曲（纤维曲率）和扭结（纤维曲率的突然变化）的影响结果表明，在低浓度打浆过程中使用低能量打浆不会改变纤维长度，但会显著减少纤维卷曲和扭结，从而增加纸页紧度。随着打浆能耗的增加，纤维卷曲和扭结并不会显著变化，但纤维长度会随之降低。

（三）化学助剂

目前提高纸张柔软度的主要方法是在湿部适度添加柔软剂。柔软剂的运用对纸张性能有多重积极影响。首先，柔软剂可作为湿润剂，通过湿润纤维提高表面光滑性，使纸张触感湿润和细腻。其次，柔软剂可降低纤维之间的结合力，减少纸张刚性，同时减少对皮肤的摩擦力，维持纸页纤维组织，给用户带来平滑柔软的触感。第三，柔软剂可在纤维表面形成向外的疏水基反向吸附，降低纤维的动、静摩擦因数，从而实现平滑柔软的手感。当前，阳离子型柔软剂是应用最广泛的柔软剂之一，其正电荷有极高的亲合力，易于被纤维吸附。在吸附时，柔软剂分子的亲水基与纤维素接触，憎水基排列在外侧，长链脂肪烷基的膜包裹纤维，因此处理过阳离子型柔软剂的纤维不仅柔软，纸张表面也更光滑。此外，阳离子型柔软剂也在现代绒毛浆生产中发挥着不可或缺的解键剂作用。然而，作为一种化学品，柔软剂的添加应适度，过量使用可能对皮肤产生刺激。

研究表明用碱性熟化阳离子树脂（Kymene）作为柔软剂添加到浆料中，能显著降低纸页柔软度的数值，当 Kymene 的添加量为 1%时，添加 Kymene 的纸张与空白样的柔软度比值从 1.00 降到 0.64，而 TSA 柔软度测量仪测得的柔软度数值越低，柔软性越好，说明添加 Kymene 后纸页的柔软度得到显著提高。

杨勤武等人研究了不同种类柔软剂对卫生纸柔软度的影响（图 7-5），研究中使用的柔软剂有阳离子咪唑啉类（SF1）、阳离子聚丙烯酰胺（SF2）、季铵盐型（SF3）、脂肪酸酯型（SF4）和有机硅型柔软剂（SF5）共五种，从图中可以看出，对于任

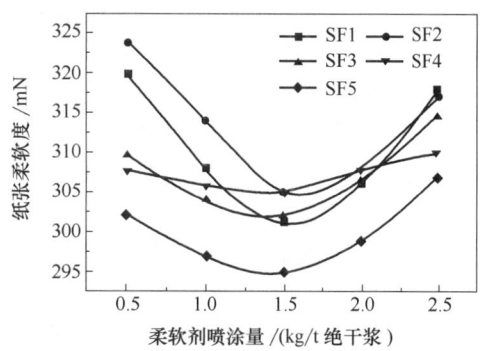

图 7-5 不同种类柔软剂喷涂量对纸张柔软度的影响

意柔软剂都显示，随着柔软剂喷涂量的增加，纸张柔软度值先减小后增大，换而言之，起初随着柔软剂的增加，纤维之间的结合力下降，柔软度值下降，当柔软剂量增加到一定程度后柔软剂的效果反而下降，因此柔软度值上升；其中有机硅类型柔软剂对改善纸张柔软度效果最好。

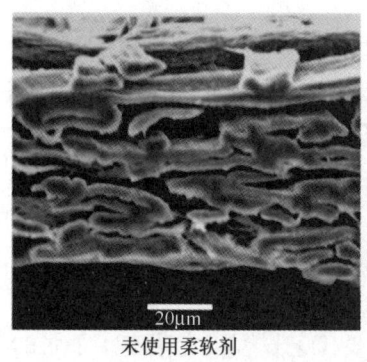
未使用柔软剂

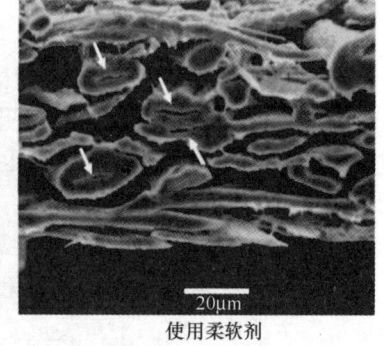
使用柔软剂

图 7-6 使用柔软剂前后纸张结构的变化

吉谷孝治等人将使用柔软剂前后纸张的微观结构进行对比分析，图 7-6 的 SEM 图显示柔软剂会导致纸张结构发生变化；相比未使用柔软剂的纸张，使用柔软剂的纸纤维间和纤维内的氢键结合被阻碍，导致纤维间孔隙增加和纤维细胞腔呈敞开的状态；说明柔软剂可阻碍纸浆纤维间形成氢键结合，从而提高纸张的手感柔软度。

（四）纸机技术

卫生纸产品的最终性能主要由卫生纸机决定，轻型干起皱（LDC）纸机（图 7-7）代表了最传统的卫生纸机。LDC 纸机与传统的非卫生纸机之间的主要区别在于纸机长度较短、采用扬克烘缸干燥和特殊的起皱工艺。卫生纸机中采用的低浓度（0.1%~0.5%）设计的流浆箱，类似于传统纸张生产中使用的流浆箱。流浆箱的作用是确保纸浆均匀分布在成形网上，并通过施加湍流来防止纤维絮凝，从而实现成形相对均匀的纸张。调整喷射速度和网速的比例可以控制纤维取向。流浆箱还可以分层，使不同种类的浆料可以在纸幅的中心和表面分布；例如，内层采用针叶木长纤维以提供纸页强度、纸机运行性能和纸页

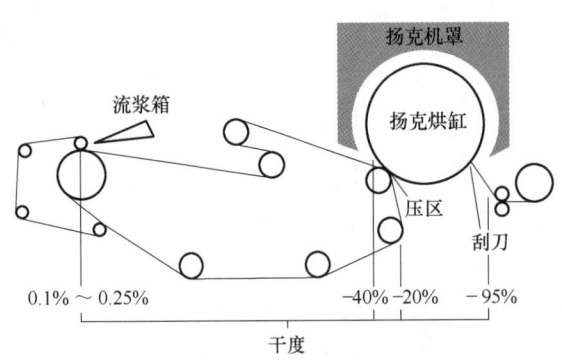

图 7-7 轻型干起皱（LDC）纸机的结构示意图
注：由新月形成形器、压榨部、扬克烘缸和起皱刮刀组成的。

体积柔软度，而外层可采用短而细的阔叶木纤维以提高纸页表面柔软度。

卫生纸机的成形部主要包括四种类型：新月成形器、夹网成形器、真空胸辊成形器和长网成形器。最常见的成形器是新月成形器，适用于生活用纸制造，通过将浆料直接喷射到成形网和毛毯之间，无需在成形网和毛毯之间进行转移，实现高速（最高达 2400m/min）下的卓越运行性能。另外一种常见的成形器是夹网成形器（最高达 2000m/min），通过将浆料喷射在两个成形网之间，促进高效脱水和良好纤维取向。此外，真空胸辊成形器（高达 1500m/min）通过真空控制脱水，使水从流浆箱顶部和网子之间的空间排出，因此它对纤维取向的控制不如其他成形器。最后一种长网成形器，是最古老的成形器类型，它的速度有限（最高 1000m/min），脱水在重力和真空作用下沿一个方向穿过纸幅。

真空系统，如吸水箱或真空辊，通常用于将湿纸幅干度从 15% 提高至 25% 的范围。在扬克烘缸干燥步骤之前，湿纸幅经过压榨区（2MPa 至 4MPa）通过辊压或靴式压榨，将固含量由 40% 提高至 45%。靴式压榨具有更长的压榨区，比辊式压辊施加的压力更低，产生更松厚的纸幅。对于生活用纸，压区的压力越小越有利于实现高松厚度和高柔软度。压榨后，纸幅在扬克烘缸表面通过蒸汽加热，以及扬克烘缸上方和周围气罩的热空气，干燥至 94%~98% 的干度。生产上常在扬克烘缸表面喷涂一层涂层，以提高纸张与扬克烘缸之间的附着力，并保护扬克烘缸的金属表面免受起皱刀刮刀的破坏。

起皱过程是制造生活用纸产品中至关重要的工艺过程，它决定了纸张的松厚度、吸水性、柔软度和拉伸性。在起皱过程中，刮刀将纸幅从扬克烘缸表面刮掉，导致纸幅内部物理结构分层，纤维结合减弱/断裂，纤维弯曲、扭曲甚至断裂。这些纤维会形成微小褶皱并相互堆叠，当堆积到一定程度时，它们会下落形成大的折叠和结构化的最终产品；刮刀面的顶部和扬克烘缸表面之间的角度影响纸张产生的微观和宏观褶皱的数量，这个角度一般是在 80°~90° 的范围内。较小的角度会产生更多的宏观褶皱（堆积的微褶皱），提高产品松厚度。角度太高则不会形成明显的宏观褶皱（图 7-8）。与折叠型起皱相比，分层过程通常能够产生更松厚、更吸水、更柔软、更保水的生活用纸产品。

确保扬克烘缸表面和纸幅之间具有良好附着力是生产高松厚、高吸收性和高柔软的细起皱产品的关键因素。良好的附着力有助于适当断裂纤维的结合，提高起皱折叠频率。适度的附着力还可促使更多纤维从纸张表面被拉出，产生更多的纤维末端，增强手感柔软度。过高的附着力可能会导致纸缺陷或断纸，而过低则可能导致低起皱频率，降低纸品质量。纸浆的结合能力、半纤维素和细小组分的含量对烘缸表面和纸幅的良好粘附起关键作用。硫酸盐浆表现出最佳的附着力，亚硫酸盐浆和机械浆次之。在机械浆中，化学热磨机械浆（CTMP）的附着力优于热磨机械浆（TMP）和磨木浆（GWP）。较高的纸页定量和

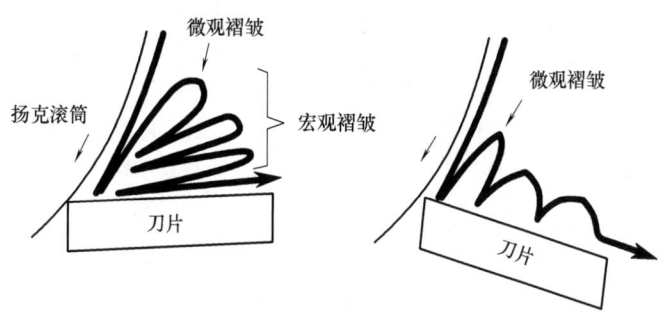

图 7-8 微观褶皱和宏观褶皱的形成与起皱刮刀顶面和扬克烘缸
表面之间角度的关系（左：小角度，右：大角度）

水分含量也有助于提高纸页在扬克烘缸表面的附着力。通常情况下，生活用纸的扬克烘缸一侧比贴近毛毯一侧更柔软。这是因为扬克烘缸表面的小凹陷提高了纸页的柔软度，而毛毯表面的凸起增加了纸页的粗糙度。所以，通常选择与扬克烘缸接触的一侧作为生活用纸产品的外侧。

1. 干燥工艺

生活用纸制造中另一重要的纸机技术是热风穿透干燥（TAD）工艺。与干起皱纸机不同，TAD 纸机不含压榨部，有助于保留纸幅的三维结构。在脱水阶段，通过真空吸水箱脱水使纸页干度达到约 20%至 25%。纸幅被传送到有孔的热风穿透干燥烘缸，热空气通过纸幅进行干燥。带有印痕的 TAD 织物可在纸幅上压印图案。通常，在纸幅湿润时，会在热风穿透干燥之前将纸幅吸附在 TAD 织物上进行压印的。在热风穿透中，热空气可以从滚筒内或滚筒外吹到湿纸幅纸上，以保持压印结构。由于压榨和通风干燥程度较低，最终的生活用纸产品具有更高的松厚度、柔软度和吸收性能，使得 TAD 成为生产优质和超优等级生活用纸的最理想技术。然而，相比于传统机器，TAD 纸机的能源成本（天然气和电力）更高，投资成本大约高出三倍。

在起皱的热风穿透干燥纸机（CTAD，见图 7-9）中，热风穿透可将纸页干燥到约 40%至 80%的干度，最终通过扬克烘缸将纸幅干燥至约 96%的干度并完成起皱。在早期的

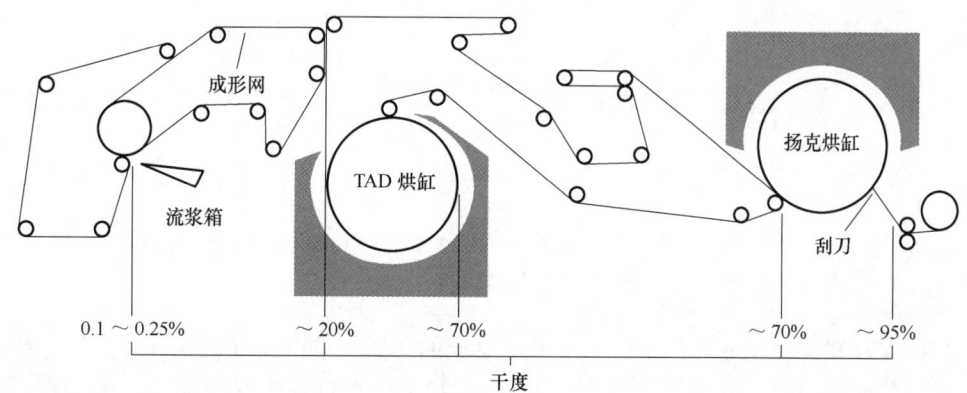

图 7-9 起皱热风穿透干燥（CTAD）卫生纸机的结构示意图
注：由双网成形器、通风穿透干燥器、扬克烘缸和起皱刮刀组成。

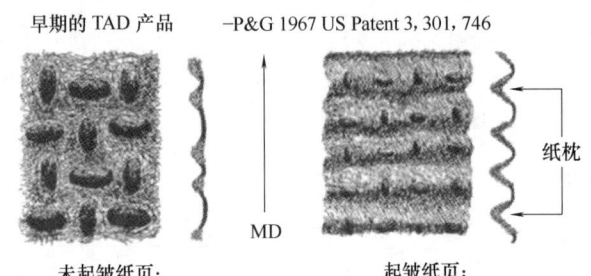

图 7-10 早期 TAD 卫生纸产品（MD：机器方向）

CTAD 工艺中，TAD 织物的编织影响纸张成形，织物的经纬线节点与扬克烘缸接触，使得纸枕区不受压榨。这导致在扬克烘缸上形成较粗的起皱图案（图 7-10）。与受压榨的节点区相比，纸枕区保留了吸收性毛细管的能力，使得产品相对于干起皱卫生纸，不仅具有良好的抗张强度，而且具有更好的柔软度和吸收性（表 7-1）。

近年来美国涌现出多种新型纸机技术，其中包括 UCTAD（不起皱热风穿透干燥）、DRC（双重再起皱）、ATMOS（高级生活用纸成形技术）和 NTT（优质生活用纸技术。UCTAD 的开发旨在解决 TAD 技术中因高速起皱而导致的卫生纸机速度限制（图 7-11），在 UCTAD 中，成形的纸页以约 22% 的干度转移到织物上，然后通过 TAD 干燥器干燥至 97% 的干度，避免了起皱过程。虽然这可能导致纸页表面略显粗糙，但最新的表面处理技术可以显著改善纸页表面的质感。

表 7-1　　　　早期 TAD 产品与传统或干起皱产品之间的比较

性能	产品	TAD	LDC	TAD/LDC
干紧度/(g/cm³)	纸巾和卫生纸	0.08	0.14	0.6
干纵向伸长率/%	纸巾和卫生纸	12	6	2
湿/干厚度比率(-)	纸巾	—	—	1.6
柔软度(-)	纸巾和卫生纸	—	—	2.2
吸水量/(g/g)	纸巾	23	14	1.6
吸水速率/(g/s)	纸巾	0.5	0.2	2.5

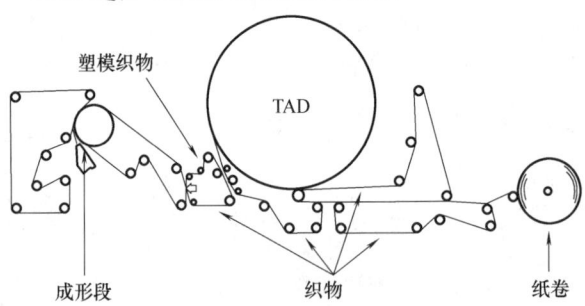

图 7-11 不起皱热风穿透干燥（UCTAD）生活用纸纸机的结构示意图
注：由夹网成型器和热风穿透干燥器组成。

DRC 的开发旨在制造类似于由单层纸巾制成的两层纸巾产品（图 7-12）。该过程在 1 号扬克缸之前与 LDC 纸机类似，但在纸页达到 70% 干度的条件下起皱（又称为湿起皱）以形成层状结构，接着，在纸页两面压印上胶乳织物，并传送到 2 号扬克缸对纸页的另一侧进行起皱，这一工艺生产的产品具有非常高的表面柔软度。

176

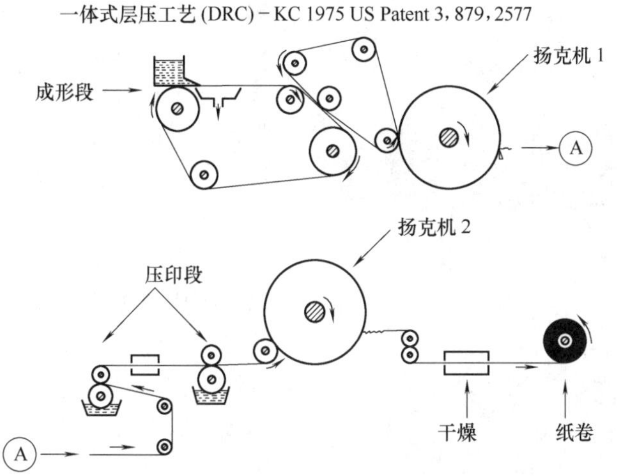

一体式层压工艺（DRC）- KC 1975 US Patent 3,879,2577

图 7-12 双卷纸（DRC）卫生纸机的结构示意图
注：由长网成形器、两个扬克烘缸和胶乳压印站组成。

ATMOS 是在 2000 年代早期开发的技术（图 7-13），其目标是创建一种更为先进、更节能的工艺。在 ATMOS 中，扬克缸在与纸页接触之前，采用机械方法将纸页脱水至 34% 至 38% 的干度，以解决 CTAD 技术纸页在 25% 的干度下进入只有 25% 接触面积的扬克烘缸的问题，从而避免扬克烘缸罩必须以非常高的温度运行才能使纸机达到较高的运行速度。

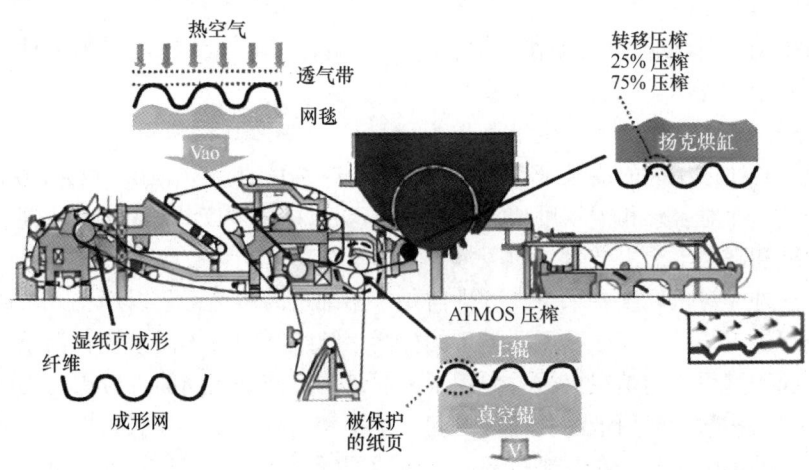

图 7-13 高级生活用纸技术（ATMOS）机器

NTT 旨在克服 ATMOS 的一些限制，通过在纸页转移到扬克缸之前施加更高压力来实现（图 7-14）。在新月形成形器毛毯和带有网孔的皮带之间的第一个压榨部分使用靴式压榨机，该网孔旨在提供吸收能力和增加强度。初步生产结果显示，纸页在转移到扬克缸之前能够达到 45% 的干度，相比 ATMOS，这减轻了扬克缸气罩的干燥负荷。然而，较高的压榨压力可能会压缩纸页的"纸枕区"，导致纸页的吸收能力下降。

在 20 世纪 80 年代后期，Procter&Gamble 提出一项取代 CTAD 中织物的皮带专利，它的优点是，可根据目标纸张用途的不同灵活地设计生活用纸的纸页结构。最初用于厨房用

图 7-14 优质生活用纸技术（NTT）机器

纸的皮带设计如图 7-15 所示，左下方示意图展示了皮带的侧视图，显示了在浇铸聚氨酯传送带内部进行的二次编织，以增强传送带的强度。通过将光敏聚氨酯树脂挤入织物周围，并通过催化反应保留所需的图案的区域，实现了设计生活用纸的灵活性。右图显示了铸造后皮带的形态，可以看到用于吸收的单个单元格以及皮带上的二次织物，结果是皮带提供了未压缩的纸枕区，同时还提供了高压缩线压力，这些线压旨在提高纸页强度。这种设计类似于用带的"连续焊点"代替机织织物提供的"点焊"。

2. 起皱工艺

需要起皱的生活用纸被称为生活用皱纹纸或皱纹卫生纸。不同种类的生活用纸，如厨房用纸、擦手纸、面巾纸、餐巾纸、卫生纸等，根据用途的不同，对起皱要求也各异。对于生活用纸，柔软度，松厚度，吸液性能是关键的纸张性能。吸液性能则取决于纸幅结构的疏松性、液体与纤维表面之间的表面张力及纤维间的毛细作用力。高松厚度的纸张通常具有良好的吸液性能，比如厨房用纸、擦手纸和卫生纸等生活用纸，且通常通过粗大的褶皱来提升吸水性和松厚度，而对手感和柔软度要求较低。而面巾纸和高档生活用纸除了对吸液

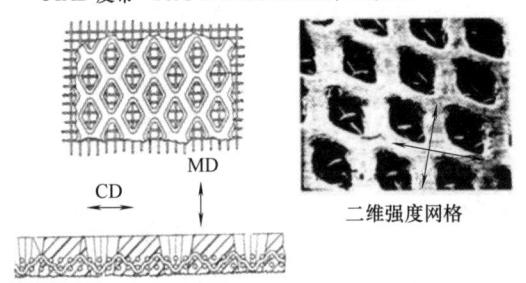

图 7-15 取代 CTAD 中织物的皮带设计技术应用于制造厨房用纸

性有较高要求外，对柔软度要求更高，则需要采用细密的褶皱工艺以产生光滑的手感。因此，在选择起皱工艺时，需根据不同类型的生活用皱纹纸和市场需求进行调整。

通常，起皱过程指的是在机械力作用下，起皱刮刀使纸幅屈曲、分层并连续形成褶皱的过程。对于大多数生活用纸品种而言，起皱是生产高松厚度、高吸水性、高柔软度和高拉伸性能产品的关键步骤。在起皱过程中，生活用纸原纸受到来自扬克烘缸和刮刀的压缩力和粘附力的双重作用，以及纸幅传递过程中产生的牵引力和纸幅自身结合力。这些作用力在极短时间内（大约 200 微秒）对纸幅结构产生不可逆的破裂和重塑作用。

生活用纸原纸的起皱是在纸幅运行线速度明显低于起皱前线速度的前提下，在起皱刮刀与原纸纸幅之间的作用力及纸幅对扬克烘缸表面之间的粘附力等综合作用下，完成的起皱工艺过程，具体地起皱过程可分为如下四个阶段，如图 7-16 所示。

阶段一：当纸幅接触起皱刮刀刀片时，刮刀对纸幅产生瞬时压缩应力（包括压缩力、粘附力、牵引力和自身结合力），这些压缩应力会导致纸幅变形、破裂。

阶段二：随着扬克烘缸表面继续移动，压缩应力继续增加，直到黏合剂层失效，纸幅

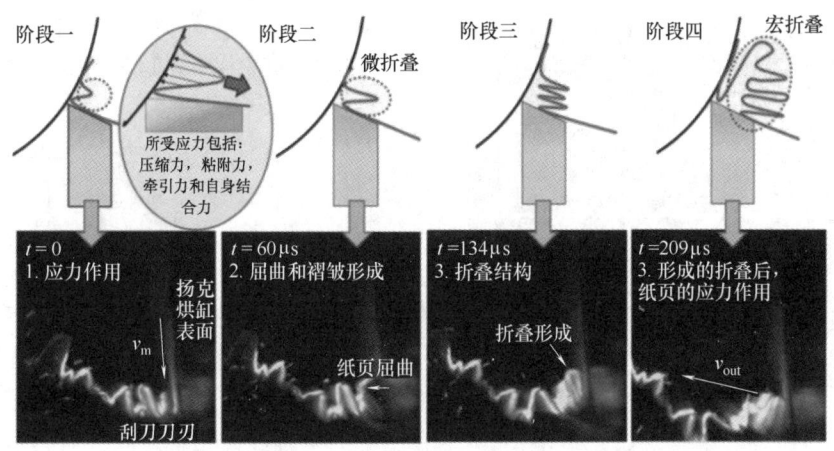

图 7-16　生活用纸原纸起皱过程中皱纹形成的四个阶段

内部纤维与纤维之间的部分氢键会发生断裂，纤维结构也会发生破碎、断裂，在宏观上会表现为扬克烘缸涂层与纤维界面的分离，且纸幅内部的物理结构也会发生分层、形成屈曲和褶皱，产生微折叠。

阶段三：纸幅的分层部分不断增加，纸幅被压缩应力进一步挤压，直到变得不稳定并开始弯曲，形成明显的纸幅折叠结构。

阶段四：在纸幅的弯曲过程结束时，纸幅折叠结构被应力推离刮刀边缘，纸幅与烘缸表面之间的新黏合部分到达起皱刮刀刀片，并进行新纸幅的弯曲折叠过程，整个过程中纸幅的分层和屈曲变化会随着扬克烘缸的转动及刮刀起皱作用而重复进行，纸幅皱纹结构产生连续堆叠效果，当纸幅堆积足够高时，会下落并产生宏观折叠效果，最终得到结构化的起皱生活用纸产品，如图 7-17 所示。

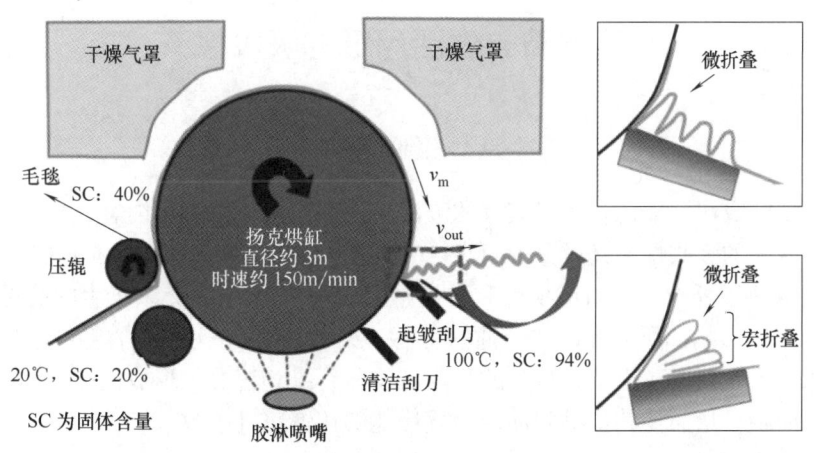

图 7-17　扬克烘缸起皱示意图

在生活用皱纹纸的生产起皱过程中，纸幅被刮刀从扬克烘缸上刮下，形成的皱纹如图 7-18 所示，纵向截面类似于正弦曲线，其波长和幅度取决于许多因素，如纤维与浆料的成分、起皱刀片、涂层化学品、干燥方式、纸机结构等。皱纹的形状、疏密及均匀程度，取决于起皱时纸幅对扬克烘缸表面粘附力的大小及稳定程度、刮刀的形状及接触角和起皱

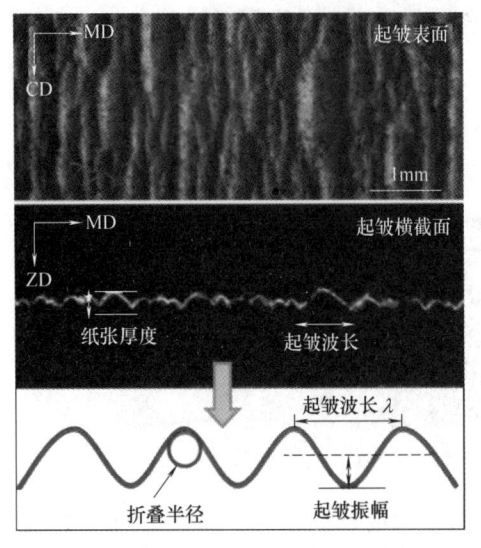

图 7-18　起皱纸幅表面与起皱纸面纵截面

时纸幅的干度及起皱速比等，同时对起皱波长，振幅及起皱半径等起皱参数产生影响。

3. 后期加工工艺

卫生纸制造的最后一步是加工过程。加工过程包括开卷、压花、印刷、穿孔、卷取和封尾、切卷、折叠、包装、打包。具有两层或多层的产品具有层间空间，这有助于提高吸收能力。层数增多也提高了纸页的强度和柔软度。压花是将多层纸完全压榨或者仅压榨纸页边缘。压花工艺是在一定压力下将纸张从两个刻有图案的钢辊或橡胶辊之间穿过，从而将纸张压印出花纹。在加工具有多层生活用纸的过程中，可以分别对每一层进行压花，然后将它们黏合，也可以将这些层叠放在一起同时压花。多层同时压花可以是脚对脚配置或嵌入式配置。在脚对脚的配置中，两层的压花图案彼此对齐，从而形成具有卓越吸水性的吸收袋区。在嵌入式配置中，一层的压花图案位于另一层的压花图案之间，一层的"凹陷"单元与嵌入式配置中的另一层的"凸起"单元相匹配。印刷是出于美化外观目的。打孔使纸品使用时更容易分离。一些最终产品，如厕用卫生纸和厨房用纸，被卷绕在纸芯上，并在尾部密封。在卷曲过程之后，成形的纸卷被切割成所需的宽度（10～60cm）。折叠是对多作为单张商品使用的产品进行的，如面巾纸和纸巾。包装是最后的加工步骤，多采用塑料、纸和盒子。

第三节　生活用纸的吸收性

一、生活用纸吸收性的定义

生活用纸的吸收性能包含其对液体的吸液速率和吸液量两方面内容，根据纸张接触的液体环境，纸张的吸收性能又可分为吸水性和吸油性两种。其中吸水性能主要受纤维本身吸水性能（取决于纤维空腔的保水性和游离羟基含量）和纤维交织产生的孔隙结构（即为毛细管效应）影响，所以外部水分通过储存在纤维空腔和孔隙中的毛细管效应被迅速吸收；吸油性能主要取决于纸张自身的孔隙结构，纤维相互交织形成的孔隙结构赋予纸张较大的比表面积，从而使其接触到油性物质后能够快速将其吸收。

二、影响生活用纸吸收性能的因素

（一）纸浆原料

生活用纸的制备主要以包含纤维素、半纤维素和木质素等成分的植物纤维作为原料，纤维素是一种由 D-葡萄糖构成的多糖，其分子链通过氢键相互连接，其中一部分羟基称为游离羟基，具有良好的亲水性，利于通过与水分子形成氢键结合而吸附水分子。纤维的结晶区域对水分不敏感,对水分子的吸附能力很弱;而纤维的无定形区域结构较松散,含有大量游离羟基,具有极强的亲水性,利于吸附水分子,所以纤维无定形区体积及内部极性羟基的含量决定了纤维自身的吸水性能。木素的存在使纤维素分子链上的游离羟基含量下降,对吸水性能产生负面影响。研究结果表明,木质素的刚性性质阻碍了纤维的吸水润胀,但去除部分木质素可以显著提高纤维的吸水性,数据显示去除纸浆中60%的木质素,纤维吸水量可达到 2~4g/g。因此,生活用纸通常采用木素含量较低的漂白硫酸盐木浆作为原料,研究结果显示,由漂白硫酸盐木浆制成的生活用纸能够吸收自身质量 5~10 倍的水分。

影响纤维吸水性能的另一因素是纤维的空腔体积。纤维呈管状结构,内部含有微米级直径的纤维空腔,使其通过毛细管效应能够迅速吸水。水分在进入纤维空腔后部分与无定形区的游离羟基结合,而另一部分留存在空腔内。纤维在纸张中相互交织形成孔隙结构,创造了许多微小的孔隙通道。这些通道直径较小,使得纸张能够通过毛细管效应将水分引入孔隙通道。研究表明,不同形态的植物纤维具有不同吸水性能。例如,以棉浆为原料的生活用纸吸水速率为 58.0mm/100s;以木浆为原料的生活用纸吸水速率为 26.0mm/100s;以二次回用浆为原料的生活用纸吸水速率为 24.0mm/100s;以麦草浆为原料的生活用纸吸水速率为 17.0mm/100s;可见,棉浆的较大纤维空腔和更高的游离羟基含量使其具有卓越的吸水性能,而木浆则是生活用纸中吸收性能最高的常见植物纤维之一。

(二) 打浆

打浆过程是通过机械剪切力和纤维之间摩擦力等作用,引起纸浆纤维结构的变化。通过精确控制打浆条件,可有效破除纤维的初生壁和次生壁,使次生壁中的纤维素羟基充分暴露,这促使纤维细胞在纵向分裂中发生分丝帚化和细纤维化,产生横向切断作用,增加新的纤维壁腔端口;这一过程对纤维细胞通过毛细管效应吸水起到积极作用。然而,过度打浆可能提高纸张的紧度,降低孔隙率,对吸水性能产生不利影响。此外,不同种类的纤维在打浆过程中对吸水性能的影响也有所差异。

管敏等研究高得率竹浆和硫酸盐竹浆在不同打浆度下厨房用纸原纸的吸水量,发现在 20~30°SR 范围内,两种竹浆原纸的吸水量都较高,这是由于竹浆纤维较为坚硬,难以在打浆中切断,所以竹浆原纸吸水量较高;然而,随着打浆度提高,竹浆原纸的吸水性逐渐降低,这是因为过度打浆增加了纤维表面的分丝帚化程度和浆内细小纤维的含量,导致成纸过程中纤维交织次数增多,原纸紧度增加,孔隙率下降,从而减弱了原纸的吸水量。

蔡文祥的研究表明,随着打浆度的增加,厨房用纸原纸的吸水速率逐渐降低。通过对定量为 $15g/m^2$ 的厨房用纸在不同打浆度下的吸水速率测定(克列姆法),发现打浆度为 25°SR 时,吸水速率为 26mm/100s;36°SR 时为 25mm/100s;46°SR 时为 20mm/100s;65°SR 时为 19mm/100s;即随着打浆度的增加,吸水速率呈降低趋势;克列姆法测定纸张吸水速率的本质是测定纸张的毛细吸液速率,所以随着打浆度的增加,原纸紧度提高、孔隙率下降,毛细管效应逐渐减弱,导致原纸吸水速率降低。

Gigac 等人的研究发现,不同处理方法得到的木浆原料,随着打浆度的增加,成纸后原纸的吸水量普遍下降。ECF 漂白的亚硫酸盐浆、TCF 漂白的亚硫酸盐浆、TCF 漂白的桦木浆和 ECF 漂白的桉木浆的厨房用纸吸水率均随打浆度升高而减少,这说明过度的打浆会降低原纸的吸水性能。

(三) 干燥工艺

生活用纸纸机的干燥部是影响吸收性能的关键因素。目前，生活用纸行业主要采用扬克烘缸干燥和热风穿透干燥技术（TAD）两种常见的干燥方式。扬克烘缸干燥操作过程中会对生活用纸原纸进行起皱处理。研究表明，扬克烘缸干燥的起皱处理可以改善生活用纸原纸的松厚度和吸收性能。然而，由于在干燥过程中对原纸施加较大的压力，导致实际生产中生活用纸原纸的吸收性能下降。TAD 干燥技术通过热风直接穿透纸张，实现了生活用纸高效的干燥。TAD 干燥速率为 170~500kg/(h·m^2)，远高于扬克烘缸干燥速率 [50~100kg/(h·m^2)]。相比于扬克烘缸干燥，TAD 不仅以更快的速度完成生活用纸的干燥，而且解决了由于扬克烘缸压力过大导致的纸张松厚度下降等问题。所以采用 TAD 技术制造的纸张具有更好的透气性、松厚度和吸收性能。

在生活用纸的干燥过程中，传统扬克烘缸热风气罩的最高温度受限于 510℃ 以下，迫使许多厂家不得不提高热风喷射速率，增加生产成本。因此，实际生产中通常会结合使用扬克烘缸干燥和 TAD 热风干燥，以降低成本。实践证明，不同的起皱干燥方式对成纸效果有显著影响，如图 7-19 所示。从图中不同起皱干燥方式的纸张横截面 SEM 图可见，未加扬克烘缸的热风干燥技术（UCTAD）比加扬克烘缸的热风干燥技术（C-TAD）的起皱效果更好；使用 C-TAD 技术，干燥后纸张起皱较轻度干法起皱（LDC）更为明显；由于生活用纸原纸内部结合更紧密，UCTAD 技术干燥后的生活用纸原纸表面更为挺硬，然而，由于承受的压力较小，生活用纸的松厚度更高。因此，在不考虑成本的情况下，单独使用热风干燥技术能够有效改善生活用纸的松厚度，提高吸收性能。

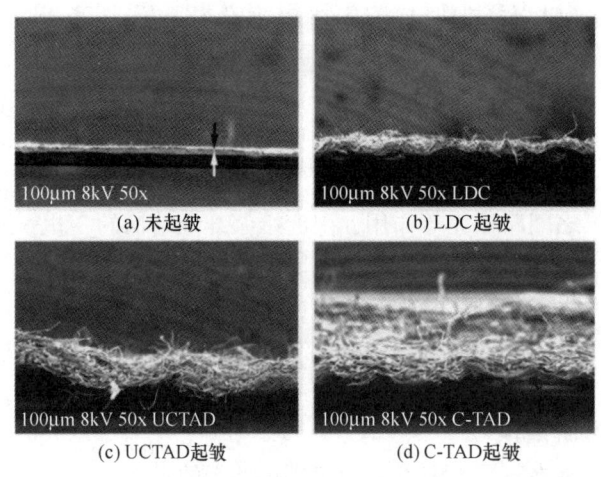

图 7-19　不同起皱干燥方式的纸张横截面 SEM 图

近年来，生活用纸设备生产厂家进行了多项纸机改进，推出了一种新型的带式成形生活用纸纸机概念，旨在提升生活用纸的吸水性能。通常情况下，纸机成形网呈现出一定的平面结构，使得纸幅在上网后保持平整状态。而改进后的纸机赋予成形网一定的 3D 波浪结构，使得纸幅在上网后和扬克烘缸干燥前呈现出与成形网相匹配的 3D 立体结构。Raunio 等人建立了一种用于此类纸机的在线质量评价机制，研究表明，带式成形纸机生产的生活用纸吸水性能相较于扬克烘缸生产的提高了 50%~80%，相较于热风干燥技术更是提高了 80%~100%。在能耗比较方面，带式纸机的能耗甚至低于扬克烘缸纸机，同时所生产的生活用纸吸水性能更为优越。综上所述，若能有效解决纸机运行中因干燥工艺对纸张施加压力导致纸张紧度降低的问题，将进一步改善生活用纸原纸的吸水性能。

(四) 压花

压花是指在一定压力下，将压花辊上的图案刻印在生活用纸原纸上的过程，如图 7-20 所示。此外，多张生活用纸原纸通过压印（施加局部压力）的方式结合在一起后，有助于提升生活用纸的松厚度、吸收性能和柔软度。随着压花技术的发展，通过控制温度和湿度以改善压花的技术也在逐渐成熟。大多数生活用纸面层（单层或多层）的压花被称为装饰性压花，而底层的压花被称为微压花，这些压花使得生活用纸具备了单层纸所不具备的性能。虽然压花工艺提升了纸的吸收性能，但对于抗张强度和局部松厚度等特性可能产生负面影响。压花对生活用纸吸收性能的提升建立在生活用纸原纸经过压花复合后，纸张之间形成的孔隙体积增加的基础上，从而明显改善了原纸复合后的吸收性能。然而，在一定程度上，压花对于单层生活用纸原纸的吸收性能可能产生不利影响，因为在压花时，压花辊的压力会降低原纸的松厚度。

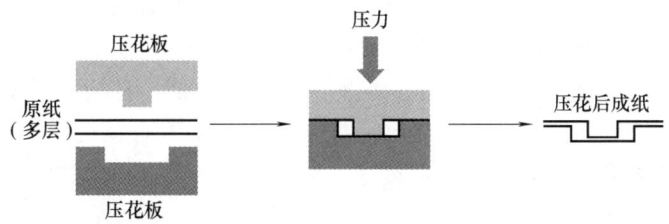

图7-20 压花过程

Vieira等人对同一生活用纸纸机产出的原纸进行了参数比较，包括定量、厚度、纤维数量和孔隙率，并测量了原纸的吸水性能；结果显示，压花操作显著提升了生活用纸的孔隙体积（增加了150%），使吸水性能增加了60%。孙海瑜发明了一种高性能S型生活用纸压花模板，如图7-21（a）所示。该模板由压花表面层（1）和压花底层（2）构成，通过在凸起点（3）处施加胶水（4）将两层复合，利用特殊凸起点构建压花表面层和底层之间的间隙，有效提高了生活用纸的吸水性能。对压花前后纸张的吸水性能测定结果显示，生活用纸原纸吸水量为4.14g/g，成品纸的吸水量为7.52g/g，压花后的成品纸吸收性能进一步增长了81.6%。在张涛的设计中［图7-21（b）］，提出了一种压花纸的结构，具体由面层（10）和底层（13）通过施胶的方式在压花点（11）和压花点（15）处贴合而成，并形成空隙（12），这一空隙不仅作为储水空间，还在纸中间形成水流通道，从而提高了纸张的吸水速率和吸水量。陈八奇设计的压花系统［图7-21（c）］以面层

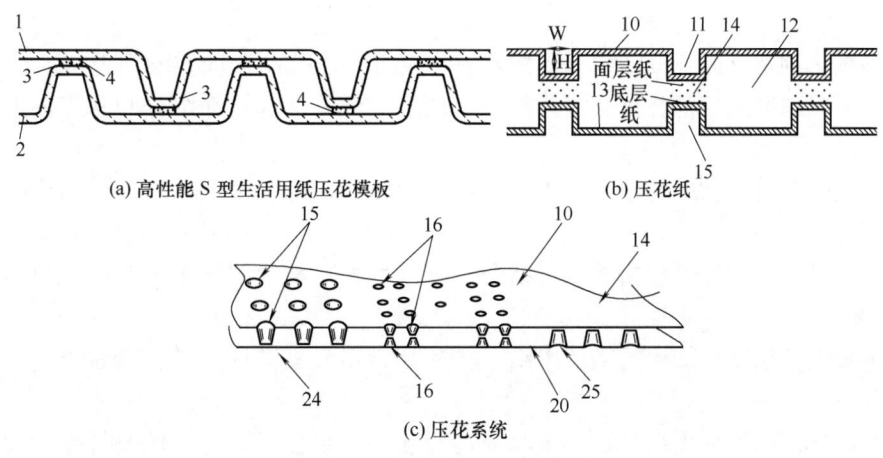

图7-21 压花设计结构图示

(10) 和底层 (20) 为基层，采用压花点 (15) 和压花点 (25) 提供支撑，形成充足的储水空间，再通过压花点 (16) 提供水流通道和储水单元，进一步提高了纸张的吸水速率和吸水量。

综上所述，压花工艺通过为纸张层间提供储水空间，增加了纸张之间的层距离，并通过每个压花点的支撑作用，有效防止储水空间的塌陷。这些储水空间显著提升了纸张的吸水性能，因此压花成为提高生活用纸吸水性能的关键工艺。

（五）结构设计

在实际生产生活用纸的过程中，为了在降低生产成本的同时提高吸收性能，许多生活用纸生产厂家采用 3 层甚至 4 层层合的方式。这种直接将生活用纸原纸层合的方法，无需经过压花等操作，而是通过增加原纸数量来提升吸收性能，从而实现成本效益。

研究表明，相比于单层纸，两层纸具有更高的吸收性能。在两层或多层纸张压合的情况下，纸张层间形成层状流动通道，显著降低了黏性流动阻力，提高了吸水速率。此外，额外的纸层还增加了吸水空间，使吸水量进一步提升，通常空间增加的吸水量超过了纸张原本的吸水能力，使多层纸的吸水性能得到显著提升。Loebker 等人对生活用纸的层数进行了研究，采用不同的层间结合方式，包括在湿态下（CWP）和在干燥后（TAD）进行层间结合。与单层纸的吸水量进行对比，研究结果显示单层 CWP 的吸水量为 $0.66g/g$，而双层 CWP 的吸水量为 $6.6g/g$；单层 TAD 的吸水量为 $13.8g/g$，而双层 TAD 的吸水量为 $16.2g/g$。这表明通过多层结合的方式，生活用纸原纸的吸水性能优于单层原纸，并且在干燥后结合的纸张吸水性能优于在干燥前结合的原纸。

思 考 题

1. 根据生活用纸的分类标准（如用途、原料），对比卫生纸、餐巾纸和厨房用纸的性能需求差异。
2. 生活用纸的"干抗张强度"和"湿抗张强度"对实际使用场景有何不同影响？试结合结构特性分析。
3. 如何通过结构表征（如纤维排列、孔隙率）解释生活用纸的透气性与柔软度的矛盾关系？
4. 列举三种常见的纸页结构表征技术，并说明其分别适用于分析哪种性能指标。
5. 柔软度的主观评价与仪器测试结果可能产生偏差，试从纤维分布和表面形貌角度解释原因。
6. 压光工艺对柔软度的改善是否必然导致吸收性下降？试从微观结构角度分析其平衡策略。
7. 若某品牌卫生纸手感粗糙，请结合"纤维种类"和"起皱工艺"推测可能的生产缺陷。
8. 为什么多层复合结构的生活用纸（如三层纸巾）能兼顾柔软性与强度？绘制简图辅助说明。
9. 孔隙率高的生活用纸是否一定具有高吸收性？结合孔隙连通性及纤维表面化学性质讨论。

10. 某纸巾遇液体迅速破裂，推测其可能的结构缺陷（如纤维结合方式、层间结合力）。

11. 结合本章知识，设计一款面向婴幼儿的高安全性生活用纸，列出其性能优先级及对应的结构实现路径。

参 考 文 献

［1］ Van P D, Dennis T P. Soft absorbent tissue paper containing a biodegradable quaternized amine-ester softening compound and a permanent wet strength resin. US5264082, 2024-1-10.

［2］ 伍安国. 生活用纸生产和消费误区［J］. 纸和造纸, 2015, 34（10）：79-82.

［3］ 马晓博, 李克宏, 王东, 等. 影响纸张吸水性的主要因素［J］. 纸和造纸, 2013, 32（12）：8-10.

［4］ 张方东, 曹海兵, 刘晶, 等. 纤维素酶处理改善生活用纸柔软度等性能的研究［J］. 中国造纸, 2020, 39（03）：44-50.

［5］ 王兴祥, 卢宝荣, 陈曦. 生活用纸化学品健康安全性探讨［J］. 中国造纸, 2013, 32（05）：62-67.

［6］ Bhatia K. Use of near infrared spectroscopy and multivariate calibration in predicting the properties of tissue paper made of recycled fibers and virgin pulp［D］. State of Florida：Miami University, 2004.

［7］ Wong C, McGowan T, Bajwa S G, et al. Impact of Fiber Treatment on the Oil Absorption Characteristics of Plant Fibers［J］. BioResources, 2016, 11（3）：6452-6463.

［8］ Jürgen Reitbauer, Charry E M, Eckhart R, et al. Bulk characterization of highly structured tissue paper based on 2D and 3D evaluation methods［J］. Cellulose, 2023, 30（12）：7923-7938.

［9］ 管敏, 李晨曦, 刘洪斌. 影响生活用纸柔软度主要因素的研究进展［J］. 中国造纸, 2018, 37（02）：58-65.

［10］ Monika S, Juraj G, Mária F. Relationship between Structural Parameters and Water Absorption of Bleached Softwood and Hardwood Kraft Pulps［J］. Wood Research, 2019, 64（2）：261-272.

［11］ 何北海, 主编. 造纸原理与工程［M］. 4版. 北京：中国轻工业出版社, 2019：17-29.

［12］ Gigac J, išerová M. Influence of Pulp Refining on Tissue Paper Properties［J］. Tappi Journal, 2008, 7（8）：27-32.

［13］ Liu J. Effects of Chemical Additives on the Light Weight Paper［J］. dissertation abstracts international, 2004.

［14］ Ramasubramanian, Modeling and simulation of the creping process［C］. Paper Con 2011, Cincinnati, USA, 2011.

［15］ Becker H E, McConnell A L, Schutte R W. Bonded, differentially creped, fibrous webs and method and apparatus for making same：US Patent［P］, 4158594, 1979-06-19.

［16］ Chen G. A Computational Mechanics Model for the Delamination and Buckling of Paper during the Creping Process［D］. North Carolina State：North Carolina State University. 2012.

［17］ Nazhad M M, Karnchanapoot W, Palokangas A. Some Effects of Fibre Properties on Formation and Strength of Paper［J］. APPITA Journa, 2003, 56（1）：61-65.

［18］ 蔡文祥. 影响卫生纸吸收性能的几个因素［J］. 湖北造纸, 2008, （04）：10-11.

［19］ 唐其铮. 热风穿透干燥（TAD）技术的纸机配置［J］. 生活用纸, 2006, （4）：39-42.

［20］ TANG Q Z. Paper Machine Configuration with Through-air Drying（TAD）Technology［J］. Tissue Paper & Disposable Products, 2006, （4）：39-42.

［21］ Spina R, Cavalcante B. Characterizing Materials and Processes Used on Paper Tissue Converting Lines

[J]. Materials Today Communications, 2018, 17: 427-437.
[22] Vieira J, de Oliveira Mendes A, Carta A M, et al. Impact of Embossing on Liquid Absorption of Toilet Tissue Papers [J]. BioResources, 2020, 15 (2): 3888-3898.
[23] Loebker D, Sheehan J. Paper Towel Absorptive Properties and Measurement Using A Horizontal Gravimetric Device [J]. PaperCon, 2011 (1): 1210-1218.